矿产资源开发规划生物多样性影响评价方法与实践

环境保护部环境工程评估中心　编

中国环境科学出版社·北京

图书在版编目（CIP）数据

矿产资源开发规划生物多样性影响评价方法与实践/环境保护部环境工程评估中心编. —北京：中国环境科学出版社，2011.9

ISBN 978-7-5111-0587-5

Ⅰ. ①矿… Ⅱ. ①环… Ⅲ. ①矿产资源开发—生物多样性—环境影响—环境生态评价 Ⅳ. ①X826.03

中国版本图书馆 CIP 数据核字（2011）第 091112 号

责任编辑 黄晓燕
文字编辑 王天一
责任校对 扣志红
封面设计 玄石至上

出版发行 中国环境科学出版社
（100062 北京东城区广渠门内大街 16 号）
网　　址：http://www.cesp.com.cn
联系电话：010-67112735
发行热线：010-67125803　010-67113405（传真）

印　　刷 北京东海印刷有限公司
版　　次 2011 年 9 月第 1 版
印　　次 2011 年 9 月第 1 次印刷
开　　本 787×960　1/16
印　　张 15.25　彩插 8
字　　数 260 千字
定　　价 45.00 元

前　言

2007—2010年，环境保护部环境工程评估中心参与了中国—欧盟生物多样性合作项目。该项目由中国商务部、环境保护部、欧盟和联合国开发计划署共同发起，是迄今欧盟资助的最大规模的海外生物多样性保护项目。项目于2005年6月启动，为期5年，旨在通过加强生物多样性管理，保护中国特殊的生态系统。

项目组在四川省开展了规划环评中生物多样性评价的示范研究工作，着重探讨了如何将生物多样性评价纳入专项开发规划的环境影响评价中，从而实现在宏观层面上更好地保护生物多样性资源。本书收录了项目组针对四川省甘孜州矿产资源开发总体规划环境影响评价中生物多样性评价的主要研究成果，包括实践篇和方法篇两部分。其中，实践篇全面描述了项目组实施甘孜州矿产资源开发总体规划环境影响评价的情况，着重突出了生物多样性评价的有关内容；方法篇是在甘孜州案例实践经验的基础上，充分借鉴国内外生物多样性评价方法后提出的针对矿产资源开发总体规划生物多样性影响评价的操作性指南。

参与本项目的单位及项目组成员包括：

环境保护部环境工程评估中心：陈帆、赵欣丰、耿海清、詹存卫、姜昀、刘杰、安祥华、蔡斌彬、李飒、程仑。

四川省环境工程评估中心：高洁、王红磊、熊伟、黄庆、何林、胡蓉、姚远、张丹丹。

中国水电顾问集团成都勘测设计研究院：卢红伟、孙大东、李亚农、杨玖贤、李舸、陈明曦、何涛、吴文佑。

保护国际中国项目：王昊。

感谢欧盟驻中国代表团为示范项目顺利实施提供的资金保障，并感谢联合国开发计划署驻中国办事处及中欧生物多样性项目支持办公室提供的管理支撑。在项目实施及本书编写过程中，甘孜州环境保护局谭勇副局长、四郎巴登副局长、甘孜州环境工程评估中心杨忠林主任、英国交通研究实验室可持续发展中心 Holger Dalkmann 先生和中国环境科学研究院王家骥研究员给予了大力协助和技术支持，项目组在此表示衷心地感谢。

目 录

第一部分 方法篇

矿产资源开发总体规划环境影响评价技术指南

第二部分 实践篇

四川省甘孜藏族自治州矿产资源开发总体规划环境影响评价案例

第一部分　方法篇

矿产资源开发总体规划环境影响评价技术指南

1 概　述

1.1 相关定义与说明

1.1.1 矿产资源规划体系

矿产资源规划是矿产资源勘查和开发利用的指导性文件，是依法审批和监督管理矿产资源勘查、开采活动的重要依据。中国实行四级、三类的矿产资源规划体系，即矿产资源规划按行政层级分为国家级规划、省（区、市）级规划、市（设区市）级规划和县级规划；按规划对象和功能类别分为总体规划、专项规划和区域规划。矿产资源规划自上而下编制，下级规划的编制要以上级规划为依据，专项规划和区域规划的编制要以总体规划为依据。

1.1.2 矿产资源总体规划

矿产资源总体规划是以某一行政区内的矿产资源勘查、开发利用全部活动为对象编制的规划。总体规划具有纲领性、政策性、综合性和实施性等特征，其主要目标纳入国民经济和社会发展规划中实施，是编制实施本级矿产资源专项规划、区域规划、下级总体规划以及制定有关矿业政策和年度计划的依据，其他矿产规划要符合总体规划的要求。

1.1.3 矿产资源总体规划环评的目的

开展矿产资源总体规划环评的目的在于协调矿产资源总体规划与其他相关规划之间的矛盾，识别矿产资源总体规划实施可能带来的环境影响，优化矿产资源开发方案，完善环境影响的避免、减缓与补偿措施，实现矿产资源开发与生态保护的协调发展。

1.1.4 生物多样性的内涵

生物多样性一般分为遗传多样性、物种多样性和生态系统多样性、景观多样性 4 个层次。遗传多样性指地球上生物个体中所包含的遗传信息的总和；物种多样性指地球上生物有机体的多样化；生态系统多样性涉及的是生物圈中生物群落、生境与生态过程的多样化。

1.1.5 矿产资源总体规划环境影响评价技术指南的特点

矿产资源总体规划环境影响评价技术指南以中国目前已经发布的相关规范性文件为参考依据，根据矿产资源总体规划的特点及其主要环境影响，重点突出了生物多样性现状调查与评价、影响预测与评价的内容要求和技术方法。

1.1.6 矿产资源总体规划中生物多样性评价的主要内容

矿产资源总体规划以生物多样性评价为重点，主要评价规划区域的生物多样性现状，矿产资源勘查区、规划开发区内的勘查、开发活动及相关基础设施建设等对生物多样性的影响，并据此提出避免和减缓生物多样性退化的对策措施。

1.1.7 矿产资源总体规划环境影响评价技术指南的适用范围

根据中国现行的矿产资源规划体系特点及各层级矿产资源总体规划的编制深度要求，矿产资源总体规划环境影响评价技术指南主要适用于省级以下矿产资源总体规划环境影响评价，国家级矿产资源总体规划环境影响评价可使用其中的部分方法，其他矿产资源专项规划和区域规划环境影响评价也可参考本指南。需要特别指出的是，由于矿产资源总体规划环境影响评价技术指南是在四川省甘孜藏族自治州实际案例研究的基础上形成的，因此特别适用于内陆复杂地貌地区的评价。提出的矿产资源总体规划生物多样性现状调查与评价及影响预测分析与评价的一般方法，对于其他规划环评中生物多样性评价也具有一定的参考价值。

1.2 评价的指导原则

1.2.1 科学、客观、公正原则

矿产资源总体规划环境影响评价必须科学、客观、公正，综合考虑规划实施后对各种环境要素及其所构成的生态系统可能造成的影响，为决策提供科学依据。

1.2.2 早期介入原则

矿产资源总体规划环境影响评价应尽可能在规划编制的初期介入，并将对环境的考虑充分融入规划中。

1.2.3 前瞻性原则

矿产资源总体规划是对大尺度空间内矿产资源勘探、开发、保护等活动的总体部署，由矿业开发引致的环境影响极为深远且异常复杂，在评价中应充分考虑

可能由最初矿业开发导致的区域空间结构、产业结构、城市化等方面的变化及其环境影响。

1.2.4 整体性原则

矿产资源总体规划环境影响评价应把与其相关的政策、规划、计划以及相应的项目联系起来，做整体性考虑。

1.2.5 公众参与原则

在矿产资源总体规划环境影响评价过程中鼓励和支持公众参与，充分考虑社会各方面利益和主张。

1.2.6 一致性原则

矿产资源总体规划环境影响评价的内容与深度应当与规划的层次和其环境影响的程度相一致。

1.3 评价的工作程序

1.3.1 准备阶段

收集各种政策、法律法规及各项国民经济相关规划，对规划区环境进行初步的现状调查，对规划实施的环境影响进行初步识别，明确评价的范围、重点内容及相应的评价方法。在此基础上确定评价的技术路线，并根据这一技术路线草拟规划环评实施方案。具体工作程序见图 1-1。

1.3.2 规划评价阶段

在收集到的资料支持下进行现场调查与评价，确定环境保护目标及评价指标。预测、分析、评价规划方案实施后对不同环境要素可能带来的环境影响，综合评价规划的布局、开发利用的规模和结构的环境合理性，提出符合规划目标及环境目标的替代方案（一般是在原规划方案基础上进行优化调整后的方案）。并针对替代方案产生的不良环境影响提出避免、减缓和补偿的环保措施。

1.3.3 实施环境监测与跟踪评价阶段

制定矿产资源总体规划实施后的环境监测计划，并对规划实施的环境影响进行跟踪评价。

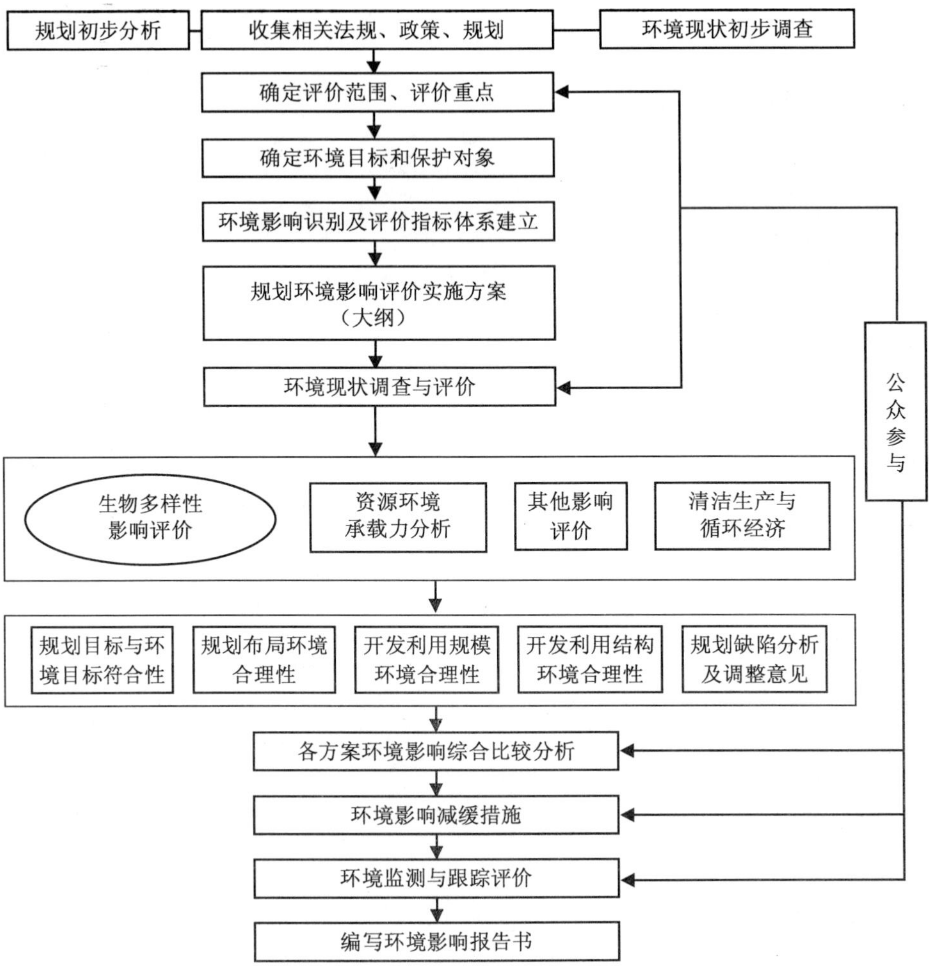

图 1-1　矿产资源总体规划环境影响评价工作程序

1.4 评价范围及时段

（1）在没有敏感区和重要环境保护目标的区域，评价范围与规划区域范围相同。当涉及跨行政区域的生态功能保护区、自然保护区、水源保护区等环境敏感区和有重要环境保护目标的区域时，应适当扩大评价范围以满足目标保护的需要。

（2）评价时段与规划时段应一致，原则上环境影响评价应对矿产资源总体规划的近期、中期和远期规划目标分别进行，评价重点为近期规划。

1.5 相关技术标准

《环境影响评价技术导则 大气环境》（HJ 2.2—2008）；
《环境影响评价技术导则 地面水环境》（HJ 2.3—93）；
《环境影响评价技术导则 声环境》（HJ 2.4—2009）；
《环境影响评价技术导则 非污染生态影响》（HJ/T 19—1997）；
《环境影响评价技术导则 地下水环境》（HJ 610—2011）；
《开发区区域环境影响评价技术导则》（HJ/T 131—2003）；
《规划环境影响评价技术导则 总纲（征求意见稿）》。

2 规划分析

2.1 规划梳理

2.1.1 矿产资源禀赋、开采条件

简要介绍规划区矿产资源的储量、品位、埋藏深度等矿产资源赋存特征及资源开发条件，如公路、铁路、供水、供电、供热等，附矿产资源分布图。

2.1.2 开发利用现状

简要介绍已开发的矿产资源种类、规模、在规划区内的分布及资源加工转化情况，附矿产资源开发利用现状图。

2.1.3 矿产资源勘查规划

简要介绍资源勘查工作现状和勘查规划。其中资源勘查工作现状包括：已达到精查、详查、普查的矿种分布情况及资源量，并给出勘查程度图。勘查规划包括：重点勘查、限制勘查、禁止勘查区域的分布，重点勘查的矿种，并给出勘查区域分布图件。

2.1.4 矿产资源开发利用规划

详述矿产资源开发利用目标、结构及布局。开发利用目标应给出开发利用总量及开发时序；开发利用结构应给出矿山开发规模准入条件、矿种结构及矿产资源开发的技术结构；开发利用布局应给出拟开发的矿产资源区分布、设置标准，并给出矿产资源开发规划图。

2.1.5 环境保护规划

简要介绍水环境保护、大气环境保护、声环境保护、固体废物处理、土地复垦、生态环境保护、水土保持等规划内容及环境管理机构、环保投资情况。

2.1.6 其他规划

简要介绍其他伴生资源的综合利用及矿产资源加工转化规划内容。

2.2 规划的协调性分析

矿产资源总体规划与相关法规、政策的符合性分析；与国家级、省级、地市级国民经济和社会发展规划，地区相关行业发展规划、城镇总体规划，国家和地方自然保护区规划、风景名胜区规划，地方环境保护规划、生态建设规划、湿地保护规划等的协调性分析。

3 环境影响评价主要内容

3.1 现状调查与评价

环境现状调查与评价范围一致，在没有敏感区和重要环境保护目标的区域，调查范围与规划区域范围相同；当涉及重要栖息地、自然保护区、水源保护区等环境敏感区和有重要环境保护目标的区域，要适当扩大调查范围以满足目标保护的需要。调查内容应包括自然生态、环境质量、社会经济等各个方面，并突出对生物多样性现状的调查与评价。

3.1.1 自然环境概况

通过收集资料，调查包括地理位置、地貌、气候与气象、动植物、地表水、地下水、地质灾害与水土流失等自然环境现状，并附相应图件。

3.1.2 生物多样性现状调查与评价

3.1.2.1 调查内容

（1）区域生物多样性状况：包括被调查区域是否纳入“国际生物多样性热点地区”、《中国生物多样性保护行动计划》、《全国生态环境保护纲要》等生物多样性保护法律、法规规定的重点区，调查区域主要生物多样性类型。

（2）植物与植被调查：包括植物名录、植被分类和空间分布状况等。重点调查珍稀濒危物种和特有物种以及外来物种的种类、数量、分布等；调查植被的物种组成、覆盖状况、净第一性生产力和生物量等。

（3）动物调查：包括动物名录、栖息地、空间分布等。调查重点保护的珍稀濒危物种和土著、特有物种、调查其种群大小、分布、生境条件、完成繁殖和迁徙行为等重要生活史阶段对环境条件的要求。

（4）指示物种调查：包括可以指示矿产资源类型和开发污染状况的生物种类、数量、分布和特点等。

（5）生态系统调查：包括生态系统类型、结构、生态功能和生态服务功能以及自然生产力和自维持能力；与其他自然生态系统的相互支撑和相互约束的生态学关系。

（6）区域敏感保护目标调查：包括环境敏感区和需要重点保护的生态目标。

（7）已有矿产资源规划和开发对生物多样性的影响调查。

3.1.2.2 调查方法

（1）资料收集。

① 从农、林、牧、渔业资源管理部门、专业研究机构收集生态和资源方面的资料，包括生物物种清单和动物群落、植物区系及土壤类型、相关图件等资料。

② 各级政府部门有关自然资源、矿产资源总体规划、自然保护区、珍稀和濒危物种保护的规划或规定，以及环境保护规划、环境功能区划、旅游规划、生态功能规划及国内国际确认的有特殊意义的栖息地和珍稀、濒危物种等资料，并收集国际有关规定等资料。

③ 调查专业问题（如物种分类和保护物种完成生活史对环境条件的要求）和疑难问题。

（2）现场调查。

生物多样性调查需要按照学科的要求进行现场调查。生态系统的调查可采用建立判译标志结合遥感技术的调查方法。遥感调查要进行野外现场的精度验证。

评价规划区域自然系统的生态完整性和生物多样性需要采用样方调查方法。草本的样方为 1 m^2，灌木样方为 5 m^2，乔木样方为 100 m^2。

（3）调查成果的整理与分析。

建立地理信息系统，根据调查目标的生态学特征进行调查成果的整理与分析。

3.1.2.3 评价方法

生物多样性评价一般采用生物多样性指数（BI）法、景观生态体系评价法、生态机理分析法、叠图法等，参见附录 1。

近年来，生物多样性的快速估计（Rapid Biodiversity Assessments）得到广泛关注。这种方法能够提供生物多样性在迅速动态过程中的物种变化信息，从而为物种保护提供有效的数据。生物多样性快速评估的方法多样，一般根据研究内容和目的而确定。

通常，生物多样性快速评估采用生物多样性快速编目（Rapid Biodiversity Inventory）的办法，主要是在充分运用动物志、植物志、真菌志、树木志、植被图谱、农业区划等工具书籍的基础上，邀请有关专家参加，并尽可能地吸收当地的有关知识，从而较为准确快捷地进行生物多样性编目。快速编目适合于对区域性的物种和生态系统的多样性的编目。具体操作方法是由 3～8 人根据研究目的和内容而定，组成一个研究小组，收集研究地区的有关资料，准备必要的工具书籍，邀请 1～3 名专家和 1～2 位当地较有经验的村民参加考察，实地考察时研究队伍可根据调查内容和目的分成 2～3 组现场记录生物种名、生态系统类型的名称等，询问当地认识和利用野生动植物及周围各种自然资源的情况。

3.1.3 社会经济现状

通过收集资料，了解评价范围内的社会经济概况。其调查内容包括规划区域人口规模、结构状况，经济发展水平，土地利用情况，交通运输情况、民族文化及宗教情况、人群健康和地方病状况、旅游资源及其利用情况等，并附相应图件。特别是要明确评价范围内的产业结构及布局，重要基础设施布局及建设情况。

3.1.4 资源分布与利用现状

重点说明土地、水、旅游等资源的分布和开发利用状况，并附相应的图件，明确规划的矿产资源勘探区、规划开发区与上述资源分布的位置关系。

3.1.5 环境质量现状调查与评价

通过资料收集、现场踏勘、环境监测等方式，了解评价区域环境质量现状，明确以下内容：

（1）说明水环境（包括地表水和地下水）功能区划、保护目标及各功能区水质达标情况，主要水污染因子、主要污染物排放总量及其控制目标，并附水环境功能区划图、控制断面位置图。

（2）说明大气环境功能区划、保护目标及各功能区环境空气达标情况，主要污染因子、主要污染物排放总量及其控制目标，并附大气环境功能区划图及重点污染源分布图。

（3）明确声环境功能区划、保护目标及各功能区达标情况，并附声环境功能区划图。

（4）说明主要土壤类型及其分布，不同土壤类型污染物的背景值及达标情况。

（5）说明固体废物产生量，危险废物的产生量、产生源分布等。

评价区域水环境质量、大气环境质量、土壤环境质量、声环境质量状况，分析影响其质量的主要污染因子和特征污染因子的来源；分析区域水环境（包括地表水和地下水）保护、主要环境敏感区保护、固体废物处置等方面存在的问题及原因，以及目前需解决的主要环境问题。

3.1.6 环境敏感目标

说明环境敏感目标（包括敏感区和需要重点保护的生态目标）的性质、级别、分布情况及保护要求，生态破坏和环境污染情况，调查环境敏感目标与矿产资源开发区的相对位置关系和生态学关系。

3.1.7 上一轮规划实施情况以及环境影响回顾性分析

说明上一轮规划实施情况，包括评价区域现有环保设施的建设与运营情况，矿产资源开发政策、环境保护措施、生态保护措施的执行情况。分析评价区域生态系统的演变和环境质量的变化趋势，尤其关注矿产资源开发活动所引起的生态问题；明确评价区域主要生态环境问题与现有矿产资源开发规模、布局等的关系。提出本次规划应注意的资源、环境问题，以及解决问题的参考途径，并为本次规划的环境影响预测提供类比资料和数据。

3.2 环境影响识别及评价指标体系

3.2.1 基本要求

按照全面性、层次性、代表性原则，识别规划实施可能影响的资源-环境要素，建立规划要素与资源-环境要素之间的关系，初步判断影响的范围和程度，确定评价时段、评价重点、评价因子，建立评价指标体系。

3.2.2 环境影响识别

3.2.2.1 评价时段识别

评价时段与规划时段一致，应分别对矿产资源总体规划的近期、中期和远期规划目标进行评价，重点评价时段为近期。

3.2.2.2 主要环境影响特点识别

通过分析矿产资源总体规划方案，初步识别主要工程活动的环境影响特点，并确定重点评价内容，参见附录4。

3.2.2.3 环境影响评价因子筛选

生态环境因子应考虑自然保护区等生态环境敏感区域的结构、功能、稳定性、生物多样性等；资源因子应包括水资源、土地资源、旅游资源、生物资源等；环境要素应包括水环境、大气环境、土壤环境、社会环境等。

根据矿产资源总体规划环境影响特点，环境影响识别的方法推荐采用矩阵法。矩阵法可从环境影响因子和规划方案（包括规划布局、开发利用调控方向等）两方面进行环境影响评价因子筛选，参见附录5。

3.2.3 评价指标确定

（1）评价指标是用于评价规划环境可行性的、量化了的环境目标，一般可将环境目标分解成生态环境、水环境、大气环境、声环境及社会环境等评价主题，主题中又分各要素，要素中筛选出特征评价指标。

（2）评价指标应优先选取能体现国家环境保护的战略、政策和要求，突出矿产总体规划行业特点及其主要环境影响特征，同时符合评价区域环境特征的易于统计、比较、量化的指标。

（3）评价指标值的确定应符合相关环境保护政策、法规和标准中规定的限值要求；国内政策、法规和标准中没有的指标值可参考国际标准限值；对于不易量化的指标应经过专家论证，给出半定量的指标值或定性说明。

（4）矿产资源总体规划环境影响评价指标推荐见附录 6。

3.3 环境影响预测评价与分析

矿产资源开发对生物多样性的影响极为突出，因而在矿产资源总体规划环境影响预测评价与分析中，应将生物多样性评价作为核心内容之一。

3.3.1 生物多样性影响评价

3.3.1.1 基本要求

从影响途径、影响性质和影响程度等方面预测矿产资源总体规划对区域生物多样性的影响，并应特别关注对重点保护的珍稀濒危物种、特有物种、重要栖息地和自然保护区等生态敏感对象的影响。

3.3.1.2 对生态系统的影响评价

（1）从自然系统的生产力和稳定性维护的角度预测规划实施对生态系统功能和过程的影响，包括对生态系统类型、面积和分布等的影响，对生态系统地域连续性的影响、对生物组分协调性以及生态环境条件匹配性的影响等。

（2）区域生物量或生产力数据可采用同类地区已有实测或研究成果；也可根据生产力公式进行计算，见附录 1。

（3）对大尺度生态系统稳定性的影响可用景观优势度公式进行预测评价。

景观密度：反映出该种景观类型的斑块数占总斑块数的大小情况。R_d = 拼块 *i* 的数目/拼块总数×100%

景观频率：反映出该种景观类型出样的样方数占总样方数的比例大小。R_f = 拼块 *i* 出现的样方数/总样方数×100%

景观比例：反映该种景观类型的面积占总面积的比例大小。L_p = 拼块 *i* 的面积/样地总面积×100%

景观优势度值：反映各景观生态类型综合指标。$D_O = [(R_d + R_f)/2 + L_p]/2 \times 100\%$

（4）应重点评价矿产资源开发规划布局对重要栖息地的影响。

矿产开发对生物生境的影响评价一般包括矿产开发占地对栖息地的扰动影响、矿产开发产生的“三废”对栖息地的污染影响。

一般采用图形叠置法重点分析矿产开发对重要栖息地（自然保护区核心区、缓冲区）和生物多样性保护关键区域的影响。

3.3.1.3 对物种多样性的影响评价

对物种多样性影响应根据矿区规划和建设特点、矿产资源开发特点，在种群生存力分析和最小可存活种群理论支持下，确定关键敏感物种，评价规划实施对敏感物种（食物链金字塔顶上的物种）栖息面积和多样性生境的影响，预测评价对生物多样性的影响。

3.3.1.4 对遗传多样性的影响评价

（1）统计规划实施产生的植被类型斑块数量变化，分析斑块连续性、连通性程度改变，预测对生物基因的交流影响，可通过矿点的合理布置预留出生态走廊，保护生物基因交流。

（2）分析矿产开发活动对区域动物迁徙路径以及生态走廊是否产生新的阻隔影响。

3.3.1.5 生物多样性风险分析

（1）矿产开发对生物多样性可能产生的风险主要来自于尾矿库、选矿和冶炼加工等污染物排放事故带来的生境污染型风险，以及矿山生态环境保护与恢复治理规划实施过程中带来的外来物种入侵风险。

（2）推荐采用类比法分析生物多样性风险。类比法分析是根据已有的开发建设活动（项目、工程）的影响来分析或预测拟进行的开发建设活动（项目、工程）可能产生的影响。选择好类比对象（类比项目）是进行类比分析或预测评价的基础，也是该法成败的关键。类比对象的选择条件有：工程性质、工艺和规模与拟建项目基本相当，生态因子（地理、地质、气候、生物因素等）相似，项目建成已有一定时间，所产生的影响已基本全部显现；类比对象确定后，则需选择和确定类比因子及指标，并对类比对象开展调查与评价，再分析拟建项目与类比对象的差异。根据类比对象与拟建项目的比较，做出类比分析结论。

3.3.2 其他环境影响评价

对不同评价时段中矿产资源总体规划实施可能产生的水环境、大气环境、声环境、社会环境以及环境风险的影响进行预测与评价，主要包括规划实施直接的、间接的环境影响，累积环境影响以及可预见的诱发环境影响。预测与评价方法一般可采用：对比/类比分析法、地理信息系统（GIS）支持下的叠图法、趋势外推法、典型案例分析法、数学模型法、情景分析法、专业判断法、费用效益分析、可持续发展能力分析法等。

3.3.2.1 地表水环境影响评价

主要包括勘查、采矿、选矿、冶炼加工等过程中产生的废水以及废石场、尾矿库雨淋后排出的废污水对水环境的影响，并分析能否满足地表水环境功能区划的要求。重点预测分析采矿、选矿、冶炼加工等过程中废污水的排放对地表水体的影响。

3.3.2.2 地下水环境影响评价

分析矿产资源井下开采对含水层的破坏或露天开采的疏干排水可能造成的对区域水资源的影响，以及由此引发的对生态环境的影响。重点分析井下开采和露天开采对地下水补、径、排及对区域具有供水意义的含水层、饮用水水源地等的影响。

3.3.2.3 大气环境影响评价

主要包括开采、选矿、冶炼、加工、运输以及供热等过程的大气环境影响，并分析能否满足大气环境功能区划的要求；重点预测分析露天开采和运输过程产生的扬尘及供热锅炉产生的二氧化硫、氮氧化物对大气环境的影响。

3.3.2.4 声环境影响评价

主要包括工业场地以及交通运输产生的噪声影响，并分析能否满足环境功能区划的要求。重点预测分析交通运输对沿线居民等敏感保护目标的影响，提出优化线路的建议。

3.3.2.5 地质灾害环境影响评价

主要包括矿产资源开发可能导致的滑坡、泥石流等次生地质灾害的影响，分析其影响范围、方式以及可能的影响后果，提出合理的预防和减缓措施。

3.3.2.6 环境风险评价

主要包括尾矿库溃坝、化学危险品泄漏带来的环境风险分析，根据分析结果及环境敏感保护目标的分布情况，明确合理的尾矿库选址及化学危险品运输方式和线路、储存布局的建议。

3.3.2.7 社会环境影响评价

分析矿产资源开发对区域经济、就业、民俗文化的影响；分析矿产资源开发造成的移民搬迁、安置带来的次生环境问题，主要包括生活污水、生活垃圾以及水土流失对环境的影响。

3.3.2.8 累积间接影响分析

矿产资源开发带动的下游产业延伸可能产生在时间、空间上的累积环境影响。

3.4 资源环境承载力评价

根据规划区域资源-环境特点，选择合适的资源-环境因子，评估资源-环境承载能力的现状水平，动态分析不同规划时段可供规划实施利用的资源环境承载能力指标，综合评价区域资源、环境对规划实施的支撑能力。

3.4.1 资源承载力

3.4.1.1 水资源

（1）统计规划区域水资源总量、人均占有量、人均用水量、水资源利用率等水资源指标现状值，并通过与邻近区域或更大尺度范围指标水平的比较，分析规划区域水资源指标现状水平。

（2）根据矿产资源总体规划的用水需求，预测对规划区域用水水平和用水效率的影响。采用综合评价法或水资源供需平衡法预测区域水资源对总体规划的支撑能力。

（3）若规划实施后，水资源供需不平衡，则需预测相应的缺水量，并说明缺水时空分布、缺水程度、缺水性质等，对缺水造成的经济社会及生态环境的影响进行分析与评价。如需跨流域调水，则应该重点分析调水的环境合理性。

3.4.1.2 土地资源

土地资源承载力变化可通过对评价范围内耕地粮食人口承载力变化进行分析评价。具体方法参见附录 7。

3.4.1.3 林业及物种、能源、旅游资源

根据矿产资源总体规划范围内林业及物种资源、能源资源、旅游资源等地方资源分布现状，一般通过叠图法明确矿产规划分区，特别是鼓励开采区与林地及物种丰富度较高区域、重点旅游开发区、水电开发基地的区位关系，协调矿产开发与物种资源保护、旅游开发和能源开发三者之间的关系，以减轻规划实施对上述资源的影响。

3.4.1.4 矿产资源

通过对比规划范围内矿产资源量和规划开采量，计算各个规划水平年规划范围内主要矿产资源开采率。通过对比同级别其他区域矿产规划矿产资源开采率水平，判断矿产规划实施带来的矿产资源开采率水平变化是否为区域矿产资源的承载力可接受。

3.4.2 环境承载力

3.4.2.1 水环境承载力

分析规划实施过程中选矿废水、尾矿渗水对所涉及的地表水水环境容量的影响。具体方法见附录7。

3.4.2.2 大气环境承载力

（1）金属冶炼、水泥建材等企业的大气污染物排放量相对较大，应根据规划的总量控制数据估算 SO_2、烟尘、粉尘等主要污染物以及温室气体 CO_2 排放量变化。

（2）分析规划实施对评价范围大气环境容量的影响。大气环境容量计算模型可选用大气扩散烟团轨迹模型、A-P 值法、ADMS 大气扩散模型、ISC-AERMOD 大气扩散模型、EIAA 环评助手、区域大气污染物总量控制模型等，具体可参考《环境影响评价技术导则　大气环境》（HJ 2.2—2008）。

3.4.2.3 土壤环境承载力

（1）矿产资源的开采对地表土层造成扰动，可能新增水土流失面积。对照矿产规划范围水土流失现状图，采用叠图法统计分析开采区内涉及强度和极强度水土流失区域的面积及比例。对于开采区内强度和极强度水土流失区域应重视保护地表植被，高度重视水土保持。

（2）矿产开发活动带来土壤中重金属（如铜、镉、汞、铅等）以及有毒物质的变化，其中又以铜的比重最大，应重点分析矿产资源开发对土壤铜的环境静容量的压力关系。矿产开采利用向环境中排放的铜总重可通过矿产资源总体规划的总量控制数据计算得到，可采用下式计算土壤中某污染物静容量：

$$C_{so} = 10^{-6} M(C_i - C_{Bi})$$

式中：C_{so}—— 土壤静容量，kg/hm^2；

M—— 每公顷耕作土层重，2.25×10^6 kg/hm^2；

C_i—— 土壤中某污染物的临界值或标准值，mg/kg，见《国家土壤质量标准》（GB 15618）；

C_{Bi}—— 某污染物的土壤背景值，mg/kg。

3.4.3 资源-环境承载力变化综合评价

资源-环境承载力评价方法推荐采用综合指数法。

综合指数计算公式如下：

$$\text{CSI}^{res-env} = \sum_{i=1}^{n} S_i^{res-env} \cdot W_i^{res-env}$$

式中：$CSI^{res-env}$ —— 资源环境承载力指数；

$W_i^{res-env}$ ——特征指标 i 的相对应的权重值；

$S_i^{res-env}$ —— 各特征指标分值。

（1）特征指标体系参见附录 8。

（2）由于各特征指标的重要程度不同，需确定其权重值。权重值计算推荐 Saaty1-9 标度法。步骤参见附录 9。

3.4.4 生态承载力

生态承载力评价要考虑规划区域自然系统生态完整性维护的阈值、敏感资源单体的弹性限值，一般使用系统分析法，生态机理法等。见附录 10。

3.5 清洁生产与循环经济

分析重点开发区域和重点开发矿种的清洁生产水平现状，提出提高清洁生产水平的对策建议。结合矿产资源开发现状和规划内容，分区域提出资源综合利用途径和具体的循环经济产业链构建方式。评价区域清洁生产水平评价指标体系见附录 11。

3.6 规划环境合理性综合论证

3.6.1 基本要求

依据环境影响识别后建立的规划要素与资源、环境要素之间的动态响应关系，综合各种资源与环境要素的影响预测和分析、评价的结果，分别论述规划的目标、规模、布局、结构等规划要素的环境合理性以及环境目标的可达性，动态判定不同规划时段、不同发展情景规划实施有无重大资源或环境制约因素，如有则详细说明制约的程度、范围、方式等，进而提出规划方案的优化调整建议，通过方案比选推荐环境合理方案。

3.6.2 规划目标与环境目标符合性评价

（1）规划目标与环境目标符合性评价一般采用矩阵法对规划目标和环境目标进行一一对应比较分析，基于规划实施环境影响评价结果，结合环境保护措施的经济技术可行性，论证规划目标与环境目标的符合性。

（2）符合性程度可分为符合性好、较好、基本一致、不符合等几个等级；

其中，基本一致和不符合等级的情况应提出解决办法。具体参见附录 12。

3.6.3 规划合理性综合论证

矿产资源总体规划的规划合理性综合论证一般包括：规划空间布局的环境合理性、开发利用规模的环境合理性、开发结构的环境合理性等方面的综合论证。

3.6.3.1 规划空间布局的环境合理性论证

规划空间布局的环境合理性论证一般对勘查分区、开发分区、开采分区分别进行分析，宜从规划实施对自然保护区、风景名胜区、生物多样性保护关键区域等重要生态功能区的结构和功能维系等方面论述规划分区的环境合理性。

（1）勘查分区：勘查分区包括矿产资源调查评价远景区和重点勘查区，如果重点勘查区与自然保护区、风景名胜区等环境敏感区域重叠，则是不合理的。

（2）开发分区：综合分析开发分区是否有利于评价范围内社会经济全面可持续发展，是否能够合理利用现有能源条件、基础设施等，是否满足相对集中环境监督及管理的需要。

（3）开采分区：矿产资源总体规划中的开采分区分为鼓励开采区、限制开采区和禁止开采区 3 类。应综合分析开采分区规划布局的整体合理性，对不合理布局可进行类型调整或范围调整。鼓励开采区应避开自然保护区、物种丰富度较高的区域、极强度水力侵蚀区域、重点旅游开发区等环境敏感区域。

3.6.3.2 开发利用规模的环境合理性论证

（1）针对矿产规划水平年（一般分近期、远期和远景），分期分析矿产资源开发利用总量对水环境、大气环境、土壤环境容量等环境要素容量的压力程度，论证压力程度是否在各个环境要素容量能够承受的范围。

（2）本节关注的环境要素容量一般与资源环境承载力中研究的环境要素相一致。

3.6.3.3 结构调整环境合理性分析

矿产规划中结构调整一般由产品结构调整、技术结构调整和规模结构调整组成。上述结构调整一般在早期规划中已经提出，并经过了多年的实践与努力。因此结构调整环境合理性分析宜通过对比分析上次矿产资源总体规划的经验与不足，结合不同的计划完成情景，从是否有利于区域工业产值的增加、产业结构的优化、节能降耗、提高居民生活质量、社会经济的进步等方面来分析环境合理性；也可从结构调整计划任务不同的完成时间来分析论证环境合理性。

3.6.4 规划方案缺陷分析及规划优化调整建议

在规划环境合理性综合论证分析的基础上进行规划方案的缺陷分析，提出对矿产资源总体规划的优化调整建议，并分析规划优化调整后对环境影响的变化。

一般可从以下几个方面考虑优化调整建议。

（1）规划目标是否反映了最新产业政策相关要求；

（2）勘查分区、开发分区、开采分区等区划是否涉及自然保护区、风景名胜区等环境敏感区域；

（3）总量调控是否考虑资源环境承载力因素；

（4）产品结构、技术结构、规模结构是否体现循环经济、节能减排和规模化开采等要求；

（5）矿山生态环境保护与恢复治理规划任务是否明确；

（6）矿产规划是否考虑了移民规划方案和交通、供水、供电等基础设施规划方案等其他方面的内容；

（7）规划方案中是否存在，依据现有知识水平和技术条件无法对其产生的不良环境影响的程度或者范围作出科学判断的内容。

3.6.5 各方案环境影响综合比较分析

一般对零方案、规划方案以及规划优化调整方案的环境影响进行差异比较。技术方法可采用专家打分法：根据规划方案、环境现状、主要环境敏感对象等情况，拟定各环境要素的权重值；并根据各规划方案实施后各环境要素对环境目标的满足程度进行比较评分（附录 13），在考虑权重后得到各个规划方案的总分值，通过比较各方案总分值的大小，推荐环境合理方案。

4 环境保护措施及跟踪评价

4.1 环境保护措施

4.1.1 基本要求

按照“预防为主、生态优先”原则，重点针对累积性、叠加性不利环境影响，从预防、减缓和修复补偿三个层次提出环境保护措施。

4.1.2 预防措施

对总体规划方案提出调整意见或建议，提出相关政策、机制、管理等要求，以消除规划方案的环境缺陷。如建立矿山地质灾害信息库、建立资源开发和生态恢复补偿机制、建立外来物种入侵监控、建立生态安全应急处理系统等。

4.1.3 减缓措施

通过行政监督、经济手段、技术方法等各方面措施，控制或降低不良环境影响。如鼓励采用先进环保的生产技术和资源综合利用、重视“三废”污染治理、对处理设施的运行情况进行监测和检查并及时从严处理各类违法和超量排放事件等。

4.1.4 修复补偿措施

尽可能地采取有效措施进行恢复补救，使受影响的环境因子恢复原有功能。如拨出专款、形成基金、吸引社会资金参与矿山生态环境修复整治工作等。

4.2 跟踪评价

跟踪评价中应给出相应的评价主体、经费以及重点评价内容的要求。如评价矿产资源总体规划实施后的实际环境影响；规划环境影响评价及其建议的环境影响减缓措施的实施情况与效果；确定为进一步提高矿产资源总体规划的环境效益所需的改进措施等。

5 公众参与

5.1 基本原则

公众参与应遵循公开、平等、广泛和便利的原则。

5.2 公众参与对象

公众参与对象可以包括有关部门代表、专家、受规划影响的公民和社会团体。确定公众参与对象时应当综合考虑地域、职业、专业知识背景、表达能力、受影响程度等因素，还应充分考虑时间因素和人力、物力、财力等条件。

5.3 公众参与的程序和主要内容

5.3.1 公开规划的环境信息

在开展规划环境影响评价中，应尽早向公众公开该规划及其有关的环境信息。公开的信息主要包括规划情况简述：规划对环境可能造成的影响；征求公众意见的范围、起止时间和具体形式。

发布环境信息公告的方式通常包括在规划所在地的公共媒体上发布公告，公开免费发放包含有关公告信息的印刷品以及其他便利公众知情的信息公告方式。

5.3.2 公开环境影响报告书简本

在规划环境影响评价工作基本完成后，应向公众公开该规划环境影响报告书简本。公开的简本应包括规划的环境影响预测分析结论要点：预防或者减轻不良环境影响的对策和措施要点；规划资源环境合理性结论要点；征求公众意见的范围、起止时间和具体形式。

公开环境影响评价报告书简本的方式通常包括在特定场所提供环境影响报告

书简本；制作包含环境影响报告书简本的专题网页；在公共网站或者专题网站上设置环境影响报告书简本的链接；以及其他便于公众获取环境影响报告书简本的方式。

5.4 征求公众意见形式及要求

应在发布信息公告、公开环境影响报告书简本后，公开征求公众意见。征求的意见主要包括：公众关心的环境问题；公众对拟议规划环境影响的意见；公众对规划的环境影响减缓措施的意见；公众对环境可行的规划方案的态度和修改建议等。

5.5 公众参与意见的反馈与落实

对通过多种渠道汇集来的不同意见均予以记录，并在报告成果中如实描述；对与环境有关的意见和建议进行归类和汇总分析，针对采纳的意见提出具体的处理意见和措施，对未采纳的意见予以解释说明；将涉及环境保护以外的意见，转交有关部门。

报告书编制完成前，在省、地市媒体和省、地市政府网站发布公众意见的反馈公告，并公示所有公众意见、采纳或不采纳理由以及非环境相关意见的去向。

5.6 公众参与的方式

专家咨询、问卷调查及现场走访调查、座谈会、论证会、听证会、大众传媒，包括广播、电视、网络等。

第二部分　实践篇

四川省甘孜藏族自治州矿产资源开发总体规划环境影响评价案例

1 总　则

1.1 项目背景

为促进中国的生物多样性保护工作，以欧盟赠款，联合国开发署出资，以及示范项目配套资金为主，在中国设立了中欧生物多样性项目，并建立了组织管理机构——中欧生物多样性项目管理办公室。该项工作的主旨在于改善生物多样性工作的体制环境，促进保护区内的生物多样性保护，加强管理人员的能力建设，促进生物多样性数据的共享等。为达到上述目的，特设立科研课题《Integrating Biodiversity Considerations into Strategic Environmental Assessment of Mining and Tourism Development Plans》，共包括三项内容，即开展某一地区的矿产资源开发规划和旅游开发规划的环境影响评价，建立相应区域的生物多样性数据库，编制以生物多样性评价为重点的旅游开发规划和矿产资源开发规划环境影响评价技术指南。

该课题的核心是探讨如何将生物多样性保护工作纳入矿产开发和旅游发展规划环境影响评价中。因此，编制矿产开发规划环境影响评价报告书，是本课题的主要任务之一。

1.2 评价对象

按照总课题的要求，须针对四川某一区域的矿产资源开发规划开展环境影响评价。因此，工作区域应该为已有或者正在编写或修订矿产资源规划的地区，同时案例研究的尺度不宜过小，规划涉及的范围以地市州政府一级为宜，规划类型以矿产资源总体规划为宜。此外，案例研究应涉及生物多样性相对重要的区域。

甘孜州地处青藏高原和四川盆地过渡地带，地形地貌复杂，是世界上自然生态最完整、气候垂直带谱与动植物资源垂直分布最多的地区之一，也是中国重要的天然物种基因库。

综上所述，选择《四川省甘孜藏族自治州矿产资源总体规划（2005—2010）》作为开展规划环境影响评价的评价对象。

1.3 编制依据

1.3.1 法律、法规

《中华人民共和国环境保护法》（1989 年 12 月）；

《中华人民共和国环境影响评价法》（2002 年 10 月）；

《规划环境影响评价条例》（2009 年 10 月）；

《建设项目环境保护管理条例》（1998 年 11 月）；

《中华人民共和国水法》（2002 年 8 月）；

《中华人民共和国水土保持法》（1991 年 6 月）；

《中华人民共和国野生动物保护法》（2004 年 8 月）；

《中华人民共和国渔业法》（2004 年 8 月）；

《中华人民共和国森林法》（1998 年 4 月）；

《中华人民共和国土地管理法》（2004 年 8 月）；

《中华人民共和国防洪法》（1997 年 8 月）；

《中华人民共和国水污染防治法》（2008 年 2 月）；

《中华人民共和国大气污染防治法》（2000 年 4 月）；

《中华人民共和国固体废物污染环境防治法》（2004 年 12 月）；

《中华人民共和国环境噪声污染防治法》（1996 年 10 月）；

《中华人民共和国清洁生产促进法》（2002 年 6 月）；

《中华人民共和国煤炭法》（1996 年 8 月）；

《中华人民共和国矿产资源法》（修正案）（1996 年 8 月）；

《中华人民共和国陆生野生动物保护实施条例》（1992 年 3 月）；

《中华人民共和国水生野生动物保护实施条例》（1993 年 9 月）；

《中华人民共和国野生植物保护条例》（1996 年 9 月）；

《土地复垦规定》（1988 年 11 月）；

《基本农田保护条例》（1998 年 12 月）；

《全国生态环境保护纲要》（2000 年 11 月）；

《中华人民共和国自然保护区条例》（1994 年 10 月）；

《风景名胜区条例》（2006 年 9 月）。

1.3.2 部委规章及地方法规

《建设项目环境保护分类管理名录》(2002 年 10 月，国家环保总局 14 号令)；

《关于西部大开发中加强建设项目环境保护管理的若干意见》(环发[2001]4 号)；

《矿山生态环境保护与污染防治技术政策》(国环发[2005]109 号)；

《四川省饮用水水源保护管理条例》(1997 年 10 月修正)；

《四川省自然保护区管理条例》(四川省人大 1999 年 10 月)；

《国家重点保护野生植物名录（第一批)》(2001 年 8 月，农业部、国家林业局第 53 号令修正)；

《国家重点保护野生动物名录》(2003 年 2 月，国家林业局第 7 号令修订)；

《国家重点生态功能保护区规划纲要》(2007 年 12 月，国家环保总局)；

《四川省〈中华人民共和国环境影响评价法〉实施办法》(2007 年 9 月)。

1.3.3 规范性文件

《全国生物物种资源保护与利用规划纲要》(2007 年 12 月发布，国家环保总局)；

《国务院关于落实科学发展观加强环境保护的决定》(国发[2005]39 号)；

《全国生态环境保护纲要》(2000 年 11 月，国务院国发[2000]38 号)；

《四川省人民政府关于划分水土流失重点防治区的公告》(四川省人民政府，1998 年 12 月)；

《四川省人民政府关于实施天然林资源保护工程的决定》(川府发[1998]58 号)；

《四川省地面水水域环境功能划类管理规定》(川府发[1992]5 号)；

《四川省人民政府关于公布〈四川省新增重点保护野生动物名录〉的通知》(川府发[2000]37 号)；

《环境影响评价公众参与暂行办法》(环发[2006]28 号)。

1.3.4 技术规范及标准

《规划环境影响评价技术导则　总纲》(征求意见稿)；

《环境影响评价技术导则　大气环境》(HJ/T 2.2—2008)；

《环境影响评价技术导则　地面水环境》(HJ/T 2.3—93)；

《环境影响评价技术导则　声环境》(HJ/T 2.4—2009)；

《环境影响评价技术导则　非污染生态影响》(HJ/T 19—1997)；

《水库渔业资源调查规范》(SL 169—96)；

《环境监测技术规范》(国家环境保护局，1986 年)；

《土壤侵蚀分类分级标准》（SL 190—96）。

1.3.5 技术报告及相关文件

《四川省甘孜藏族自治州矿产资源总体规划（2005—2010）》。

1.3.6 主要相关资料

《全国生态功能区划》;

《四川省生态功能区划》;

《四川省环境保护“十一五”规划》;

《甘孜藏族自治州国民经济和社会发展第十一个五年总体规划纲要》;

《甘孜藏族自治州环境保护“十一五”规划》;

《关于开展四川省第二轮矿产资源规划编制工作的通知》;

《甘孜州土地利用总体规划（1996—2010）》;

《甘孜州水土保持规划（2001—2010）》;

《甘孜州生态能源产业发展规划》;

《甘孜州土地开发整治规划》;

《甘孜州生态能源产业发展规划》。

1.4 评价目的

（1）实现甘孜州矿产资源开发与生态环境保护协调发展，避免因规划不合理造成区域重大生态破坏和环境污染，促进区域社会、经济和环境的协调可持续发展。

（2）为《四川省甘孜藏族自治州矿产资源总体规划（2005—2010）》及各规划矿产资源开采区下阶段开发利用规划及具体建设项目环境影响评价提供指导性意见和建议。

（3）探索矿产资源总体规划中的生物多样性评价程序和方法，为国内今后开展类似评价提供参考。积累生物多样性评价数据，为今后开展生物多样性保护工作提供便利。

1.5 评价原则

1.5.1 科学、客观、公正原则

科学、客观、公正地开展甘孜州矿产资源总体规划战略环境影响评价工作，综合考虑规划实施后对各种环境要素及其所构成的生态系统和社会环境可能造成

的影响。

1.5.2 整体性、全局性原则

将本规划与规划涉及区域内的相关政策、计划、规划以及相应的项目联系起来做整体性考虑与评价；从规划布局高度重点评价生物多样性、社会经济发展等具有长期性影响特征的环境要素。

1.5.3 突出重点、兼顾一般原则

生物多样性评价是此次评价的重点，同时兼顾水环境、大气、声环境等环境要素的评价，并对资源-环境承载力、清洁生产和循环经济等方面作相对深入地评价。

1.5.4 公众参与原则

在评价过程中积极开展公众参与，充分考虑社会各方面的利益和主张。

1.5.5 可操作性原则

尽可能选择简单、实用、经过实践检验可行的评价方法，评价结论力求科学、客观，以能预测发展趋势，可操作为原则。

1.5.6 实用性原则

本规划环评提出的减缓不良环境影响的对策措施，力求对甘孜州境内各个矿区开发利用规划的编制及环境影响评价提供指导性意见和建议。

1.6 评价水平年

现状水平年为 2005 年（部分资料采用最新数据）；预测水平年近期为 2010 年，远景为 2020 年。

1.7 评价范围

评价范围以甘孜州全州生态环境为背景，重点为各开采规划分区、工业园区、有色工业基地。

1.8 环境保护目标

表 2-1 甘孜州矿产资源总体规划环境保护目标

主题	要素	环境目标
生态环境	敏感区域	控制对敏感区的负面影响
	生物多样性	维护生态系统、物种及基因多样性
	生态风险	防止外来生物入侵
资源-环境承载力	资源承载力	以“减量化、资源化、再利用”为原则，合理利用资源，在环境容量允许范围内以较少的资源开发来满足社会发展需求
	环境承载力	
其他环境	社会环境	促进全州社会经济可持续发展，提高居民生活质量，促进民族团结统一
	水环境	地表水和地下水水质不受污染，并满足地表水和地下水功能要求
	大气环境	控制与矿产资源开发利用有关的空气污染物排放
	声环境	声环境质量满足功能及标准
	地质环境	防范和控制地质环境风险

1.9 环境敏感保护对象

表 2-2 甘孜州矿产资源总体规划环境敏感保护对象

主题	主要敏感保护对象		涉及开采区	相互关系
生态环境（生物多样性）	自然保护区	新路海省级自然保护区	G-1 德格—崩多铜矿鼓励开采区发生重叠	存在空间冲突
		多普沟市级自然保护区		
		阿木拉县级自然保护区		
		扎日拥康自然保护区		
		措普沟县级自然保护区	G-4 巴塘—茶洛多金属矿鼓励开采区发生重叠	
		玉科省级自然保护区	G-7 道孚—菜子沟磁铁矿鼓励开采区	
		莫斯卡省级自然保护区	G-10 丹巴—色底云母矿鼓励开采区	
		台站沟县级自然保护区		
		贡嘎山国家级自然保护区	G-12 康定—榆林宫温泉鼓励开采区	

主题	主要敏感保护对象		涉及开采区	相互关系
生态环境（生物多样性）	自然保护区	二郎山国家级自然保护区	G-13 泸定—冷碛石灰岩矿鼓励开采区	存在空间冲突
		贡嘎山国家级自然保护区	G-14 泸定—磨西温泉鼓励开采区	
	主要珍稀保护陆生植物	白皮云杉、云南杓兰、康定云杉等植物	G-7 道孚—菜子沟磁铁矿鼓励开采区、G-11 康定—棒塔铅锌矿鼓励开采区、G-15 九龙—湾坝铅锌矿鼓励开采区、G-16 九龙—里伍铜矿鼓励开采区	4 个区域内保护物种存在可能比较大
	主要珍稀保护陆生动物	山溪鲵、中国林蛙等数种两栖类；秃鹫、凤头鹰等十多种鸟类；狼、马麝、黑熊、大熊猫等二十多种兽类	X-3 康定—大渡河金矿限制开采区、G-11 康定—棒塔铅锌矿鼓励开采区	两个区域涉及的物种丰富度较高
	主要珍稀保护鱼类	长丝裂腹鱼、中华鮡等	G-6 巴塘—拉硅石灰岩矿鼓励开采区	主要分布在金沙江干流
		长丝裂腹鱼、青石爬鮡等	G-16 九龙—里伍铜矿鼓励开采区	主要分布在雅砻江干流
		重口裂腹鱼、青石爬鮡等	G-10 丹巴—色底云母矿鼓励开采区、G-11 康定—棒塔铅锌矿鼓励开采区、G-13 泸定—冷碛石灰岩矿鼓励开采区、G-14 泸定—磨西温泉鼓励开采区	主要分布在大渡河干流
水环境	集中式饮用水水源保护区	巴塘县县城饮用水水源地	G6 巴塘—拉哇石灰岩矿鼓励开采区	巴久曲河，位于矿区内
		道孚县县城饮用水水源地	G7 道孚—菜子沟磁铁矿鼓励开采区	道孚沟，位于矿区内
		丹巴县县城饮用水水源地	G10 丹巴—色底云母矿鼓励开采区	大马山沟，位于矿区内
		泸定县县城饮用水水源地	G11 康定—棒塔铅锌矿鼓励开采区	羊圈沟，位于矿区下游
大气/声环境	城镇	巴塘县城	有色金属基地	县城周边
		康定县城	金汤工业园区	县城周边
		泸定县城	加郡工业园区	县城周边

1.10 重点工作内容

（1）在综合分析甘孜州矿产资源总体规划的基础上，重点进行规划方案目标的合理性分析以及与相关规划的协调性分析。

（2）在环境现状调查以及已有矿产开发项目回顾调查的基础上，分析评价甘孜州环境变化趋势及资源环境承载力水平。

（3）识别规划方案实施过程中及实施后所有活动及其对环境的影响，并根据本规划区开发主要特点和环境敏感程度，制定规划方案环境合理性评价指标体系、环境影响评价指标体系、资源-环境承载力评价指标体系以及清洁生产与循环经济指标体系，作为环境影响评价和环境管理的参照。

（4）分析评价规划方案实施对甘孜州生物多样性的影响。

（5）进行规划实施的资源环境承载力分析和规划方案环境合理性综合论证，分析规划方案的缺陷并提出优化调整建议。

（6）根据规划方案实施对环境的影响因素及其影响程度、范围，遵循循环经济、可持续发展的理念，提出预防和减缓不利环境影响的措施和对策。

1.11 评价工作程序

本次规划环境影响评价工作程序详见图 2-1。

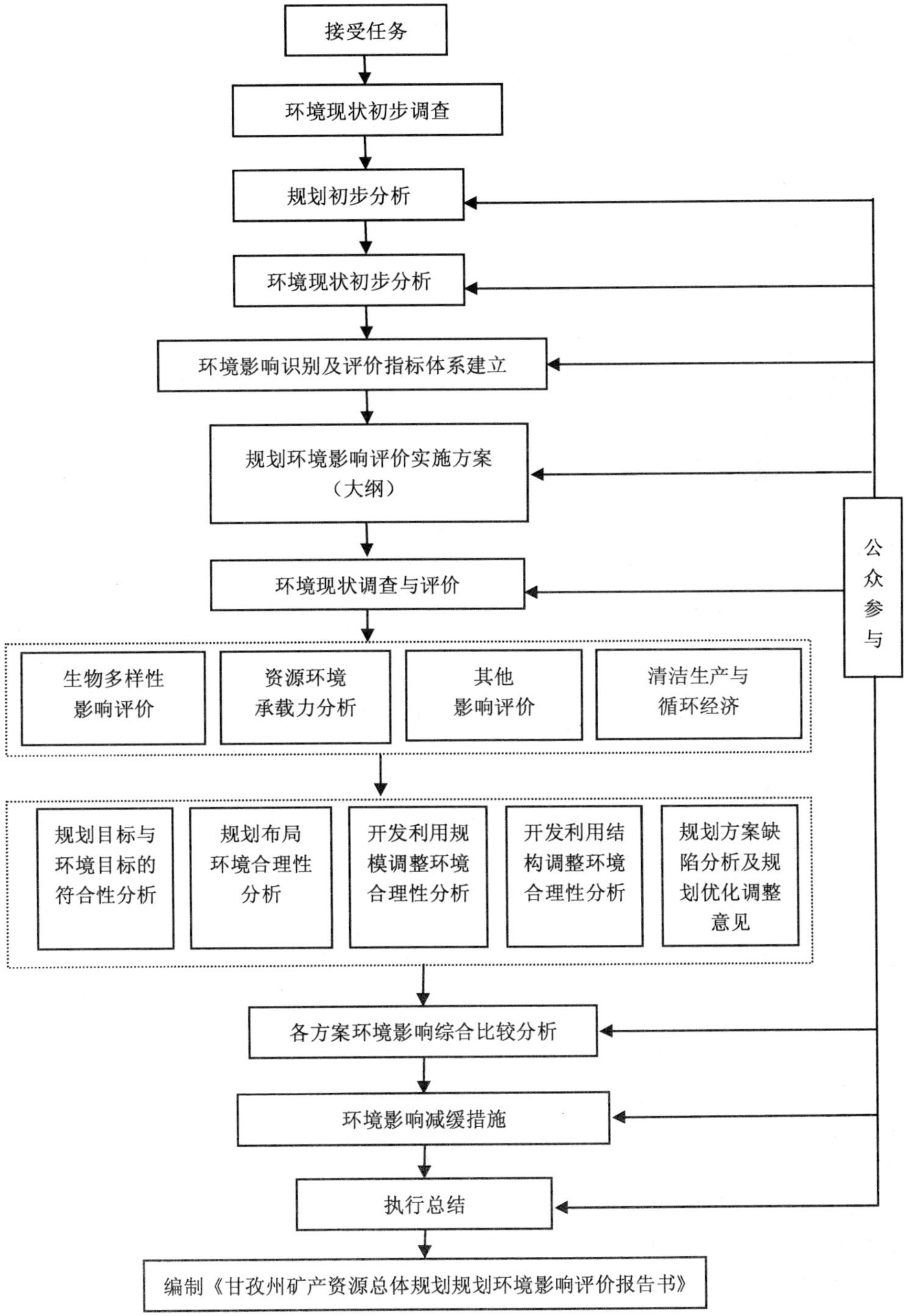

图 2-1　矿产资源总体规划规划环评技术路线

2 规划分析

2.1 规划背景

矿产资源是甘孜藏族自治州（以下简称甘孜州）的优势资源，是甘孜州国民经济与社会发展的重要推动力。为了合理开发利用与保护矿产资源，发挥矿产资源开发的后发优势，促进矿产资源的可持续开发和循环利用，满足甘孜州实现经济社会新跨越对矿产资源的需求，维护国家对矿产资源的所有者权益，落实《四川省第二轮矿产资源总体规划》中与甘孜藏族自治州有关的目标和任务，更好地对矿产资源勘查、开发利用和保护活动、矿山生态环境保护与恢复治理及其调查、监测和监督做出统筹安排，依据《中华人民共和国矿产资源法》及其实施细则、《全国矿产资源规划》、国土资源部《关于开展第二轮矿产资源规划编制工作的通知》（国土资源发[2006]255 号）、四川省国土资源厅《关于开展四川省第二轮矿产资源规划编制工作的通知》（川国土资发[2007]1 号）、四川省国土资源厅《关于印发四川省第二轮市县级矿产资源规划编制要点的通知》（川国土资发[2007]22 号）、四川省国土资源厅《关于开展第二轮矿产资源总体规划专题研究的通知》（川国土资函[2007]373 号）、国土资源部《矿产资源总体规划编制规程》、国土资源部《矿产资源规划数据库标准》（试行）、四川省矿产资源总体规划、《甘孜州国民经济与社会发展第十一个五年规划纲要》，甘孜州人民政府组织编制了《四川省甘孜藏族自治州矿产资源总体规划（2005—2010）》。

2.2 甘孜州矿产资源特点及开发利用现状

2.2.1 甘孜州矿产资源特点

甘孜州地处著名的“三江”成矿带和康滇地轴北带，是继攀西地区之后四川省最重要的矿产资源富集区，具有建设国家级大型矿业基地的资源条件。截至

2005年底，已发现矿产60种，形成固体矿产地998处、温泉166处；固体矿产地中大型矿床70处、中型矿床67处、小型矿床126处、矿点334处、矿化点401处，温泉中高温泉21处、中温泉72处、低温泉65处；固体矿产地中黑色金属矿产地85处、有色金属矿产地364处、贵金属矿产地109处、稀有金属矿产地50处、能源矿产地40处、冶金辅助原材料矿产地29处、建筑材料矿产地228处、特种非金属矿产地57处、非金属矿产地36处。已探明矿产储量的矿种主要有金、银、镍、铜、铅、锌、锡、锂、铍、铌、钽、铁、锰、钨、云母、水晶、花岗石、硅石、矿泉水、地热等41种，其中大型规模的矿床有14个、中型25个。锂、钽、铍、镍、铂等矿产资源量在省内占较大优势，铜、铅、锌、银的预测资源量在省内占重要地位，非金属矿产中的石灰岩、白云岩、蛇纹岩、花岗岩等资源潜力很大。已探明可供开发利用的矿产中，以贵金属、有色金属、稀有金属和非金属为优势矿产，具有规模大、品位富、可供利用组分多等特点。甘孜矿产资源分布情况见图2-2。

2.2.2 甘孜州矿产资源开发利用现状

2.2.2.1 地质勘查工作现状

基础地质工作方面：全州1∶20万区域地质调查、区域水文地质调查和1∶50万区域环境地质调查已经完成；1∶5万区域地质调查从20世纪80年代初开始，在州内重要成矿带、基础地质重点区进行，至2005年已完成18幅；遥感资料有覆盖甘孜州的美国陆地卫星MSS数据和TM数据，有覆盖甘孜、炉霍、昌台、新龙、义敦、禾尼、波密和理塘的OE/TM数据。“十五”期间完成了康定、泸定、丹巴、九龙、道孚、炉霍、甘孜、新龙、德格、白玉、理塘、巴塘、稻城、得荣等县的地质灾害调查与区划工作，较系统地收集和整理了这些区内的基础地质资料。这些工作为矿产资源开发提供了比较可靠的基础地质资料。

矿产地质工作方面：甘孜州矿产勘查工作程度较低，勘查工作虽然保持平稳上升的势头，但许多紧缺矿种仍未开展足够的勘查工作。全州勘探矿区215个，勘探区13个、其中详查区7个、普查区195个。从矿种来看，金属矿占据主要部分，非金属矿产勘查较少，其中金矿、铅锌矿和铜矿占据了勘查区总数的78%，金矿勘查区102个、铅锌矿勘查区32个、铜矿（铜多金属矿）勘查区33个。从区域来看，理塘、巴塘、康定、德格位于前列，甘孜州中部和西部的矿产资源勘查工作力度较之前有明显的进步。

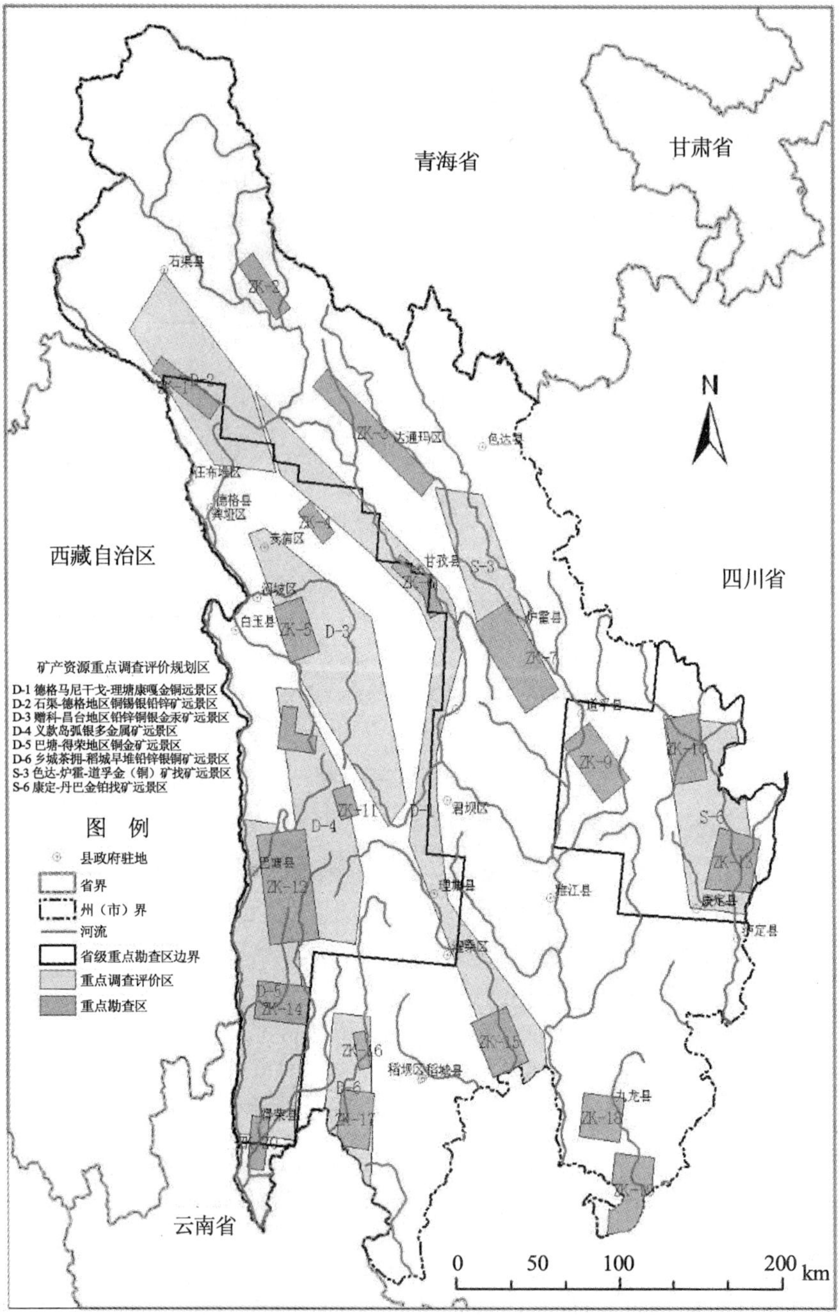

图 2-2 甘孜藏族自治州重点矿产资源调查评价远景区

2.2.2.2 矿产资源开发利用现状

“十五”期间，甘孜州已把矿业作为优先培育和发展壮大的六大支柱产业（生态农业、生态旅游、生态能源、生物资源、优势矿产、民族文化）之一。2005 年全州自产矿石量 155.986 万 t，工业产值 59 794.62 万元，综合利用产值 1 021.72 万元。优势矿产引进到位资金 95 618.94 万元，占甘孜州“十五”期间到位资金总额的 15.41%。白玉、康定、丹巴、巴塘等县在开发银、金、铂镍、铅锌等矿产资源中，分别与鑫源公司，湖南长鑫矿业有限公司，陕西银河集团等地企业开展联合协作，为县域经济发展，培育优势矿业支柱起到了积极的推进作用。

全州现有矿山企业 80 个，开发利用矿产 17 种。其中，金属矿山企业 55 个，占 68.75%；非金属矿山企业 25 个，占 31.25%。矿山企业总数中，国有矿山企业 14 个，股份合作企业 5 个，股份有限公司 9 个，集体企业 6 个，其他类型矿山企业 46 个。

金属矿山采区回采率 86.54%，非金属矿山 86.24%；金属矿山矿井回采率 83.53%，非金属矿山 83.08%；金属矿山选矿回收率 84.15%；非金属矿山 81.08%；金属矿山采矿贫化率一般为 10%～20%，非金属矿山一般不高于 5%。

甘孜州矿产资源开发利用情况如图 2-3 和表 2-3 所示。

表 2-3 甘孜州矿产资源开发利用现状

矿产类型	数量及分布	主要开采区
铁矿	矿山 1 个，主要分布在道孚等地	道孚县菜子坡铁矿，为小型
铜矿	矿山 5 个，主要分布在九龙等地	里伍铜矿为中型，花椒槽铜铅矿、笋叶林铜矿、黑牛洞铜矿、挖金沟铜矿、柏香林铜矿均为小型
铅锌矿	矿山 9 个,主要分布在康定、巴塘、泸定、九龙、丹巴等地	康定县二郎铅锌矿、康定寨子坪铅锌矿、康定县孔玉乡花椒槽铜铅矿、九龙县子杠坪铅锌矿、九龙县观音山铅锌多金属矿、泸定县兴隆银厂铅锌矿、丹巴县铜炉房铅锌矿、白玉县嘎依穷多金属矿、巴塘县纳交系铅锌矿，全为小型
锡矿	矿山 3 个,主要分布在巴塘、康定等地	巴塘县 518 锡矿（大型）、巴塘措莫隆锡矿（小型）、康定赫德钨锡矿（小型）

矿产类型	数量及分布	主要开采区
金矿	矿山 17 个,主要分布在康定、丹巴、理塘等县	丹巴县独狼沟金矿、丹巴县洛河洞金矿、丹巴县铜炉房金矿、丹巴县燕子岩金矿、丹巴县永西山金矿、丹巴县鱼公洞金矿、丹巴县自布金矿、甘孜县嘎拉金矿、甘孜州康定金矿、九龙县顶天柱金矿、康定黄金坪金矿—浸水矿山、康定黄金坪金矿—三硐矿山、康定县白金台子金矿、康定县大槽门金矿、康定县二里沟金矿、康定县贵台子金矿、康定县黑金台子金矿、康定县江咀金矿、康定县韭菜坪金矿、康定县莲花台子金矿、康定县门子沟金矿、康定县拿哈沟金矿、康定县若吉金矿、康定县三眼洞金矿、康定县新台子金矿、康定县雪槽岩金矿、康定县杨家火地金矿、康定县一炷香金矿、康定县竹林金矿、理塘县阿达隆金矿、理塘县阿加隆洼金矿，多为小矿
银矿	矿山 2 个，主要分布在泸定、白玉等地	泸定瓦斯沟银矿（小矿）、白玉呷村银多金属矿（大型）
铂镍矿	矿山 3 个，主要分布在丹巴等地	丹巴杨柳坪铂镍矿、丹巴正子岩窝铂镍矿、丹巴协作坪铂镍矿，全为小型
云母矿	矿山 3 个，主要分布在丹巴、泸定等地	丹巴云母矿（小型)、丹巴妥皮白云母矿（小型)、泸定得妥湾东云母矿（小矿）
脉石英	矿山 10 个，主要分布在九龙、康定、泸定、道孚等地	九龙富林山硅石矿、九龙湾坝乡黑洞子—溜沙坡硅石矿、九龙白家山矿区硅石矿、九龙一碗水硅石矿、康定烧炭沟脉石英矿、康定无角沟脉石英、康定砖房沟脉石英矿、泸定海螺石脉石英矿、泸定老虎嘴硅石矿、道孚容须卡硅石矿，均为小型
石灰岩	矿山 3 个，主要分布在在泸定、康定、巴塘等地	泸定银厂沟石灰岩矿、泸定冷碛石灰岩矿、康定银厂沟石灰石矿、巴塘夏邛石灰石矿
矿泉水	矿山仅 1 个，主要在泸定县	贡嘎山燕子沟矿泉水
地热	矿山 9 个，主要在泸定和康定县	康定二道桥热矿泉、康定榆林宫 3 号热矿泉、康定榆林宫 2 号热矿泉、泸定县磨西热矿泉、康定榆林宫热矿泉、热水塘温泉、榆林宫 4 号热矿泉、榆林宫 1 号和 7 号热矿泉、海螺沟瑶坪热矿泉

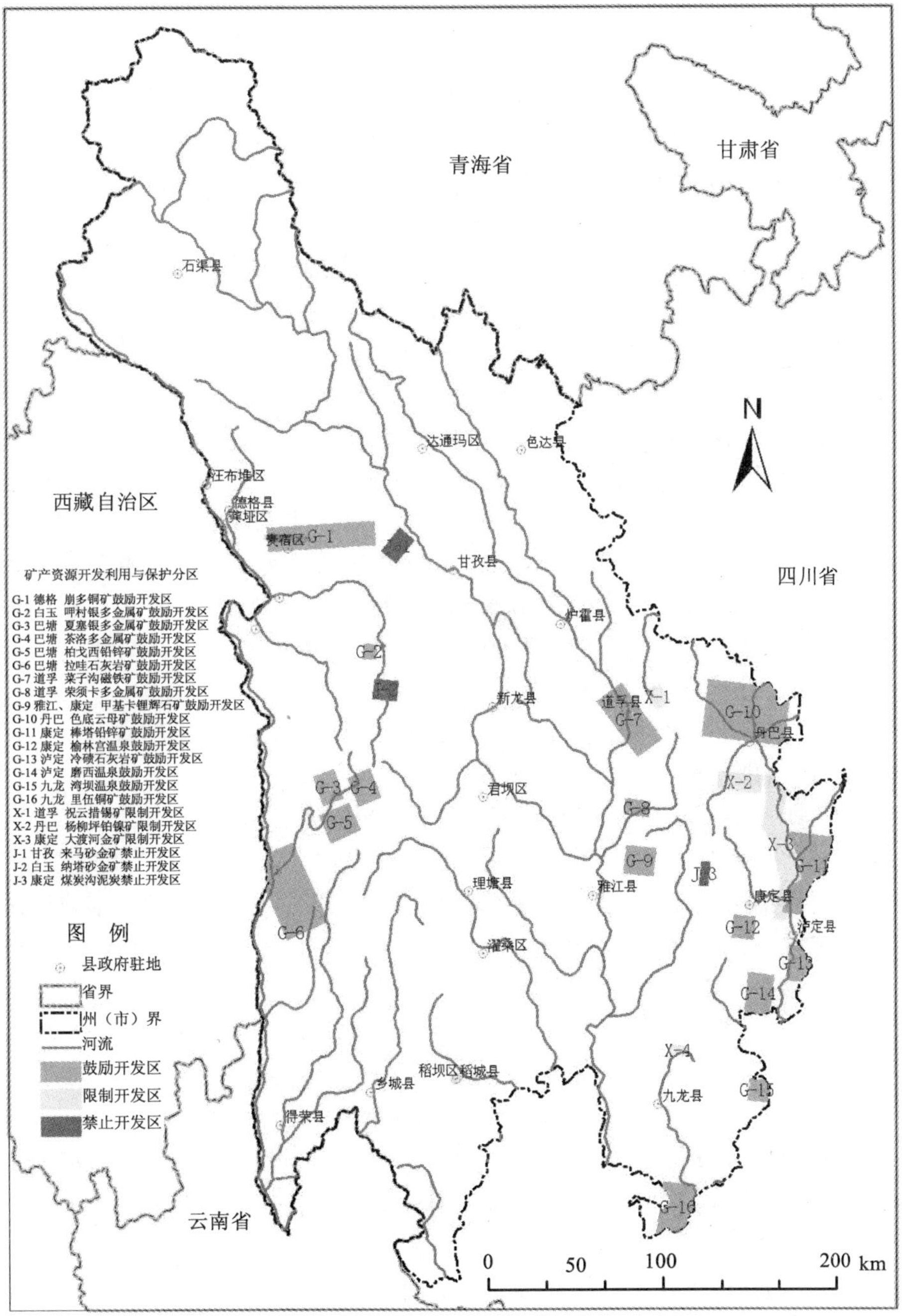

图 2-3　甘孜藏族自治州矿产资源开发利用与保护规划分区

2.2.2.3 矿山生态环境现状

甘孜州工业企业数量少、门类少，矿产资源加工型企业为区域主要工业污染源，且环保基础设施建设滞后，污染物产生及排放强度高于四川省平均水平。部分小规模矿山开发区域及尾矿堆存区域植被和土地等生态环境受到破坏，未采取相应的植被恢复和复垦措施，矿山生态恢复、治理和土地复垦率低，水土流失较严重。

近几年甘孜州已停止了砂金的勘查和开采活动，道孚等地已开始了砂金开采场地的环境整理工作。截至 2005 年生态环境治理投入经费 452 万元，治理面积 32 hm^2，占应治理面积的 55%。

2.2.3 甘孜州矿产资源开发利用中存在的主要问题

（1）产资源勘查投入不足，资源家底有待查清。

矿产资源勘查体制不顺，运作机制不健全，矿业市场不发育，地勘投入严重不足，直接影响了地勘工作的深入开展，导致全州资源家底不清，关键的基础地质问题尚未解决，潜在优势矿产如金、银等勘查程度低，达到勘探程度可供开发利用的矿产地少，部分已开采矿山的地质资料仅为预查，部分在建矿山的地质勘查程度也很低，不能满足矿业开发的需要，增加了矿山企业的风险。

（2）矿产资源开发利用结构不合理。

主要表现在技术结构层次较低，采选能力不匹配，矿产品结构单一，加工深度不够；矿山规模结构不合理，小矿山数量过多。

（3）矿产品深加工程度非常低，主要是初级产品。

矿山开采规模小而散，集约化程度低，生产技术落后，采矿回收率低，综合利用差；大矿小开、一矿多开的情况存在，采富弃贫，乱采滥挖、浪费资源的现象在一些地方或矿区还存在。经济效益差，致使资源优势未转变为经济优势。

（4）部分矿山生态环境问题比较突出。

一些矿山在开采、加工过程中废水、固体废弃物等无序排放，使生态环境受到严重破坏；矿山恢复、治理和土地复垦率低，严重影响了矿业的可持续发展。

（5）矿产资源勘查、开发利用的宏观调控能力较弱。

矿业法规、规划、政策体系尚不健全，矿产资源勘查未能得到必要的重视和扶持，浪费和破坏矿产资源的行为未能得到有效遏制。

（6）科技和创新能力不强，技术支撑条件差。

矿产资源管理人员少，业务素质和管理水平有待提高；同时，矿山企业科技人员缺乏，生产工艺较差。

（7）矿业开发的强州富民效益有待加强。

矿业作为甘孜州的六大支柱产业，在改善甘孜州工业结构、加快基础设施建设、增加财政收入、解决当地百姓就业等方面作用巨大，同时由于矿业活动对旅游、林业和生态保护等有一定影响，难免产生各种矛盾。政府、企业和百姓应以高度的政治责任感，和谐开展矿业活动，让当地百姓得到矿业发展的真正实惠，增强甘孜州的矿业综合竞争力。

2.3 规划的主要内容

规划对象为甘孜州辖区内的所有矿产资源。主要规划目标纳入全州国民经济与社会发展计划。本《规划》以2005年为基准期，适用期限为2005—2010年，展望至2020年，是规划期甘孜州矿产资源勘查、开发利用以及矿山生态环境治理、保护的指导性文件，是依法审批和监督矿产资源勘查、开采活动的重要依据，是制定甘孜州矿产资源各类专项规划和县级矿产资源规划的重要依据。

2.3.1 规划的指导思想

正确处理资源、环境与经济发展之间的关系，坚持矿产资源开发利用与保护相结合的原则，依靠科技进步，提高矿产资源的综合利用水平。坚持“多元投资、强化勘查、采选配套、集中冶炼，提升技术、规模经营，严格管理、安全生产，易发办矿、保护环境、优势互补、协调发展”的方针，在提高矿产资源对社会经济的支撑力的同时，降低对环境的污染并减少地质灾害，实现社会经济的可持续发展。

2.3.2 规划目标和时限

2.3.2.1 总体目标

加强地质勘查工作，建立健全矿业权市场，实行公益性矿产地质调查与商业性地质勘查工作分制运行，提高矿产资源的可供性，保障矿业可持续发展。以调整和优化提升采选业为先导，促进地勘业的发展，带动加工制品业的调整和优化提升，延伸矿业产业链。把甘孜州的矿业经济培育发展成为全州工业经济的重要支撑，地方财政收入和人民致富的重要来源，经济社会发展的有力支柱，使甘孜州成为重要工业原料基地和接替区，实现人口、资源、环境的和谐发展。

2.3.2.2 2010年规划目标

初步形成公益性地质矿产调查为基础，商业性勘查为主体的勘查新局面。铅、锌、银、金及一些重要非金属矿产的查明资源比“十五”期间增多，重要矿产的可供性进一步提高。

初步建立安全、稳定的资源供应体系，为国民经济和社会发展提供持续、可靠的资源保障。开展重点地区的地质勘查，选择有大型远景的矿产地开展矿床深部普查，提交1～2个可供后续勘探的大型矿产基地。

进一步加大矿产资源开发利用领域的开放力度。矿产资源利用方式和管理方式实现根本转变，保护和合理利用矿产资源步入规范化、法制化轨道，形成适应新形势要求，高度开放、市场完善、保护生态环境的新型矿业，矿业经济总产值达到30亿元以上。

调整矿山企业组织结构。培育、扶植矿产品加工基地和龙头企业。鼓励发展大型矿业集团，构建和完善以大企业为主导、中小企业专业化分工、产业化协作的产业组织体系。引导、鼓励龙头企业和大型矿业集团兼并、收购小矿山。到2010年矿山个数控制在90个左右。

调整矿山规模结构。调整大、中、小型矿山的比例结构，限定矿山最小开采规模。引导矿山企业规模开采，集约化经营，强化核心矿山企业的作用，鼓励矿山企业做大做强，做优做精，做专做特。

改善矿产品结构。提高矿产品加工层次，加强综合利用，发展精、特、优、尖和环保产品，开发高技术含量、高附加值的矿产品。加快水电开发，实行电矿结合，发展工业硅、粗铜、电铅、电锌等产品。

优化矿山生产技术结构。引进新技术、新工艺、新设备，积极推行清洁生产和先进、适用采选冶及精深加工技术，改造、提升传统矿业。

实行开放式办矿，努力引进国内外、省内外的技术、人才、资金，改变目前甘孜州矿业生产技术落后，人才匮乏、资金困难的局面。进一步提高资源利用效率，综合利用的矿山达到可综合利用矿山总数的50%以上；进一步改善矿山生态环境状况，使矿山生态环境治理率达到50%以上，矿产资源开发水平和管理水平上一个新台阶。

2.3.2.3 2020年远景目标

实现矿产资源保护与合理利用的运行机制和管理体制规范化、法制化，实现矿产资源利用方式和管理方式的根本转变；建立完善的矿产资源要素市场，提高矿产资源对经济社会发展的供应能力，使矿产资源开发与强州富民、生态环境保护治理协调发展。

做好大中型矿床的勘查，增长全州保有矿产储量；完成重要矿产地开发的前期评价工作。实现矿业经济大发展，实现集约型规模化开采，基本形成国家级重要矿产原料供应基地。通过提高"三率"、提高附加值和增加产量，通过科学技术提高效益。到2020年甘孜州的矿业生产总值达到近50亿元，有力支撑全州工业化、全民奔小康的总体目标。

2.3.3 矿产资源勘查规划

2.3.3.1 公益性地质矿产调查

（1）基础地质工作。

矿产资源调查评价应坚持以“全面规划、分步实施、区域展开、重点突破、向重点片区倾斜”的原则，以中国地质调查局地质大调查安排的西南三江成矿带和陕甘川相邻区成矿带等地区中所属甘孜州辖区的工作程度较高的成矿远景区带为重点，优先安排国家宏观规划所需的战略和急缺矿产资源调查评价。

（2）优势矿产资源潜力调查评价。

完成脚根玛锡多金属矿、热隆锡矿等矿床（点）的普查评价工作并提交相应的资源量，通过对该地区的异常查证和矿点检查工作，提交一批新发现矿产地和可供普查的矿产地；完成里伍铜矿外围的资源补偿费项目。

根据《四川省矿产资源总体规划》，并结合甘孜州矿产资源情况，全州共规划 8 个重点矿产资源调查评价远景区和远景区内重点规划区，各远景区基本情况表 2-4 和图 2-2 所示。

表 2-4 甘孜藏族自治州重点矿产资源调查评价远景区

编号	名称	所处位置及范围	主攻类型	主攻矿种
D-1	德格马尼干戈—理塘康嘎金铜远景区	处于甘孜—理塘深大断裂带与马尼干戈—拉波断裂带之间，从德格县马尼干戈经雅江、新龙西部、理塘康嘎，至木里洛霍，长约 530 km，宽 3～40 km，面积约 7 850 km^2	印支、燕山期与蛇绿岩套有关的构造蚀变岩型、热液型	金、铜。远景资源量金 150 t，铜 20 万 t
D-2	石渠—德格地区铜锡银铅锌矿远景区	位于义敦岛弧褶皱带北段与雅江弧后盆地褶皱带的交汇部位。长 235 km，宽 30～45 km，面积约 4 454 km^2，呈北西—南东向长条状。属德格县、石渠县所辖	印支、燕山期云英岩型，接触交代型锡矿、斑岩型、热液型铜金矿，主要为斑岩型、隐爆角砾岩型	锡、铜、金。远景资源量金 15 t，铜 30 万 t
D-3	赠科—昌台地区铅锌铜银金汞矿远景区	位于义敦岛弧褶皱带主弧带北段的赠科、昌台火山—沉积盆地及邻近地区，德格—乡城大断裂纵贯全区。长 190 km，最宽 55 km，面积约 5 330 km^2，呈北西—南东向纺锤形，主体属白玉县所辖，南段进入理塘县境	印支、燕山早期喷流沉积型、火山热液型、热泉型	铅、锌、铜、银。远景资源量银 3 000 t，铅锌 1 500 万 t，铜 20 万 t

编号	名称	所处位置及范围	主攻类型	主攻矿种
D-4	义敦岛弧银多金属矿远景区	位于义敦岛弧带中段，夹持于德格—乡城大断裂与德来—定曲大断裂之间，长 170 km，中部最宽 50 km，面积 4 730 km^2，呈北北西—南南东向纺锤形。主体部分属巴塘县所辖，南，北段进入理塘、白玉县境	燕山期—喜山期壳源花岗岩浆活动有关的银铅锌矿	银、铅、锌、锡。远景资源量银 5 000 t，铅锌 100 万 t，锡 15 万 t
D-5	巴塘—得荣地区铜金矿远景区	该区位于巴塘、得荣县，局部进入乡城县境，东以德来—定曲大断裂为界，金沙江深断裂纵贯全区。南北长 190 km，东西宽 35～40 km，面积约 4 360 km^2，呈南北向长条状	华力西、印支、燕山期等有关的喷流沉积型、热液型，应注意寻找斑岩型矿床	铜、金。远景资源量铜 20 万 t，金 20 t
D-6	乡城茶拥—稻城早堆铅锌银铜矿远景区	位于义敦岛弧褶皱带南段，长 110 km，最宽 30 km，面积约 1 830 km^2，北段呈一形态较为规则，但不完整的南北向纺锤状（南段因出省被截断并使形态复杂化）。主体部分属乡城县，南东段进入稻城县境	印支、燕山期热液型	银、锡、铅、锌、铜。远景资源量银 1 000 t，铅锌 50 万 t
S-3	色达—炉霍—道孚金（铜）矿找矿远景区	鲜水河找矿远景区（断裂带），北至色达，南至康定，面积约 2 419 km^2		远景资源量金 20～30 t
S-6	康定—丹巴金铂找矿远景区	北至丹巴，南至泸定，总面积约 3 523 km^2		康定大渡河金矿规划区—远景资源量金 100 t。丹巴杨柳坪—康定鱼海子地区铂金矿调查评价—远景资源量金 20 t，铂 20 t

2.3.3.2 商业性矿产资源勘查

鼓励勘查的矿种及区域。鼓励勘查国家和省需要而资源储量保证程度不高的铜、铅、锌、金、银、镍以及适销对路的新型非金属与建材矿产等；鼓励在西南三江北段（四川段）、陕甘川相邻区等主要成矿带内新发现的大中型铜、铅锌、金、银、铂、锡和建材、非金属与地热等矿产地的资源勘查，包括雅拉铜多金属矿规划区、俄尔水晶矿规划区、三岩龙铜矿规划区、搁宗白云石规划区、红顶锂铍铌钽矿规划区、农戈山铅锌矿规划区、洛若金矿规划区、柯则金矿规划区、亚火金矿规划区、独活根褐铁矿规划区、麻火铜矿规划区、日瓦菱铁矿规划区、定波赤铁矿规划区、赠科铅锌矿规划区、金沙铅锌矿规划区、托夏登铜矿规划区、那卡松卡铜多金属矿规划区、苏哇龙铜金矿规划区、宋离宫铜矿规划区 19 个鼓励勘查区。

限制勘查的矿种和区域。限制勘查开发受国家产业政策制约的地区；限制勘查开发对生态环境有较大影响，通过治理可达标的地区；限制勘查保有储量丰富，储采比很高，供大于求的石棉等矿种及其分布矿区内从事上述矿种的商业性勘查；限制在雅砻江、金沙江、大渡河等河流沿岸及主要交通沿线可视范围等地进行勘查；限制在自然保护区、地质遗迹保护区从事商业性勘查。

禁止勘查的矿种和区域。禁止勘查可耕地砖瓦黏土，维护生态环境不可缺少的泥炭等矿种；禁止在军事禁区、风景名胜区、自然保护区和地质遗迹保护区的核心区进行商业性勘查；禁止在法律法规规定不得从事开采活动的区域进行以开采为目的的商业性勘查工作。

鼓励、限制、禁止勘查矿种和区域以外的，为允许勘查矿种和区域。

2.3.3.3 *矿产资源勘查的调查与监测*

国土资源部门利用遥感和地面调查等手段，不定期地对全州重要流域及重要自然保护区、旅游区相关的重点地区矿产资源勘查进行定期监测，同时发挥人民群众的监督作用。对规划确定的重点矿产资源调查评价远景区、远景区内重点规划区和勘查区等实施情况进行定期调查与监测。

2.3.4 矿产资源开发利用规划

2.3.4.1 *矿产资源开发利用总量*

鼓励开采铜、铅、锌、金、银和锂、铌、钽资源，努力稳定铜、铅、锌的产量，促进金、银产量增长，积极开拓锂、铌、钽市场，相继进行规模开发。2010 年铜、铅、锌、镍的精矿产总量达到 11.38 万 t，2015 年达 19.04 万 t，2020 年达 21.99 万 t。

鼓励开采水泥原料、饰面石材和其他非金属矿产，主要是水泥用石灰岩及其配料、石膏、制砖页岩、大理石、花岗石，在电力充足的条件下适当扩大硅石开采；限制稀土等矿种的开采；禁止在耕地内开采砖瓦用黏土和泥炭资源。2010 年水泥产量达 50 万 t，工业硅产量 8 万 t；2015 年水泥产量达 70 万 t，工业硅产量 10 万 t；2020 年水泥及工业硅产量保持在 2015 年的水平。

鼓励开发地热、矿泉水。拓展地热的利用方式，将旅游、城市取暖和温室种植结合起来。矿泉水要积极面向当地百姓，改善饮水条件，同时借助旅游品牌战略来提高甘孜州矿泉水在全省的市场占有率。

2.3.4.2 矿产资源开发利用结构调整

（1）优化矿产资源开发的规模结构

通过设定矿山准入条件、限制矿山最低开采规模，严禁大矿小开，一矿多开，乱采滥挖，引导新建矿山企业实现规模开采。矿山开采规模必须与矿区储量规模相适应，设立矿山最低开采规模。逐步关停布局不合理、采选技术落后、资源浪费严重、安全和环保不达标的矿山。对具备一定规模和较好生产条件的金属、非金属小型矿山通过联合、改组、改造、改制，实现规模化开采、集团化经营。已建成的矿山如果与矿区资源储量规模不适应的，应通过扩大矿山规模或变更开采范围，减少其占用的资源储量。支持、鼓励优势矿山企业的兼并、重组，组建经营上规模、产品多样化、抗风险能力强的企业集团。

（2）优化矿产品结构

逐步改变甘孜州矿产品以原矿等初级产品输出为主的现状，发展精、特、优、尖和环保产品，开发技术含量高、附加值高的新产品。加快水电开发，在电力保证居民生活用电的前提下，适当发展工业硅、电锌、电铜、电银等生产。争取到2015年末基本实现消除原矿出州的调整目标。

（3）优化矿业生产的技术结构

不断淘汰落后的技术和工艺，加大矿产资源开发新技术、新工艺的研究和引进，不断拓宽矿产品的应用领域。积极推进矿山技术改造，推广机械化、半机械化采矿技术，大幅度提高矿山的生产能力；在地势条件较好的地方，推广露采矿山的台阶式开采。推广矿山剥离废石代替砂石生产筑路材料和混凝土骨料技术，利用尾矿代替水泥生料的技术。实行开放办矿，努力引进州内外的技术、人才、资金，改变甘孜州矿业生产技术落后、人才匮乏的局面。

2.3.4.3 矿产资源开发利用布局与规划分区

（1）矿产资源开发利用的区域布局

甘孜州地处川西高原有色稀有贵金属矿产资源开发区。近期内，应积极推进康定甲基卡锂辉石矿、丹巴铂镍矿、白玉呷村银多金属矿、巴塘夏塞银多金属矿和巴塘砂西银多金属矿等大型矿区的勘查和开发利用，推进实现九龙里伍铜矿外围资源补偿费项目。

规划将区内矿产资源（主要是有色、贵金属、稀有金属、非金属矿产资源）作为一个整体规划开发，将甘孜州划分成东部、西部矿产资源开发区。甘孜州矿产资源综合性大规模的全面开发规划由东部资源开发区向西部资源开发区有序进行。

东部矿产资源开发区包括：丹巴县、康定县、泸定县、九龙县、道孚县、雅江县。该区地处甘孜州政治、经济、文化中心，有较长的矿业开发历史，较好的工业基础，较有利的开发环境。建立以康定、泸定为中心的东部矿产资源开发区，向北、向西辐射，结合康泸地区特色旅游资源，打造出一个吸引外资的窗口，促进西部矿产资源开发区的开发。规划期内要优化已开发的九龙里伍铜矿、康定大渡河沿岸金矿、康定寨子坪铅锌矿和二郎铅锌矿、丹巴铜炉房金矿、康定海螺石脉石英矿等矿山的产品结构，改进采、选、冶工艺及量化“三率”指标；促进丹巴铂镍矿、泸定花岗石、康泸地热、泸定矿泉水等的规模开发；加快康定甲基卡锂辉石矿和道孚农戈山铅锌矿等矿山的招标、拍卖、挂牌，实现矿业权有偿出让；积极推进康定县金汤和泸定加郡两个工业园区建设。

西部矿产资源开发区包括：色达县、甘孜县、理塘县、稻城县、炉霍县、新龙县、乡城县、石渠县、德格县、白玉县、巴塘县、得荣县。优化巴塘措莫隆锡矿、巴塘518锡矿、巴塘纳交系铅锌矿等已开发矿山的产品结构和采选工艺及“三率”量化指标，逐步扩大规模和综合开发；加快白玉呷村银多金属矿、巴塘夏塞银多金属矿和巴塘砂西银多金属矿勘查开发步伐，使之尽快建成投产，逐步实现规模化、集约化经营；加快白玉胜莫隆（锡）多金属矿和嘎依穷银多金属矿、甘孜嘎拉—丘洛金矿、德格措阿金矿、巴塘道许—蒙柯石灰岩矿的勘查工作；适时建设有色金属综合冶炼厂，形成白玉、巴塘有色金属基地。

（2）矿产资源开采规划分区

为优化资源配置，推进矿产资源开发的科学管理，实现资源开发与环境保护的统一，规划将州内矿产资源开采区划分为鼓励开采区、限制开采区、禁止开采区，实行分类管理。

Ⅰ 规划区划分标准

鼓励开采区：国家产业政策鼓励的市场前景好、矿产资源储量可靠、后续加工技术成熟、科技含量高、共伴生矿综合利用程度高，预期经济效益好，开发利用后对生态环境影响小且能有效控制的矿区或矿产集中区；以及国家和四川省紧缺矿种中州内资源储量丰富，需要鼓励技术攻关的矿区。

限制开采区：国家规定实行保护性开采的；开发技术条件不成熟、资源利用方式不合理的；矿产品供过于求、市场前景差的；共伴生矿不能有效利用的；开发利用对环境影响较大的；限制在雅砻江、金沙江、大渡河等河流沿岸及主要交通沿线可视范围（非安全区）等区域进行开采；国家政策限制开采的矿区。

禁止开采区：开发利用对生态环境造成不可恢复影响的；存在难以防范的矿山安全隐患的；法律法规规定不得进行采矿活动的生态功能保护区、重要风景名胜区、地质遗迹保护区、自然保护区的核心区、城市规划区、军事禁区、工程设施、水利设施的安全区；崩塌滑坡危险区、泥石流易发区和易导致自然景观破坏的区域。

Ⅱ 规划区的设置

甘孜藏族自治州矿产资源开发利用与保护规划分区如图 2-3 和表 2-5 所示。

表 2-5 甘孜藏族自治州矿产资源开发利用与保护规划分区

<table>
<tr><th>分区类型</th><th>编号</th><th>名称</th><th>主要矿产</th><th>所处位置及范围</th><th>主要规划内容</th></tr>
<tr><td rowspan="9">鼓励开采区</td><td>G-1</td><td>德格—崩多铜矿鼓励开采区</td><td>铜矿、镍矿、锡多金属矿、银多金属矿、温泉</td><td>位于德格县南部普马、错阿一带，呈东西向展布，长约 61.8 km，宽约 14.0 km，面积约 867.7 km²</td><td rowspan="9">对优势矿产资源进行规模化、集约化开采，适当延伸产业链</td></tr>
<tr><td>G-2</td><td>白玉—呷村银多金属矿鼓励开采区</td><td>银矿、银多金属矿</td><td>位于白玉县中东部麻邛乡附近，南北长约 9.1 km，东西宽约 7.7 km，面积约 69.1 km²</td></tr>
<tr><td>G-3</td><td>巴塘—夏塞银多金属矿鼓励开采区</td><td>银多金属矿、锡多金属矿、锡矿、温泉</td><td>位于巴塘县北部与白玉县交界处，呈南北向分布，长约 17.9 km，宽约 12.5 km，面积约 221.4 km²</td></tr>
<tr><td>G-4</td><td>巴塘—茶洛多金属矿鼓励开采区</td><td>银多金属矿、锡铅矿、锡矿、银铅矿、钨矿、温泉</td><td>位于巴塘县北部与白玉县、理塘县交界处，大体呈南北向分布，长约 18.0 km，宽约 14.1 km，面积约 255.5 km²</td></tr>
<tr><td>G-5</td><td>巴塘—柏戈西铅锌矿鼓励开采区</td><td>铅锌矿、银铅矿、磁铁矿、硫矿、锡矿、温泉</td><td>位于巴塘县北部德达乡一带，东西长约 18.9 km，南北宽约 16.8 km，面积约 316.0 km²</td></tr>
<tr><td>G-6</td><td>巴塘—拉哇石灰岩矿鼓励开采区</td><td>石灰岩矿、磁铁矿、铜矿、铜锌矿、铅锌矿、铜多金属矿、温泉</td><td>位于巴塘县中西部拉哇—波密一带，呈北西—南东向展布，长约 49.6 km，宽约 25.0 km，面积约 1 188.6 km²</td></tr>
<tr><td>G-7</td><td>道孚—菜子沟磁铁矿鼓励开采区</td><td>磁铁矿、锑矿、铁矿、温泉</td><td>位于道孚县城一带，呈北西-南东向展布，长约 39.5 km，宽约 17.9 km，面积约 710.5 km²</td></tr>
<tr><td>G-8</td><td>道孚—荣须卡多金属矿鼓励开采区</td><td>锂铍铌钽矿、锂矿</td><td>位于道孚县南部靠近雅江县的区域，呈东西向展布，长约 14.8 km，宽约 9.3 km，面积约 135.7 km²</td></tr>
<tr><td>G-9</td><td>雅江、康定—甲基卡锂辉石矿鼓励开采区</td><td>锂铍铌钽矿、水晶矿</td><td>位于雅江县东北部与康定县交界处，东西长约 17.3 km，南北宽约 16.2 km，面积约 283.9 km²</td></tr>
</table>

分区类型	编号	名称	主要矿产	所处位置及范围	主要规划内容
鼓励开采区	G-10	丹巴—色底云母矿鼓励开采区	白云母矿、砂金矿、硅石矿、铍矿、温泉	位于丹巴县中部，呈东西向展布，长约 47.7 km，宽约 32.8 km，面积约 1 510.4 km^2	对优势矿产资源进行规模化、集约化开采，适当延伸产业链
	G-11	康定—棒塔铅锌矿鼓励开采区	铅锌矿、硫矿、金矿、石膏矿、水晶矿、石英矿、	位于康定县东北部棒塔—三合—烹坝一线，大体呈南北向展布，长约 46.5 km，宽度介于 6.7～26.5 km，面积约 678.6km^2	
	G-12	康定—榆林宫温泉鼓励开采区	温泉	位于康定县中东部榆林一带，南北长约 13.3 km，东西宽约 13.1 km，面积约 172.0 km^2	
	G-13	泸定—冷碛石灰岩矿鼓励开采区	石灰岩矿、石棉矿、煤矿、赤铁矿、铁锰矿、铅锌矿、黄铁矿、花岗岩矿、银矿	位于泸定县中东部，大体呈南北向分布，长约 20.0 km，宽度 5.7～14.0 km，面积约 213.7 km^2	
	G-14	泸定—磨西温泉鼓励开采区	温泉、铍矿、云母矿	位于泸定县南部磨西镇附近，呈南北向展布，长约 23.2 km，宽约 15.3 km，面积约 353.5 km^2	
	G-15	九龙—湾坝铅锌矿鼓励开采区	铅锌矿、铜矿、金矿	位于九龙县东北部湾坝彝族乡附近，大体呈南北向展布，长约 12.5 km，宽约 11.4 km，面积约 151.2 km^2	
	G-16	九龙—里伍铜矿鼓励开采区	铜矿、钨矿、褐铁矿、石棉矿	位于九龙县南部边界处，呈南北向分布，长约 28.9 km，宽约 18.3 km，面积约 434.1 km^2	
限制开采区	X-1	道孚—祝云措锡矿限制开采区	锡矿	位于道孚县东北部，呈北东—南西向分布，长约 12.4 km，宽约 9.6 km，面积约 112.1 km^2	保护优先、适度开发、点状发展
	X-2	丹巴—杨柳坪铂镍矿限制开采区	铂镍矿、铅锌矿、金矿、铂矿	位于丹巴县南部边界处，呈东西向分布，长约 25.3 km，宽约 10.4 km，面积约 252.5 km^2	
	X-3	康定—大渡河金矿限制开采区	金矿、铜多金属矿、石膏矿、铜矿、石棉矿、硫矿	位于康定县东北部大渡河沿线，呈南北向分布，长约 82.4 km，宽约 10.2 km，面积约 798.1 km^2	
	X-4	九龙—赫德钨锡矿限制开采区	锡矿、锂铍铌钽矿	位于九龙县北部边界处，呈东西向分布，长约 9.8 km，宽约 5.9 km，面积约 57.5 km^2	

分区类型	编号	名称	主要矿产	所处位置及范围	主要规划内容
禁止开采区	J-1	甘孜—来马砂金矿禁止开采区	砂金矿、金矿、温泉、泥炭	位于甘孜县西南部来马乡附近，呈北东—南西向分布，长约 17.2 km，宽约 11.3 km，面积约 192.6 km^2	以保护和修复生态为主，严禁开采
	J-2	白玉—纳塔砂金矿禁止开采区	砂金矿、铅锌矿、褐煤、温泉	位于白玉县东部纳塔乡附近，东西长约 14.3 km，南北宽约 11.9 km，面积约 167.4 km^2	
	J-3	康定—煤炭沟泥炭禁止开采区	泥炭	位于康定县东北部，大体呈南北向分布，长约 14.3 km，宽约 5.4 km，面积约 74.9 km^2	

2.3.5 环境保护规划

规划提出“矿产资源开发利用与生态环境保护并重，预防为主、防治结合”的方针，并在此基础上对全州矿山生态环境实行统一规划，分类指导，分级治理，分区推进，其环境保护规划内容如表 2-6 所示。

通过初步分析可以看出，该环境保护规划过于简略，缺乏具体、针对性强的矿山环境准入标准和防治措施，需进一步补充、完善。

表 2-6　环境保护规划内容

项目	措施	环境保护方案	合理性
新建矿山的生态环境保护	严格执行相关环境保护评价制度	新建、改建、扩建的矿山建设项目，必须严格执行环境影响评价制度、矿山地质环境评价制度和用地地质灾害危险性评估制度。把编制环境影响评价报告、矿山地质环境评价报告和建设用地地质灾害危险性评估作为采矿申请人申办采矿许可证和矿山建设项目审批的必备条件	总体可行，但缺乏具体、针对性强的环境保护准入条件和保护措施，需进一步补充、完善
	新建矿山必须符合矿山生态环境保护准入条件	建立矿山生态环境准入强制执行制度、矿山环境恢复治理书面承诺与保证金制度和矿山生态环境监测报告制度等三项制度，坚持矿山建设与矿山环境建设“三同时”原则，实行环境保护“一票否决制”。不符合环境保护准入原则的，不批准建矿。 禁止在国家划定的自然保护区、重要风景名胜区和重要地质遗迹保护区的禁采区内开采矿产资源，禁止新建对生态环境产生不可恢复的破坏性影响的矿产资源项目，禁止在地质灾害危险区开采矿产资源。严格控制在生态功能保护区内开采矿产资源，限制在地质灾害易发区开采矿产资源	

项目	措施	环境保护方案	合理性
新建矿山的生态环境保护	严格审查生态环境保护措施和投资	矿山企业提交的矿产资源开发利用方案中必须包括生态环境保护、恢复与治理、土地复垦的目标和具体措施并落实相应的资金预算，并按规定报经有关部门审批。新建矿山的生态环境治理率必须达到100%	总体可行，但缺乏具体、针对性强的环境保护准入条件和保护措施，需进一步补充、完善
	建立矿山地质环境保证金制度	新建与延续开采矿山必须与有关部门签订矿山生态环境恢复治理承诺书，预交矿山生态环境保证金。开采期间履行了矿山生态环境恢复治理责任，矿山闭坑时经检查验收合格的，退还保证金	
现有和闭坑矿山的生态环境保护	建立健全相关法规，严格执法	建立健全矿山生态环境监督管理体制、生态环境治理责任制和责任过错追究机制。 建立矿山生态环境现状年度检查制度和不定期抽查制度，生产矿山必须向国土资源主管部门提交年度生态环境监测报告。对已经产生和有可能产生的生态环境问题，要及时提出详细的治理方案，报经主管部门批准后实施。依法履行环境保护与土地复垦义务，按照“边开采、边治理”的原则，对矿山生态环境和矿山地质灾害进行恢复治理	总体可行，但措施的针对性不强，需在进一步总结现有和闭坑矿山生态环境问题的基础上进一步补充、完善
	加强现有生产矿山的生态环境保护与恢复治理	对现有生产矿山的生态环境保护与恢复治理进行专项规划。重点加强石材、水泥原料、建筑砂石、煤、硫和堆浸金矿、铅锌矿采选对生态环境影响的监督管理。 矿山开采过程中排放的“三废”必须有效治理，治理率和排放达标率达标。严格控制采矿、选矿生产中的氰化物、砷、汞、铅、镉等有毒物和重金属污染物进入水体；严格控制二氧化硫排放总量；对于矿山开采产生的固体废弃物，严禁向河湖倾倒。 对开采造成生态环境破坏、诱发次生地质灾害和环境污染严重的现有生产矿山，责令限期整改，逾期不达标的，予以限产和关闭	
	加强监督管理，开展闭坑矿山生态环境恢复	严格矿山闭坑工作的审查与管理。矿山闭坑应向省、州国土资源、环境保护行政主管部门提交包括矿山生态环境恢复治理方案的闭坑报告。矿山环境恢复治理方案批准实施后，经州国土资源、环境保护行政主管部门检查验收合格，方可退还矿山生态环境保证金。积极争取国家专项资金和地方配套资金，以景观生态学思想和生态系统理论为指导，改变单纯的废弃矿山土地复垦的观点，采用工程技术、生物技术和生态农艺技术相结合的方法，开展重点闭坑矿山受破坏土地的复垦与生态环境恢复	

项目	措施	环境保护方案	合理性
现有和闭坑矿山的生态环境保护	实行区别对待的矿山扶持原则	对现有的开采时间长或已接近停产的国有矿山，企业无力独立承担恢复治理的应采取政府补贴和企业分担的形式，共同做好矿山生态地质环境治理与恢复工作；对现有其他矿山则实行“谁开采，谁治理与恢复”的原则；对闭坑和无主矿山，各级政府应加强管理，做好规划，采取措施多方筹措资金，因地制宜地开展矿山地质环境治理与恢复工作，使矿山达到开采前的土地利用价值。对于历史上由采矿造成的矿山生态环境破坏，逐步由各级政府投入进行分期恢复与治理	总体可行，但措施的针对性不强，需在进一步总结现有和闭坑矿山生态环境问题的基础上进一步补充、完善
	提高矿山生态环境治理水平，推进矿山“清洁生产”	积极开展矿山生态环境保护的科研与调查工作，增加生态环境治理技术的开发投入，大力推广矿山生态环境治理与生态恢复实用技术。开展不同地区、不同矿种的生态环境质量治理与恢复的技术规范与标准研究，提高矿山生态环境破坏与地质灾害分析、评价的科学性和准确性。 鼓励采用先进的采、选、冶工艺，发展低废和无污染的矿山清洁生产技术，实现矿山废弃物的减量化和资源化	
	加强矿山地质灾害监测预报，防止诱发次生地质灾害	各级地方政府国土资源行政主管部门应监督矿山企业进行地质灾害危险性评估，建立地质灾害监测网络。在可能诱发次生地质灾害的区域建立监测网点，有效地预防次生地质灾害	
矿山生态环境恢复治理和土地复垦工程	矿山生态环境保护与生态建设保持协调	加强长江源区各类矿山的生态环境监督管理，敦促矿山遏制采矿造成的生态环境破坏，进行土地复垦，重建矿山生态，减轻因矿业活动造成的水土流失。对处于大渡河、金沙江、雅砻江等主要河流沿岸可视范围（非安全区）内的各类采矿场依法予以限制和严格审批，并责成相关企业进行生态环境恢复治理，保护生态安全	总体可行，但缺乏指导性，需进一步补充、完善
	加强矿山排污治理，确保环境安全	矿山开采过程中排放的“三废”必须有效治理，治理率和排放达标率达到 100%。严格控制采矿、选矿生产中的氰化物、砷、汞、铅、镉等有毒物质和重金属污染物进入水体；严格控制二氧化硫排放总量；对于矿山开采产生的固体废弃物，严禁向河流倾倒	
加强矿山生态环境的调查与监测	加强生态环境进行调查评价工作，逐步建立和完善动态监测体系	加强州地质环境监测站等专业部门建设，指导矿山企业做好监测预报，减少灾害发生带来的损失。因采矿引起矿山地质环境恶化或形成地质灾害易发区、危险区，应在地方政府及国土资源主管部门的指导下，编制防灾预案，落实安全责任人和监测责任人；对可能导致重大伤亡、安全事故及对环境造成极大破坏的矿山，应建立预警系统或者做出停止开采的决定	总体可行，易发区监测网络等措施需进一步补充完善
	州、县协同建设六大监测网络	建立重点矿山采空塌陷易发区监测网络；建立生产矿山尾矿库（场）安全监测点；建立矿山所在地的地表水和地下水水质监测网络；建立矿山地质灾害群防群测及预测预报体系；建立康定到泸定和鲜水河地震断裂带上的重点矿区地震监测预报网络	

2.4 规划分析

2.4.1 相关规划的协调性分析

2.4.1.1 国家西部大开发战略

西部大开发战略是党中央、国务院于 2000 年开始实施的国家发展战略。国务院先后颁布了《关于实施西部大开发若干政策措施》《关于进一步做好退耕还林还草试点工作的若干意见》《关于进一步完善退耕还林政策措施的若干意见》。国务院办公厅转发了国务院西部开发办《关于西部大开发若干政策措施实施意见》等。甘孜州矿产资源规划符合西部开发战略中“根据西部地区的资源优势和产业比较优势，要着力培育能源、矿产、旅游和特色农业等优势产业”的要求。同时，西部开发战略强调“进一步加强生态环境保护和建设。坚持预防为主、保护优先，落实重要生态功能区的保护任务。加强重大建设项目的环境影响评价和生态环境监管，加强江河上游水污染治理、工业污染防治、矿山环境恢复治理等环境保护工程”。在甘孜州矿产资源规划中涵盖了环境保护和生态治理的内容。

2.4.1.2 国务院关于落实科学发展观加强环境保护的决定

《国务院关于落实科学发展观加强环境保护的决定》要求“以促进人与自然和谐为重点，强化生态保护。坚持生态保护与治理并重，重点控制不合理的资源开发活动”。“加强矿产资源和旅游开发的环境监管”。甘孜州矿产资源规划设置了矿区生态环境保护与恢复治理专章提出了各项措施，基本符合《决定》强化生态保护的总体要求。

2.4.1.3 全国和四川省矿产资源总体规划

甘孜州矿产资源规划是按照国土资源部《关于开展第二轮矿产资源规划编制工作的通知》（国土资源发[2006]255 号）、四川省国土资源厅《关于开展四川省第二轮矿产资源规划编制工作的通知》（川国土资发[2007]1 号）、四川省国土资源厅《关于印发四川省第二轮市县级矿产资源规划编制要点的通知》（川国土资发[2007]22 号）、四川省国土资源厅《关于开展第二轮矿产资源总体规划专题研究的通知》（川国土资函[2007]373 号）等各项矿产资源开发和保护相关政策、规划要求编制完成的。

目前，全国省级矿产资源总体规划正在编制过程当中，甘孜州矿产资源规划符合《关于开展第二轮矿产资源规划编制工作的通知》（国土资源发[2006]255 号）中矿产资源开发利用总量调控，矿产资源开发利用布局和结构优化，矿产资源节约集约利用，矿山环境保护与恢复治理等各项要点的总体要求。

在四川省第二轮市县级矿产资源规划编制要点中，要求以提高矿产资源对经济社会可持续发展的保障能力为根本目标，以保护和合理开发利用矿产资源为主线，切实增强市、县级矿产资源规划的调控作用。

由于国家级和省级矿产资源规划尚未完成，因此，本评价开展了甘孜州矿产资源规划与国家级、省级矿产资源总体规划相关文件要求的相符性关系，分析结果如表 2-7 所示。

表 2-7　甘孜州矿产资源规划与国家级、省级矿产资源总体规划的相符性分析

名称	主要项目	规划内容	相符性
关于开展第二轮矿产资源规划编制工作的通知	矿产资源开发利用布局和结构优化	根据资源特点和经济发展需要，以及主体功能区划等，研究确定矿产资源开发基地和矿业经济区，推进优势矿产资源勘查和开发利用； 科学划分不同功能的规划区块，明确区内矿产资源开发利用的空间布局、规模、准入条件和相应管理措施	符合
	矿产资源节约集约利用	研究强化企业资源消耗与利用的自我约束机制，提高采选综合回收率；建立适合本地区经济发展和资源特点的资源开发利用模式，安排循环经济发展示范工程；研究提出主要矿种及其共伴生矿种的开发利用条件；提出推进非常规油气资源、低品位资源和尾矿、废石的开发利用的政策措施	符合
	矿山环境保护与恢复治理	加强对矿山环境现状的调查，研究划分矿山环境影响和矿山废弃地破坏区域与级别，提出规划控制指标和措施；研究划分矿山环境影响和矿山废弃地破坏区域与级别，提出规划控制指标和措施；研究确定矿山环境保护与治理的重点区域，安排矿山环境治理和废弃地复垦重点工程；区分新建矿山、生产矿山和闭坑矿山的具体情况，提出不同的矿山环境保护、恢复治理和废弃地复垦政策措施	符合

名称	主要项目	规划内容	相符性
四川省第二轮市、县级矿产资源规划编制要点	规划主要目标	① 2010 年规划目标：明确矿产资源调查评价与勘查规划目标，制定为本地审批采矿权服务的矿产资源调查评价工作量、拟设探矿权数量、新发现矿产地、新增资源储量等主要指标。明确矿产资源开发利用与保护规划目标，制定本地审批的采矿权投放数量以及本地主要矿种的开采总量、最低开采规模、矿山数量、矿山企业规模结构、开采回采率、选矿回收率、综合利用率、矿业产值等主要指标。明确矿山环境保护与恢复治理规划目标，制定矿山环境恢复治理率、矿山土地复垦面积等主要指标。明确矿产资源管理及制度建设目标。 ② 2020 年规划目标：明确规划的主要方向和总体思路，重点展望矿产资源调查评价与勘查、矿产资源开发利用与保护、矿山环境保护与恢复治理、矿产资源管理制度建设等目标	符合
	矿产资源开发利用与保护	确定本地主要矿种及其共伴生矿种的开发利用条件和方向；确定本地主要矿种的开采回采率、选矿回收率和综合利用率规划指标；确定和完善本地推进非常规油气资源、低品位资源、难利用资源开发利用的政策措施；确定本地加强尾矿、废石等综合利用的方向，提出矿产资源领域循环经济发展示范工程，建立适合本地区经济发展和资源特点的矿产资源开发利用模式	基本符合，但未提出开采回采率、选矿回收率和综合利用率等指标，未提出综合利用的基本方向，未评价和进一步划分本地矿山环境影响区域
	矿山环境保护与恢复治理	评价和进一步划分本地矿山环境影响区域；确定本地矿山环境保护与治理区域，提出矿山环境恢复治理重点工程；建立完善本地矿山环境保护与恢复治理责任机制和补偿制度；建立完善本地矿山环境保护与恢复治理的动态监测体系；区分本地新建矿山、生产矿山和闭坑矿山的具体情况，明确保护与恢复治理的责任、范围和时序，提出相应的矿山环境保护与恢复治理政策措施	符合

名称	主要项目	规划内容	相符性
四川省第二轮市、县级矿产资源规划分区指导意见	勘查规划区	禁止勘查区：①按照国家法律法规和相关规划，设立的国家级或省级自然保护区、世界自然文化遗产、国家风景名胜区、国家森林公园、国家地质公园等的核心区。②国家或省（区、市）确定的禁止勘查和开采矿种的矿产地。③重要城镇、铁路、重要公路、重要河流、水库、重大工程设施、重要地表水水源地等一定范围区域内，军事禁区，宗教圣地等。④其他按有关规定不得勘查矿产资源的地区。 限制勘查区：①受国家产业政策影响，实行保护性开采的矿种（钨、锡、锑、稀土等），以及具有地方特色且资源量有限，需要保护的矿种的矿产地。②虽有可靠的资源基础和市场需求，但目前乃至今后相当长时间开发技术条件下不成熟的矿区。③国家和省级自然保护区、地质遗迹保护区、风景名胜区、文物古迹保护区、森林公园，以及重要湿地、重要饮用水水源保护地等核心区以外的区域。④地质灾害危险区和频发区，以及矿产资源勘查活动可能诱发此生地质灾害的区域	部分勘查规划区与自然保护区等敏感区域存在空间冲突
	开采规划区	禁止开采区：①重要矿产资源的储备区。②国家和省有关法律法规规定的禁止矿业活动的区域。如重要交通沿线（铁路、高速公路等）、军事禁区及国防工程所在区域、大中城市规划区、宗教圣地等。该区域范围由各地视具体情况予以明确。③因生态环境保护而依法设立的各类自然保护核心区。主要包括自然保护区、风景名胜区、森林公园、生态功能保护区、饮用水水源保护区、地质遗迹保护区等。④其他按有关规定不得开采矿产资源的地区。 限制开采区：①受国家产业政策调控，国家实行保护性限量开采矿种（钨、锡、锑、稀土等）分布区域；具有地方特色且需保护性限量开采矿种分布的区域。②受目前开发利用技术水平与外部条件限制，规划期内开发利用会造成资源浪费的矿种分布的区域。③虽有可靠的资源基础，但当前市场容量有限，应用研究不够，资源利用方式不合理的区域。④开发利用过程中，对生态环境有较大影响，易引发次生地质灾害，但通过矿山生态环境保护与治理工作和采取防灾措施可以达到要求的区域。⑤各类自然保护区的外围（试验区、影响区）。主要包括自然保护区、风景名胜区、森林公园、生态功能保护区、饮用水水源保护区、地质遗迹保护区等核心区外围	部分鼓励开采区与自然保护区等敏感区域存在空间冲突

名称	主要项目	规划内容	相符性
四川省第二轮市、县级矿产资源规划分区指导意见	矿山环境保护与治理区	①重点保护区：主要包括国家地质公园、国家森林公园、旅游风景名胜区、城市饮用水水源地、基本农田保护区、重要交通干道直观可视范围内以及其他不允许开采的区域等。 ②重点预防区：主要是指进行矿产资源开发，容易引发一系列矿山环境问题，造成较大生态破坏，严重危害到人居环境、生态系统、工农业生产和经济发展的区域等。 ③重点治理区：主要是指历史时期矿产资源开发对环境造成极大破坏，矿山环境问题对生态环境、工农业生产和经济发展造成较大影响的区域。重点考虑如下几方面：历史时期建设的国有大中型老矿山、闭坑矿山和无法找到责任人的矿山，矿山环境问题严重；矿产资源开发造成的环境问题随时对当地人民生命财产构成严重威胁的矿山；矿山环境恢复治理后经济、社会、环境效益明显。 ④一般治理区：主要是指矿产资源开发对环境造成较大破坏，但破坏程度不如重点治理区强烈；矿山环境问题对生态环境、工农业生产和经济发展造成一定影响，但影响程度较重点治理区弱的区域，这些区域可作为矿山环境远期治理区	基本符合，但未按照要求划定环境保护与治理区域

但是，甘孜州资源规划基本能够落实节约和综合利用矿产资源，矿山环境保护与恢复治理的各项要求，但是尚未提出本地主要矿种的开采回采率、选矿回收率和综合利用率等规划指标，未提出本地尾矿、废石等综合利用的基本方向，未评价和进一步划分本地矿山环境影响区域，未按照要求划定环境保护与治理区域。上述内容应当结合规划环评的成果，在规划中予以补充。

2.4.1.4 甘孜州国民经济和社会发展“十一五”规划

《中共甘孜州委关于制定国民经济和社会发展第十一个五年规划的建议》、《甘孜州国民经济和社会发展第十一个五年规划纲要》以及《甘孜州“十一五”工业发展规划纲要》属于《矿产资源总体规划》的上层规划，表 2-8 分析了《矿产资源总体规划》与上述规划的相符性。

表 2-8 与甘孜州国民经济和社会发展“十一五”规划的相符性分析

规划名称	主要项目	规划内容	相符性
中共甘孜州委关于制定国民经济和社会发展第十一个五年规划的建议、甘孜州国民经济和社会发展第十一个五年规划纲要	总体目标	围绕创建生态经济第一州战略任务，建设“川电外送”重要水电基地、全国特色精品旅游区、长江上游生态屏障的重要防线及和谐的民族自治州，初步确立生态经济大州地位，取得全面建设小康社会的新进展，努力建设“民族团结、全面进步模范藏区州”。 创建生态经济第一州战略任务，加快培育生态农业、生态能源业、生态旅游业、生态药业、优势矿产业、民族文化业六大支柱产业	基本符合。优势矿业与其他生态产业存在矛盾
	加快发展优势矿产业	坚持“环保优先，合理开发”的原则，实施矿业发展“双十战略”（主攻十大矿种，建设十大矿山），加快开展勘查，积极推进开发。力争原矿生产能力达到 400 万 t 以上，总收入达到 30 亿元以上	符合

根据《中共甘孜州委关于制定国民经济和社会发展第十一个五年规划的建议》、《甘孜州国民经济和社会发展第十一个五年规划纲要》以及《甘孜州“十一五”工业发展规划纲要》的要求：“大力发展优势矿业。坚持‘保护生态环境优先，积极勘查与开发矿产资源’的方针，实施矿业发展‘双十战略’（主攻十大矿种，建设十大矿山），加快开展勘查，积极推进开发。”“做大做强里伍铜矿。白玉呷村银多金属矿、丹巴铂镍矿、巴塘夏塞银矿、康定甲基卡锂辉矿、康东工业硅基地建设要取得突破性进展。启动道孚农戈山铅锌矿、巴塘热郎泽多金属矿等矿山开发。争取开工建设多金属冶炼基地和锂盐厂，延伸矿业产业链，提高矿产品附加值。通过大力发展，‘十一五’期末初步形成四川省重要的有色、稀有、贵金属资源保护与开发基地。”甘孜州矿产资源规划符合上述内容的要求。

同时，在《中共甘孜州委关于制定国民经济和社会发展第十一个五年规划的建议》和《甘孜州国民经济和社会发展第十一个五年规划纲要》中提出创建生态经济第一州战略任务，加快培育生态农业、生态能源业、生态旅游业、生态药业、优势矿产业、民族文化业六大支柱产业。矿产资源开发不可避免地会造成一定的环境影响，可能会对其他几个支柱产业的发展造成负面影响，因此需要通过矿产资源规划的环境影响评价，提出调整规划以及预防和减缓不良环境影响的对策建议。

2.4.1.5 四川省甘孜藏族自治州旅游发展总体规划

根据《四川省甘孜藏族自治州旅游发展总体规划（2000—2015 年）》，甘孜州旅游开发总体结构为一个中心、一条主环线、两大交通枢纽、两条主干线、三个旅游片区、四个主要旅游目的地、九个主要自然生态风景名胜区。一个中心，即甘孜州旅游中心支撑点—康定城；一条主环线，即熊猫生态旅游线西环线，以成都为起点，经过都江堰—卧龙—四姑娘山—丹巴藏族文化—亚拉风景区—八美—塔公—康定—海螺沟，经雅安返回成都；两大枢纽，即康定城和理塘县城；两条主干线，即北干线（以 317 国道线为主），从康定出发，经道孚—炉霍—甘孜—德格进入西藏；南干线，由康定向西沿 318 国道线经理塘—巴塘进入西藏。又从理塘沿理中路南行到达稻城、乡城、得荣进入云南省境内；三个旅游片区，即康巴风情与生态观光度假旅游区，康巴文化旅游区，香格里拉生态旅游区；四个主要旅游目的地，即磨西镇、康定城、德格县城和稻城亚丁；九个主要自然生态风景名胜旅游区，即泸定—海螺沟旅游区，康定旅游区，丹巴旅游区，九龙—伍须海旅游区，稻城—亚丁旅游区，理塘—格聂山旅游区，巴塘—措木沟旅游区，格西沟—帕姆岭旅游区和德格—新路海旅游区。

采用叠图法进行分析（见附图 1），甘孜州矿产资源开发利用与保护规划分区与甘孜州旅游总体规划布局的协调性分析如表 2-9 所示。

表 2-9　与甘孜州矿产资源总体规划与旅游总体规划协调性分析

矿区编号	矿产名称	涉及区域	区位关系	协调性
G1	德格—崩多铜矿鼓励开采区	旅游交通北干线	交通干线位于矿区边缘	该区域内的矿产品的运输过程中应注意风险防护；在旅游高峰期尽量减少运输量，以减轻交通负荷
G7	道孚—莱子沟磁铁矿鼓励开采区		交通干线通过矿区	
G-5	巴塘—柏戈西铅锌矿鼓励开采区	旅游南干线	交通干线通过矿区	
G-6	巴塘—拉哇石灰岩矿鼓励开采区		交通干线通过矿区	
G1	德格—崩多铜矿鼓励开采区	德格—新路海旅游区	矿区位于旅游区边缘	对旅游区的影响较小
G-3	巴塘—夏塞银多金属矿鼓励开发	巴塘—措木沟旅游区	矿区与旅游区重叠面积约占旅游区总面积的一半	在开采区的开发中应注意对旅游景点（源）的避让
G-4	巴塘—茶洛多金属矿鼓励开采区			
G-5	巴塘—柏戈西铅锌矿鼓励开采区			
G-6	巴塘—拉哇石灰岩矿鼓励开采区			

矿区编号	矿产名称	涉及区域	区位关系	协调性
G-10	丹巴—色底云母矿鼓励开采区	丹巴旅游区	矿区的部分面积与旅游区重叠	在开采区的开发中应注意对旅游景点（源）的避让
X-2	丹巴—杨柳坪铂镍矿限制开采区	康定旅游区	矿区位于旅游区边缘	对旅游区的影响较小
X-3	康定—大渡河金矿限制开采区		矿区位于旅游区边缘	
G-12	康定—榆林宫温泉鼓励开采区		矿区位于旅游区内	在开采区的开发中应注意对旅游景点（源）的避让
G-13	泸定—冷碛石灰岩矿鼓励开采区	泸定—海螺沟旅游区	矿区位于旅游区内	在开采区的开发中应注意对旅游景点（源）的避让
G-14	泸定—磨西温泉鼓励开采区		矿区位于旅游区内	矿产开发与旅游资源开发相结合，对温泉进行综合开发利用

由于九大旅游区的划分为区域性的，并没有明确的四至边界，因此矿产开采区与之区位关系的分析为定性分析。对位于旅游区边缘处的矿区在开采利用过程中应加强环境保护措施，尽量减轻对旅游区的影响；对于位于旅游区内或部分面积与旅游区重叠的矿区，在开采与利用过程中应特别重视与相关部门的沟通协调，避免在开采利用过程中破坏重要的旅游景点和旅游交通干线，应使旅游资源与矿产资源综合效益最大、最优化，同时采取行之有效的环保措施，保护当地环境。

2.4.1.6 四川省和甘孜州环境保护“十一五”规划

相关的环境保护规划包括《四川省环境保护“十一五”规划》、甘孜州环境保护“十一五”规划，表 2-10 分析了《矿产资源总体规划》与上述规划的相符性和协调性。

2.4.1.7 四川省及甘孜州生态功能区划

根据《四川省生态功能区划》和《四川生态省建设规划纲要（2006—2020年）》的划分，甘孜州分别属于川西北高原江河源区寒温带—亚寒带生态区、川西高山高原亚热带—温带—寒温带生态区和川西南山地亚热带半湿润气候生态区三个不同的生态区。根据甘孜州州域生态功能区划，甘孜州分为七大类型的生态功能区：大渡河中游土壤保持与生物多样性保护生态功能区、贡嘎山冰川与生物多样性保护生态功能区、雅砻江中游林牧业与土壤保持生态功能区、沙鲁里山牧业与生物多样性保护生态功能区、金沙江上游林牧业与水源涵养生态功能区、色达农牧业与水源涵养生态功能区、石渠牧业与生物多样性一水源涵养生态功能区。经分析可知甘孜州生态功能区划与四川省生态功能区划基本相同，只是南部地区的范围略有不同。

根据四川省生态功能区划，甘孜州生态功能划分区特征如表 2-11 和附图 2 所示。分析可知甘孜州生态系统类型十分复杂，存在泥石流，水土流失，草场退化，沙漠化等生态问题，对于生态保护与产业发展方向做出了严格的要求，应当严格禁止严重污染环境，生态环境和自然景观破坏严重的开发项目。对于矿产资源开发规划而言，应当提出一套完整的资源集约化开采和生态保护的措施，保证矿场资源规划与生态功能区划协调。

表 2-10 与四川省和甘孜州环境保护“十一五”规划的相符性和协调性分析

规划名称	主要项目	规划内容	相符性和协调性
四川省环境保护“十一五”规划	总体目标	到 2010 年，重点流域、区域的环境污染得到有效控制，主要污染物排放总量下降； 工业污染源全面稳定达标，重点行业污染物排放强度下降； 生态环境恶化趋势得到基本遏制，矿山生态环境明显改善，水土流失治理和生态恢复面积有所增加，草原退化趋势得到有效遏制，重要生态功能保护区的生态功能开始恢复，自然保护区管护能力得到明显加强	符合
	工业污染防治	矿产资源总回收率和共伴生矿综合利用率分别达到 45%、40%。 万元产值综合能耗降到 0.55 t 标准煤左右。 工业化学耗氧量全省控制在 38 万 t，工业控制增量在 5.5 万 t，工业氨氮排放量控制在 2.6 万 t，工业控制增量在 1.1 万 t	基本符合，但部分指标有待明确
	生态保护和恢复	在金沙江干热河谷等地区先行建立 1 个国家级、5 个省级生态功能保护区。 加强矿区废气地的生态治理。研究建设矿产资源生态补偿机制，妥善解决历史遗留的生态破坏与恢复问题，加快老矿区、人工废弃地的土地复垦和生态环境治理步伐；制定实施矿山环境保护和治理规划，开展矿山、取土采石场等资源开发区、地质灾害毁弃地和塌陷地、大型项目建设区的裸露工作面的生态恢复，优先对毁损土地进行复垦绿化，对矿渣进行无害化处理和资源化利用。到 2010 年使矿产资源开发区的生态恢复治理率达到 20%以上，新增矿产资源开发区的生态恢复治理率达到 80%以上	基本符合，但部分指标有待明确，同时与金沙江干热河谷生态功能保护区的关系需要进一步分析

表 2-11 甘孜州生态功能区划分区特征

生态区	生态亚区	生态功能区	所在区域与面积	主要生态特征	主要生态问题	生态环境敏感性	主要生态服务功能	生态保护与发展方向
Ⅱ 川西南山地亚热带半湿润气候生态区	Ⅱ 1 沙鲁里山南部亚高山暗针叶林生态亚区	Ⅱ 1-1 木里—九龙林牧业与水源涵养生态功能区	在甘孜州南部边缘，涉及稻城、九龙两县南部	高山高原地貌。年平均温度 8～11℃，年降水量 800～900 mm。本区水系属于金沙江水系。植被由针叶林和草原构成。生物多样性及水资源丰富	泥石流滑坡较强发育，水土流失较严重	土壤侵蚀极敏感，野生动物生境极敏感，沙漠化轻度敏感	林牧业发展功能，土壤保持功能，生物多样性保护功能，水源涵养功能	保护森林和草原植被，保护生物多样性；巩固长江上游防护林建设，天然林资源保护和退耕还林成果。治理水土流失，防治地质灾害。科学发展林业、牧业和旅游业。建设水电能源和稀土原材料生产基地。规范和严格管理水电业。防止资源开发对生态环境的破坏或不利影响
Ⅲ 川西高山亚热带—温带—寒温带生态区	Ⅲ 2 岷山—邛崃山、云山冷杉林—高山草甸生态亚区	Ⅲ 2-3 大渡河中游土壤保持与生物多样性保护生态区	在四川西北部，涉及甘孜州的丹巴县和康定县的北部。面积 9 471 km^2	地貌以高山、深切河谷为主。年平均温度 8.6～14.4℃，年均降水量 563～753 mm。河流属大渡河水系。森林植被以云、冷杉林和其混交林为主。生物多样性较丰富，水资源丰富	泥石流滑坡强烈发育，水土流失严重，易发生山洪灾害	土壤侵蚀极敏感，野生动物生境极敏感，沙漠化轻度敏感	林牧业发展功能，土壤保持功能，生物多样性保护功能，水源涵养功能	保护森林和草原植被，保护生物多样性；巩固天然林资源保护和退耕还林成果。加强地质灾害综合整治，防治水土流失。科学发展林牧业，发展绿色食品和有机食品，建立中药药材原料基地。发展旅游等特色产业，禁止发展对生态环境和自然景观破坏严重的开发项目，禁止建设严重水污染型的工业企业

生态区	生态亚区	生态功能区	所在区域与面积	主要生态特征	主要生态问题	生态环境敏感性	主要生态服务功能	生态保护与发展方向
III 川西高山亚热带—温带—寒温带生态区	III 3 大雪山—沙鲁里云杉冷杉林—高山灌丛—高山草甸生态亚区	III 3-1 贡嘎山冰川与生物多样性保护生态功能区	在四川西部，甘孜州东南部，包括康定东部和泸定县，面积为13 139 km^2	地势高峻、山高谷深、高差悬殊。贡嘎山海拔 7 556 m，系四川省最高山峰。有著名的海螺沟冰川地质公园。年平均气温 7.1～15.4℃，年降水量 630～1 000 mm。河流属大渡河水系。森林植被主要为亚高山针叶林。水资源丰富	泥石流滑坡强烈发育，高山雪线成升高趋势，易发生山洪灾害	土壤侵蚀极敏感，野生动物生境极敏感	水源涵养功能，土壤保持功能，生物多样性保护功能	保护森林和草原植被，保护生物多样性；保护冰川自然景观。巩固天然林资源保护和退耕还林成果。加强区域山地灾害和综合整治；防治水土流失。规范发展旅游业，规范和严格管理水电业及矿产业。禁止发展对生态环境和自然景观破坏严重的开发项目，禁止污染型的工业企业建设
		III 3-2 雅砻江中游淋牧业与土壤保持生态功能区	在四川西部，涉及甘孜州理塘、新龙、雅江、道孚、炉霍、康定等县，总面积28 880 km^2	高山峡谷及山原地貌。年平均气温 6.4～11℃，年降水量 569～700 mm。河流属雅砻江水系。植被主要为亚高山针叶林和草甸。生物多样性和水资源丰富	泥石流滑坡较发育，草地过牧，存在荒漠化现象	土壤侵蚀高度敏感，野生动物生境高度敏感，沙漠化中度敏感	林牧业发展功能，水源涵养功能，土壤保持功能，生物多样性保持功能	保护森林和草地植被，保护生物多样性；巩固天然林保护和退耕还林成果。防治山地灾害和水土流失。科学发展林牧业，合理开发水力资源。禁止建设严重污染型的工业企业

生态区	生态亚区	生态功能区	所在区域与面积	主要生态特征	主要生态问题	生态环境敏感性	主要生态服务功能	生态保护与发展方向
Ⅲ 川西高山亚热带—温带—寒温带生态区	Ⅲ 3 大雪山—沙鲁里云杉冷杉林—高山灌丛—高山草甸生态亚区	Ⅲ 3-3 沙鲁里山牧业与生物多样性保护生态功能区	涉及德格、甘孜、白玉、新龙、巴塘、理塘、稻城、乡城 8 个县，总面积 39 191 km^2	高山峡谷及山原地貌，有现代冰川分布，年平均气温 2.5～12℃，≥10℃的连续积温 340～1 830℃；年平均降雨量 485～750 mm，河流属于雅砻江水系。植被以高山草甸和高山灌丛草甸为主，生物多样性和水资源丰富	草场超载和过度放牧严重，呈退化趋势，初级生产力下降，导致区域生态系统失衡；湿地退化；存在荒漠化现象	土壤侵蚀高度敏感，野生动物生境极敏感，沙漠化中度敏感	牧业发展功能，水源涵养功能，土壤保持功能，生物多样性保持功能	保护森林和草地植被，保护生物多样性；巩固天然林和退耕还林成果。发展大规模的、高新技术支持的现代化的畜牧业；加强草场基本建设，改良牧草，建立人工饲养基地，防止草场退化、沙化。保护牧草植被，防止自然和旅游资源开发以及畜牧业生产对生态环境的破坏或不利影响
		Ⅲ 3-4 金沙江上游林牧业与水源涵养生态功能区	涉及白玉、巴塘、得荣、乡城 4 个县，总面积为 15 129 km^2	高山峡谷地貌，现代冰川发育。年平均气温 7.8～14.4℃，≥10℃的连续积温 1 891～4 397℃；年平均降雨量 324.4～549.7 mm。河流属于金沙江水系，植被高山草甸、高山灌丛和亚高山针叶林，生物多样性、矿产资源和水资源丰富	泥石流滑坡强烈发育，水土流失严重，泥沙入江量大，草场超载过度放牧，存在沙漠化现象	土壤侵蚀极敏感，野生动物生境高度敏感，沙漠化高度敏感	牧业发展功能，水源涵养功能，土壤保持功能，沙漠化控制功能，生物多样性保持功能	保护森林和草地植被，保护生物多样性；巩固长江上游防护林建设、天然林保护和退耕还林成果。加强水土流失和山地灾害的综合整治。科学发展林牧业，加强草场基本建设，改良牧草，建立人工饲草基地，防止草场退化、沙化；规范和管理水电业和矿产业

生态区	生态亚区	生态功能区	所在区域与面积	主要生态特征	主要生态问题	生态环境敏感性	主要生态服务功能	生态保护与发展方向
Ⅳ 川西高原江河源区寒温带—亚寒带生态区	Ⅳ 2 长江源高寒草甸草原生态亚区	Ⅳ 2-2 色达农牧业与水源涵养生态功能区	涉及色达、甘孜、炉霍、德格 4 个县，总面积为 21 875 km^2	地貌为丘状高原和浅切河谷。年平均气温 −0.2℃，≥10℃的连续积温 200℃左右；年平均降雨量 644 mm；大渡河发源地的组成部分，植被主要为高原及高山灌木丛、草甸；生物多样性较丰富	草场过牧，草场退化，有毒有害和杂草成优势品种，鼠虫害猖獗，有沙漠化现象，采掘药材和采矿造成地表植被破坏，洪水泛滥，水土流失加剧	土壤侵蚀中度敏感，野生动物生境高度敏感，沙漠化高度敏感	牧业发展功能，沙漠化控制功能，水源涵养功能，生物多样性保持功能	保护高原灌木丛、草甸生态系统。发展农牧业结合的现代化畜牧业，严禁过度放牧，开展人工饲草种植示范工程。适当发展农牧业产品加工等产业，开发有机食品。适度开发药材自然资源，严防资源开发破坏生态环境
		Ⅳ 2-3 石渠牧业与生物多样性—水源涵养生态功能区	在甘孜州西北部边缘，包括甘孜州石渠县全境，面积 24 944 km^2	高山峡谷和丘原地貌。年平均气温 −1.6℃，年平均降雨量 560 mm；雅砻江的主要发源地；高山草甸为主要植被类型，生物多样性丰富	草场过度放牧，湿地级草场退化，有沙化现象，鼠虫害猖獗	野生动物生境极敏感，沙漠化高度敏感	牧业发展功能，沙漠化控制功能，水源涵养功能，生物多样性保护功能	保护草地植被和生物多样性。科学发展畜牧业，加速草场建设和畜牧改良，发展畜牧产品加工产业链，开发畜牧有机食品。努力提高林草覆盖率；防止鼠虫害，增强固沙能力，防止资源开发破坏生态环境

2.4.1.8 甘孜州湿地保护工程规划

表 2-12 所示为矿产资源规划与湿地保护工程规划协调性的分析结果。根据《甘孜州湿地保护工程规划》，规划提出保护湿地的发展目标和各项措施，矿产资源开发将可能的对现有的和规划建立的各湿地造成影响。因此，要保证《矿产资源开发利用规划》与之相协调，则必须在规划中研究制定与湿地保护相关的措施，这也是本次评价需要完成的任务之一。

表 2-12　与湿地保护工程规划的协调性分析

主要项目	规划内容	协调性分析
总体目标	甘孜州天然湿地的下降趋势得到遏制；丧失的湿地面积得到较大恢复，使湿地系统进入一种良性状态；保持和最大限度地发挥湿地生态系统的各种功能和效益，实现湿地资源的可持续利用	基本协调
总体布局	河源湿地保护区：实行保护和恢复并举的措施，加强对已建自然保护区的基础设施建设，对未建的湿地自然保护区进行前期申报	基本协调
	林沿、河沿湿地保护区：实行恢复和加强水资源管理的措施	
	冰碛湖群湿地保护区：加大重要湿地的保护力度和生态恢复建设，扩大自然保护区的数量和范围	
管理规划	污染控制：针对矿产开发对湿地的破坏，研究和开发一整套矿产开发湿地保护技术，使矿产开发对湿地的不利影响达到最小，根据湿地恢复的原则对已遭破坏的湿地进行有计划、有步骤地恢复	基本协调

2.4.2 规划实施的有利和制约因素

2.4.2.1 规划的有利因素分析

通过对本规划简要分析，拟从规划实施优化资源开发布局、优化产业结构、规模化重组、促进矿区和区域经济的发展、改善生态环境进行规划的有利因素分析，初步分析结果如下：

（1）甘孜州矿产资源储量大，成矿带较集中，规划对东西两个资源富集区进行重点开采，有利于资源的集中、规模化开采，避免出现遍地开花的无序局面；选择优势资源进行重点开采，有利于资源产业可持续发展；对小矿山进行合并、重组，有利于提高企业的规模化效益。

（2）大规模的资源开采有利于吸引更多的外部资金和技术，促进矿产品深加工业的发展，形成资源开发与产品加工一体化的产业链，促进矿区经济的发展，提高矿业的经济效益，并拉动周边地区的发展。

（3）矿产资源的大规模开发，可替代目前存在的众多小型矿山，有利于生态环境的保护，便于环境管理。

（4）设立禁采区，有利于加强对州内环境敏感区域的保护。

2.4.2.2 规划的制约因素分析

通过对本规划简要分析，拟从环境敏感区的制约、生态环境的制约等方面进行制约因素分析，初步分析结果如下：

（1）甘孜州境内有很多国家级、省级和州级自然保护区、地质遗迹保护区、风景名胜区，并分布有众多的湿地，这都将对矿产资源的开发形成极大的制约。

（2）甘孜州处于特殊的生态地理区域，衍育着丰富的森林资源和草地，这些资源是长江上游涵养水源、保持水土的生态屏障，是生物多样性的资源宝库，根据“生态甘孜建设规划”的要求，要在资源开发中保证生态环境良性循环，根据目前国内资源开发对生态环境的影响来看，难度很大，这也对规划实施形成重大制约。

2.4.2.3 规划的缺陷与不足

通过对本规划的初步分析，四川省甘孜州矿产资源开发总体规划基本符合相关规划和产业政策的要求，但需在如下方面做出完善：

（1）根据国家的产业政策，需在本规划中明确具体的需关闭的小矿山的名称，以及“以大代小”的具体内容。

（2）甘孜州矿产资源种类多，全面地开发将不利于生态环境的保护及资源的可持续利用，因此需在规划中对不同富集度的矿产进行区别对待，制定分阶段开发计划。

（3）对矿山生态环境保护方案需补充生物多样性保护的相关内容。

（4）环境保护规划内容过于简略，缺乏指导性，不利于指导规划和项目环境保护工作的开展，应补充矿产资源开发活动环境准入和管理指标。

2.5 鼓励开采区开发现状

目前甘孜州重点建设的项目 11 个，包括已建、在建和规划建设工程，其具体进展情况和存在问题详见表 2-13。目前甘孜州仍有很多矿产资源项目存在环保手续不全、环保设施不配套、生态治理滞后等问题，环境污染和生态破坏问题较为突出。

表 2-13 重要矿业项目进展情况和存在问题

建设项目	开发情况	存在问题
崩多铜矿鼓励开采区	德格错阿金矿已完成钻探 4 000 m，坑道 1 470 m，探槽 36 000 m^3	未采取相应的环保措施，污染物直接排放
呷村银多金属矿鼓励开采区	白玉呷村银多金属矿现有 2 000 t/d 铅锌采选规模规划与呷村矿配套建设 3 万 t/a 银铜冶炼厂	均可达标排放，已通过四川省环保局竣工验收
夏塞银多金属矿鼓励开采区	巴塘夏塞银多金属矿已完成环评，正在建设过程中	—
茶洛多金属矿鼓励开采区	理塘阿加隆洼金矿拟技改扩建 450 t/d 选矿厂	未采取相应的环保措施，污染物直接排放，弃渣随处堆存
柏戈西铅锌矿鼓励开采区	—	—
拉哇石灰岩鼓励开采区	—	—
菜子沟磁铁矿鼓励开采区	道孚农戈山铅锌矿完成台站沟至矿区生活区 34 km 公路改造	基础设施不配套，已停止建设
荣须卡多金属矿鼓励开采区	—	—
甲基卡锂辉石矿鼓励开采区	康定呷基卡锂辉石矿一期已建 1 000 t/d 采选工程，处于试生产期间；二期 2 000 t/d 采选工程已作环评	基础设施不配套，现已停止建设
里伍铜矿鼓励开采区	九龙里伍铜矿 2003 年建成，累计采出原矿 217 万 t；2005—2006 年新增铜金属量 8 万余 t、新增锌金属量 5 万余 t	未建尾矿库，尾矿渣随处堆放
色底云母矿鼓励开采区	丹巴铂镍矿已建 700 t/d 采选工程	前期未做环评，污染物未治理，直接排放；现已经补办环评手续，未验收
棒塔铅锌矿鼓励开采区	—	—
榆林宫温泉鼓励开采区	—	—
冷碛石灰岩矿鼓励开采区	康—泸工业硅基地已建成金汤点、加郡点等工程；鸳鸯坝 5 万 t 工业项目已通过环评	原料来源不足、道路损坏严重，已处于停产、半停产状态
磨西温泉鼓励开采区	—	—
湾坝铅锌矿鼓励开采区	—	—

3 环境现状

3.1 自然环境概况

3.1.1 地理位置

甘孜藏族自治州位于四川省西部的青藏高原东南缘（图 2-4），俗称康巴地区或康区。东邻阿坝藏族羌族自治州和雅安市，南连凉山彝族自治州和云南省迪庆藏族自治州，西沿金沙江与西藏自治区昌都地区隔江相望，北接青海省玉树和果洛两个藏族自治州；地理坐标介于东经 97°22′～102°29′和北纬 27°58′～34°20′，南北长约 663 km，东西宽约 490 km，是我国藏区、林区和牧区的重要组成部分；幅员总面积 15.3 万 km^2，占四川幅员面积的 31.5%，居四川首位。

3.1.2 地形地貌

甘孜藏族自治州地处长江上游，属青藏高原向云贵高原和四川盆地过渡的地带，在地貌区划上属横断山系北段的川西高山高原区，是青藏高原的一部分。地势按横断山脉走向，由西北向东南倾斜，东部边缘最低，具有地势高亢、北高南低、中部突起、东南缘深切、山川平行相间、地域差异显著等特征。

全州境内地表平均海拔 3 500 m 以上，依地势高程、河流切割深度，地表特征可划分为三个类区，包括北部丘状高原－高平原区，平均海拔 4 200 m 以上，如石渠、色达一带海拔多在 4 500～4 900 m；中部高山原深谷区，平均海拔 3 500～4 300 m；东部高山深谷区，岭谷高差悬殊，最大高差达 6 000 m。

州内地貌类型多样，以高山与高原为主，兼有山地、高原、平坝、山原。其中，山地分为低中山、中山、高山、极高山，高原分为高平原（地面起伏相对高度小于 20 m）、丘状高原（地面起伏相对高度 20～200 m）和高山高原（地面起伏相对高度大于 200 m）；高山和高原分别占全州幅员面积的 54.67%（其中极高山占 1.51%）和 20.4%。

地形呈立体分布，差异十分明显，沿大渡河、雅砻江、金沙江为深切割区，多为高山峡谷，再上为山原区，更上为高原牧区。

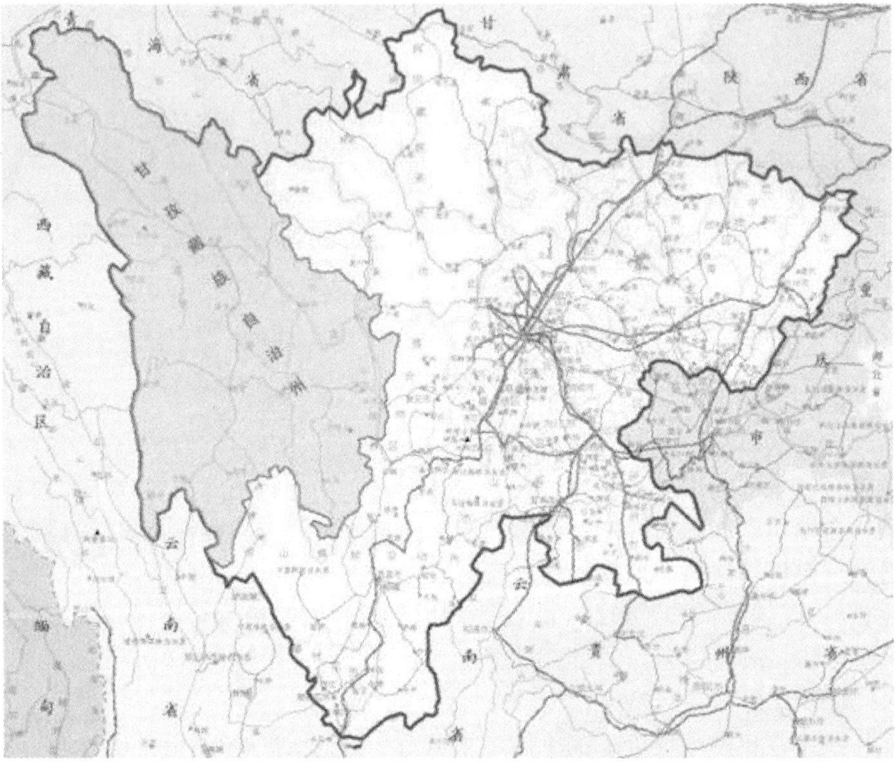

图 2-4　甘孜州地理位置

3.1.3 主要山脉

甘孜藏族自治州境内高大名山众多，除沿北缘横亘的巴彦喀拉山脉外，从东到西依次分布着大雪山脉（主峰贡嘎山）、贡卡拉山脉和沙鲁里山脉，大雪山脉和沙鲁里山脉分别为大渡河、雅砻江和金沙江的分水岭。贡卡拉山脉分布于中部炉霍与新龙间，是雅砻江与鲜水河的分水岭。

3.1.4 气候特征

甘孜藏族自治州气候为大陆季风性高原型气候，气候复杂多样，地域差异显著，可分为高山、山原和高山河谷三大气候类型。主要特点是：干、雨季分明，干季（11 月至次年 5 月）天气晴朗，气候干燥，大风、霜、雪多，降雨极少；雨季（6 月至 10 月）降水集中（达 85%），多冰雹、雷电；日照长，光照强，昼夜温差大，地域差异明显，气温随海拔高度变化，常见“一山有四季，十里不同天”的特异气候样态。州内大部分地区气温低（年均气温为 7.8℃）、冬季长、无霜期短，降水量较少；其中，北部丘状高原长冬无夏、春秋相连，东南部低矮河谷地区冬无严寒、夏无酷暑，气候宜人。

3.1.5 地表水系

甘孜藏族自治州河流众多，水网密布，源远流长，河流水系多呈树枝状或羽状分布。全州除石渠县北部与青海省交界查曲河流域约有 2 935 km^2 属黄河水系外，其余绝大部分地区属长江水系。流经甘孜州的金沙江、雅砻江、大渡河自西向东，南北相平行排列，为长江上游主要干支流，并构成全州水网的基本格局。除上述两江一河以外，尚有流域面积大于 500 km^2 的一、二级支流 87 条，100～500 km^2 的小支流 205 条及众多的细小溪流，均以降水补给为主，辅以冰川与永久积雪融冰和湖泊、沼泽、地下水补充。

金沙江——系长江上游干流，发源于唐古拉山北麓，全长 2 308 km。为甘孜州与西藏自治区的界河，其自青海省玉树州流入本州石渠县，干流经甘孜州石渠、德格、白玉、巴塘、得荣县西缘，自德荣县子庚乡出境流入云南中甸县。金沙江在甘孜州境内干流长 744 km，流域面积 4.4 万 km^2，占全州总面积的 28.76%。境内径流量达 172 亿 m^3，多年平均流量达 1 185 m^3/s，天然落差达 1 500 m，河床比降为 2.15‰，有多处大跌水。金沙江在甘孜州有流域面积在 500 km^2 以上的一、二级支流 25 条，100～500 km^2 小支流 51 条。

雅砻江——发源于巴颜喀拉山南麓，全长 1 571 km，自西北向东南纵贯甘孜州中部，干流流经甘孜州石渠、甘孜、新龙、雅江、九龙五县，自九龙县三岩龙乡出境入凉山州，复于子耳乡入境，至小金乡再入凉山州。雅砻江在甘孜州境内干流长 1 165 km，流域面积 12.5 万 km^2，占全州总面积的 56.80%。州内年径流量 316.2 亿 m^3，年均流量 1 890 m^3/s，天然落差 1 573 m，河床比降 2.3‰。雅砻江在甘孜州境内有流域面积 500 km^2 以上的一、二级支流 48 条，100～500 km^2 的小支流 104 条。

大渡河——发源于青海省南部，全长 1 062 km，干流经阿坝州入甘孜州丹巴县巴底乡流经丹巴、康定、泸定，从泸定县得妥乡出境入雅安市石棉县。大渡河在甘孜州境内干流长 204 km，流域面积达 2.21 万 km^2，占全州总面积的 14.44%。大渡河在甘孜州境内年径流量 153 亿 m^3，干流多年均流量 1 340 m^3/s，天然落差 925 m，河床比降 5.77‰。大渡河在甘孜州境内有流域面积 500 km^2 以上的一、二级支流 18 条，100～500 km^2 的支流 46 条。

本次规划开发涉及区域主要沿金沙江、雅砻江和大渡河分布，具体见图 2-5。

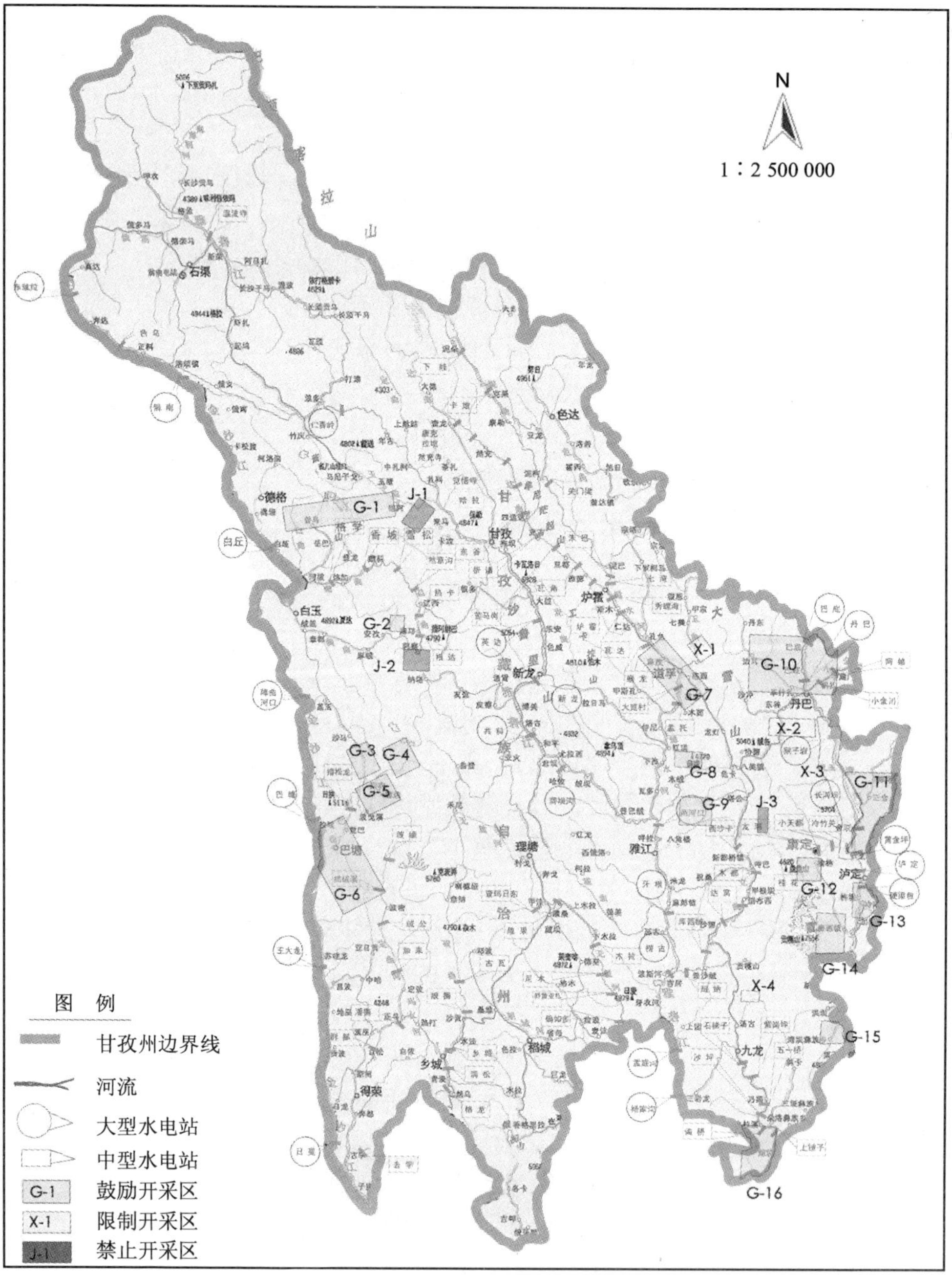

图 2-5　甘孜州矿产资源开发利用与水系关系

3.1.6 地下水

甘孜州地下水资源量为 218 亿 m^3，占地表水资源的 34.0%。甘孜州地下水类型可分为孔隙水、岩溶水、裂隙水以及冻土层水。其分布受地层岩性、地貌、构造及水文气象等因素控制。

甘孜州境内部分县城附近和河谷平坝的地下水受不同程度的细菌污染，其他地下水均为无色透明、无臭无味，符合饮用水标准。

受区内地形地势、水文地质条件以及工农业发展与布局在程度上的差异所限，整体而言，目前区内地下水的开发利用程度还很低。

3.1.7 地质灾害

甘孜州的地形地貌、地质构造复杂多样，岩体破碎，地质灾害种类较多、危害较大，尤以崩塌、滑坡、泥石流的危害性最大。

区内地貌属高山峡谷类型，地势相对高差较大、坡度较陡，易于发生崩塌和滑坡；此外河流的下蚀和侧蚀作用强，也多引发岸坡的崩塌和滑坡；强烈的构造活动使得断裂发育，岩体破碎，这也为崩塌和滑坡提供了诱发条件；无节制的人类经济活动和工程活动，使自然环境遭受到极大破坏，影响了斜坡的整体性，降低了斜坡的稳定性，在区内雨季的集中强降雨作用下，对松散破碎的岩土体起到了侵蚀好软化作用，从而诱发崩塌和滑坡等地质灾害。

在规划的鼓励开采区中，拉哇石灰岩鼓励开采区、菜子沟磁铁矿鼓励开采区、色底云母矿鼓励开采区、棒塔铅锌矿鼓励开采区、冷碛石灰岩矿鼓励开采区、磨西温泉鼓励开采区、湾坝铅锌矿鼓励开采区及里伍铜矿鼓励开采区等规划矿区范围内存在泥石流、滑坡、崩塌等地质灾害。

3.1.8 土壤

区内由于地势大幅度抬升，江河深度切割，自然成土因素急剧变化，成土过程表现出高原和山地的特殊性，立体分布规律明显，土壤垂直带谱较完整，而水平地带分布规律性差，表现出微域分布特点。其特征：一是土壤发育的幼年性十分明显，土层浅薄，层次分化弱，粗骨性很强，风化程度低；二是一些古土壤残遗，为现代土壤覆盖，有的零星露出，影响现代土壤的物理化学性质；三是土壤类型繁多复杂，为省内其他地区所罕见；四是人为因素对土壤形成的作用很弱，自然土壤比重达 99% 以上，有机质含量低。据土壤普查资料，全州分布有 16 个土类，29 个亚类，其中耕作土壤又分为 36 个土属，86 个土种，基本上具有全省大部分土壤类型。

3.1.9 水土流失

（1）水土流失现状

水土流失是甘孜州最为严重的环境问题之一，水土流失类型以水力侵蚀和冻融侵蚀为主。冻融侵蚀一般分布于各流域分水岭或海拔 4 500 m 以上区域，占全州总面积的 4.5%，为重点预防区。水力侵蚀一般发生在海拔 4 500 m 以下，其地貌以丘状高原和高山峡谷区为主，其中高山峡谷区又是水力侵蚀的重发区，几乎每年都会发生泥石流、山洪、滑坡等灾害。

目前全州 18 个县全部被列为长江中上游地区水土保持生态建设重点县。全州水土流失面积合计 62 087.3 km^2，占全州土地总面积的 40.6%，在四川省地级行政区中居第一位，占整个长江流域水土流失面积的 10%、长江上游水土流失面积的 15.5%。水土流失强度在中度以下的区域大约 90 966.9 km^2，占全州总面积的 59.6%。重点包括大渡河、金沙江、雅砻江流域内各县的部分或大部分地区，其海拔在 3 500 m 以上。该区内的自然植被树种较多，高山灌丛以及草甸植被保护较好，全面实施以封禁管护自然植被为主的天然林草保护工程，牧区放牧要有计划地进行，严禁草场超载。甘孜州水土流失现状及同本项目的关系见附图 8。

（2）水土保持分区

根据甘孜州水土流失类型、强度、地质、地貌、流域、植被和土壤等自然条件以及分区原则，甘孜州所辖区域水土保持“三区”（预防保护区、重点监督区、重点治理区）划定。

预防保护区：主要为林地和草地面积达 10 km^2 以上的区域，水土流失程度轻。

重点监督区：主要为资源开发或基本建设面积达 1 km^2 以上的区域，公路建设沿线为重点监督线，资源开采量达 5 t 以上为重点监督点。结合全州经济建设发展布局，将甘孜州正在开发建设和将要进行开发的水利、交通、工矿、资源等区域划定为重点监督区，其面积为 29 152.14 km^2，占全州总土地面积的 19.1%。

重点治理区：主要为水土流失强度在中度以上地区。这一区域面积为 32 509.98 km^2，占全州总土地面积的 21.3%，重点包括金沙江流域沿岸、雅砻江流域在州境内的中、下游沿岸各县以及大渡河流域的右岸区域。

3.1.10 陆生生态

甘孜州地域广阔，区内地貌多样，北部丘原，地势宽坦，草甸植被发育；西南部高山峡谷，岭谷高差巨大，森林植被繁茂。复杂多样的自然环境，造就了丰富的生物多样性。据 1973 年和 1974 年四川植被调查，经过对普遍、广泛采集的 7 800 多个植物标本的整理、鉴定，仅具经济价值的资源植物就达 1 115 种；又据 20 世纪 80 年代初对贡嘎山地区的植被研究，共记载植物约 2 000 种。

甘孜州位于中国植被区划的青藏高原高寒植被区域的东部，包括高原东南部山地寒湿性针叶林亚区域，山地寒温性针叶林地带和高原东部高寒灌丛、草甸亚区域高寒灌丛、草甸地带两个三级带。

本次通过收集资料的方式（包括近几年水电开发对相关河流生物多样性调查资料），调查了甘孜州陆生生态环境现状，在数据分析基础上，结合鼓励开采区分布及陆生生态现状特点，重点对矿产资源鼓励开采区内的陆生生态环境现状进行评价。

3.1.10.1 甘孜州西部地区

（1）植物

Ⅰ 植物与植物区系（维管束植物）

甘孜州西部的矿产鼓励开采区主要有崩多铜矿鼓励开采区、呷村银多金属矿鼓励开采区、夏塞银多金属矿鼓励开采区、茶洛多金属矿鼓励开采区、柏戈西铅锌矿鼓励开采区及拉哇石灰岩鼓励开采区，该区域位于金沙江流域上游，涉及的维管束植物共有99科、321属、560种，其中，蕨类植物30种，裸子植物18种，被子植物512种。

Ⅱ 种子植物区系组成特征

该区域涉及的种子植物共有81科、298属、530种。根据吴征镒（1991）对中国种子植物属的分布区类型划分，将其中有天然分布的295属做种子植物属的区系成分分析。区内15个主要分布区类型均有代表，但各分布区类型的属所占比例相差悬殊（表2-14）。

表2-14 金沙江流域种子植物属的分布区类型

分布区类型	属数	占总属数/%	分布区类型	属数	占总属数/%
1. 世界分布	37	12.54	9. 东亚和北美洲间断分布	16	5.42
2. 泛热带分布	26	8.81	10. 旧世界温带分布	39	13.22
3. 热带亚洲和热带美洲间断分布	3	1.02	11. 温带亚洲分布	7	2.37
4. 旧世界热带分布	5	1.69	温带分布（小结）	166	56.27
5. 热带亚洲至热带大洋洲分布	7	2.37	12. 地中海区、西亚至中亚分布	6	2.03
6. 热带亚洲至热带非洲分布	9	3.05	13. 中亚分布	1	0.34
7. 热带亚洲（印度—马来西亚）分布	6	2.03	中亚、泛地中海分布（小结）	7	2.37
热带分布（小结）	93	31.53	14. 东亚（东喜马拉雅—日本）分布	28	9.49
8. 北温带分布	104	35.25	15. 中国特有	1	0.34

温带分布的属所占比例较大，达到 56.27%，表明开发规划区域具有一定温带性质的区系特征；热带成分所占比例达到 31.53%，具有一定的热带性质的区系特性；此外，东亚成分占有一定的比例。

III 珍稀、濒危保护植物

区内分布有国家级保护植物 9 种（包括 2 种真菌），其中 I 级保护植物 2 种，II 级保护植物 7 种（表 2-15）。

表 2-15　金沙江流域国家重点保护植物

名称	学名	保护级别	海拔/m	片区内分布
独叶草	*Kingdonia uniflora*	I 级	3 200～3 800	德格、巴塘
高寒水韭	*Isoetes hypsophila Hand.-Mazz.*	I 级	3 200～4 300	白玉、稻城
油麦吊云杉	*Picea brachytyla* var. *complanata*	II 级	2 500～3 600	得荣
金铁锁	*Psammosilene tunicoides*	II 级	1 900～3 900	乡城、得荣、巴塘
辐花	*Lomatogoniopsis alpina*	II 级	＞4 000	石渠
山莨菪	*Anisodus tanguticus*	II 级	2 700～4 600	广布
无芒披碱草	*Elymus submuticus*	II 级	3 500～3 700	德格、石渠
冬虫夏草	*Cordyceps sinensis*	II 级	＞3 800	广布
松口蘑	*Tricholoma matsutake*	II 级	2 500～3 600	德格以南各县

（2）陆生脊椎动物

I　脊椎动物多样性现状

区域内分布有脊椎动物 137 种，其中两栖类 7 种，爬行类 5 种，鸟类 100 种，兽类 25 种。

两栖类 7 种，隶属于 2 目、4 科、5 属。在区系组成上，东洋界物种 3 种，略少于古北界的 4 种，该地区物种混杂程度比较高，此与该区域为高山峡谷区的情况相一致。两栖动物以溪流和湿润的沼泽或池塘附近区域为主要的生活环境，在较低海拔区段主要有乡城齿蟾和华西蟾蜍分布，其余物种主要见于较高海拔区段。

爬行类 5 种，隶属于 1 目、3 科、5 属，其中蛇类 4 种，占 80%；蜥蜴类有 1 种，占 20%。在区系组成上，以东洋界物种为主，有 3 种，占 60%；有 1 种古北界分布，占 20%；有 1 种广布，占 20%。物种混杂程度与两栖类相似。该区域的爬行类陆生性极强。东洋界物种主要分布于河谷两岸较低海拔区域，古北界和广布种主要分布于较高海拔区域。

鸟类 100 种，隶属于 12 目、32 科、68 属（附录 3），其中雀形目有 74 种，占 74%；非雀形目物种 26 种，占 26%。在区系组成上，东洋界物种有 19 种，占 19%；古北界物种 60 种，占 60%，跨界分布的物种 21 种，占 21%。该区域位于古北界和东洋界的过渡地带偏北，物种混杂程度高，与两栖爬行动物的区系分布基本一致。

兽类 25 种，隶属于 6 目、12 科、25 属（附录 4）。在区系组成上，以东洋界物种有 16 种，占 40%；古北界 16 种，占 40%；跨界分布的物种 8 种，占 20%。该区域兽类物种混杂程度高，与两栖爬行动物的区系及鸟类的区系分布基本一致。

II 珍稀、濒危保护动物

区域内分布有国家 I 级保护鸟类 1 种、国家 II 级保护鸟类 9 种、国家 I 级保护兽类 1 种、国家 II 级保护兽类 11 种（表 2-16 和表 2-17）。

表 2-16 鸟类国家级保护种类

名称	学名	海拔分布/m	保护级别
绿尾虹雉	*Lophophorus lhuysii*	3 000～4 000	I
鸢	*Milvus migrans*	2 400～4 200	II
雀鹰	*Accipiter nisus*	2 000～3 200	II
大鵟	*Buteo hemilasius*	3 000～4 300	II
普通鵟	*Buteo buteo*	2 400～4 000	II
红隼	*Falco tinnunculus*	2 000～3 700	II
血雉	*Ithaginis cruentus*	3 000～4 200	II
红腹角雉	*Tragopan temminckii*	2 000～3 700	II
白马鸡	*Crossoptilon crossoptilon*	2 800～4 500	II
大绯胸鹦鹉	*Psittacula derbiana*	2 200～3 700	II

表 2-17 兽类国家级保护物种

名称	学名	分布区间及生境简述/m	保护级别
猕猴	*Macaca mulatta*	2 500 m，山地森林，中低山阔叶林、混交林、稀树裸岩、农耕地	II
黑熊	*Selenarctos thibetanus*	＜4 000 m，半常绿雨林到山地寒温带暗针叶林	II
水獭	*Lutra lutra*	半水栖。鱼类较多的缓流河段、水库	II
小爪水獭	*Aonyx cinerea*	亚热带河谷两岸	II
金猫	*Felis temmincki*	2 300～3 500 m，常绿和落叶混交林、针阔混交林、针叶林、林缘灌木、幼林、草丛	II

名称	学名	分布区间及生境简述/m	保护级别
豹	*Panthera pardus*	<3 800 m，林栖。森林、灌丛，巢穴较固定于草丛、岩洞、树丛	I
水鹿	*Cervus unicolor*	<3 800 m，阔叶林或针叶林、针阔混交林	II
白臀鹿	*Cervus elaphus*	3 500～5 000 m，高山灌丛草甸、冷杉林边缘，群居	II
鬣羚	*Capricornis sumatraensis*	<4 400 m，裸岩、针叶林、混交林、多岩石的杂灌丛，坡度较大。典型的林栖兽类	II
斑羚	*Naemorhedus goral*	<3 600 m，高中山林，有树有草险峻的山岭，或峭壁裸岩。典型的林栖种类	II
岩羊	*Pseudois nayaur*	>2 400 m，高原、丘原、高山裸岩与山谷间的草地	II
盘羊	*Ovis ammon*	>3 000 m，高原、丘原、山麓，半开阔的高山裸岩带，夏季在雪线以下	II

3.1.10.2 甘孜州东部地区

（1）植物

I 植物与植物区系

甘孜州东部的矿产鼓励开采区主要有色底云母矿鼓励开采区、棒塔铅锌矿鼓励开采区、榆林宫温泉鼓励开采区、冷碛石灰岩矿鼓励开采区、磨西温泉鼓励开采区及湾坝铅锌矿鼓励开采区，该区域地处大渡河中游，区域内有维管束植物约130科，466属，约722种（包括一些重要的种下分类单位）。其中，蕨类植物有17科，27属，约57种；裸子植物有5科，10属，约14种；被子植物108科，429属，约651种，以菊科、禾本科、蔷薇科、豆科等少数几个科种类较多，而多数科则只有少数几种甚至只有1种。

II 种子植物区系组成特征

区域共有种子植物113科，439属，约665种，所有15个分布区类型的植物在评价区内均有分布，但各类型所占比例差异甚大（表2-18）。从总体上看，区域内种子植物以温带和热带成分所占比例较大，其中温带成分占38.90%，热带成分占35.41%。

III 珍稀、濒危、保护植物（种类、分布、列表）

区域有国家级保护植物2种，其中岷江柏（*Cupressus chengiana*）为国家二级保护植物；红豆杉（*Taxus chinensis*）为国家一级保护植物。

表 2-18 大渡河中游种子植物属的分布区类型

分布区类型	属数	占总属数/%	分布区类型	属数	占总属数/%
1. 世界分布	43	10.72	9. 东亚和北美洲间断分布	26	6.48
2. 泛热带分布	71	17.71	10. 旧世界温带分布	29	7.23
3. 热带亚洲和热带美洲间断分布	8	2.00	11. 温带亚洲分布	6	1.50
4. 旧世界热带分布	15	3.74	温带分布（小结）	156	38.90
5. 热带亚洲至热带大洋洲分布	9	2.24	12. 地中海区、西亚至中亚分布	5	1.25
6. 热带亚洲至热带非洲分布	21	5.24	13. 中亚分布	2	0.50
7. 热带亚洲（印度一马来西亚）分布	18	4.49	中亚、泛地中海分布（小结）	7	1.75
热带分布（小结）	142	35.41	14. 东亚（东喜马拉雅一日本）分布	48	11.97
8. 北温带分布	95	23.69	15. 中国特有	5	1.25

（2）陆生脊椎动物

Ⅰ 脊椎动物多样性现状

区域有脊椎动物 137 种，其中两栖类 7 种，爬行类 5 种，鸟类 100 种，兽类 25 种。

两栖动物共有 5 种，分隶 2 目、4 科、4 属。其中只有山溪鲵属分布有 2 种；其余 3 科包括角蟾科、蟾蜍科和蛙科，均只有 1 属、1 种分布。片区分布的两栖动物中，东洋界物种 3 种，略多于古北界物种数 2 种。

爬行动物共有 7 种，分隶 1 目、2 亚目、3 科、6 属。其中优势科是游蛇科，分布有 3 属、4 种；其次是蝰科，分布有 2 属、2 种；最少的是鬣蜥科，只有 1 属、1 种分布。区内分布的 7 种爬行动物中，高原蝮分布海拔比较高，在海拔 3 000 m 以上区域；而草绿攀蜥和赤链蛇分布海拔低，在海拔 2 000 m 以下区域；其余 3 种分布的海拔跨度均比较大。

鸟类有 146 种，隶属于 11 目、31 科、87 属。区域内非雀形目有 12 科、26 属、32 种；雀形目有 19 科、61 属、114 种，占鸟类种数的 78%。在 146 种鸟类中留居鸟类居多，共有 92 种，占鸟类种数的 63%；夏候鸟（包括繁殖鸟）次之，有 44 种，占鸟类种数的 30%；冬候鸟与旅鸟分别为 3 种与 7 种，仅占鸟类种数的 2%与 5%。依据分布区内繁殖鸟类分析，其中东洋界种共计 52 种，占繁殖鸟类种数的 37%；古北界种共计 60 种，占繁殖鸟类种数的 42%；广布种共计 29

种，占繁殖鸟类种数的 21%。

兽类动物共有 43 种，分隶 5 目、18 科、31 属。其中优势科是鼬科，分布有 5 属、8 种，其次是鼩鼱科和鼠科，均分布有 3 属、5 种；其余的科只有 1～3 种分布。

片区分布的兽类中，东洋界种类 26 种，古北界种类 11 种，广布种 6 种。以东洋界种类占绝对优势（60%），古北界种类次之（26%），广布种最少（14%）。

在区内海拔 2 200 m 以下的林地、灌丛、住宅及耕地中，分布的主要动物是翼手类和啮齿类。在海拔 2 200 m 以上的亚热带针叶、落叶阔叶混交林中，主要分布有鬣羚等东洋界动物，以及少量古北界动物，如藏鼠兔；在 3 500 m 以下的区域，主要分布有鼩鼱科、猫科、麝科和鼠科的动物，以东洋界成分为主。总的来说，随着海拔高度的递升，东洋界成分逐渐减少，古北界成分逐渐增多。

II 珍稀、濒危、保护动物

区域有国家 I 级保护的鸟类 2 种、国家 II 级保护的鸟类 15 种分布、有国家 II 级保护动物 7 种分布（表 2-19 和表 2-20）。

表 2-19 大渡河中游国家级保护鸟类

名称	学名	海拔/m	保护级别
四川雉鹑	*Tetraophasis szechenyii*	3 200～4 200	I
绿尾虹雉	*Lophophorus lhuysii*	3 900～4 300	I
黑冠鹃隼	*Aviceda leuphotes*	1 400～2 000	II
凤头蜂鹰	*Pernis ptilorhynchus*	1 400～1 800	II
赤腹鹰	*Accipiter soloensis*	1 400～2 000	II
凤头鹰	*Accipiter trivirgatus*	1 400～2 000	II
白尾鹞	*Circus cyaneus*	1 400～3 200	II
鹊鹞	*Circus melanoleucos*	1 400～2 000	II
白腹鹞	*Circus spilonotus*	1 400～2 000	II
鸢	*Milvus migrans*	1 000～4 200	II
普通鵟	*Buteo buteo*	1 000～3 000	II
雀鹰	*Accipiter nisus*	3 000 以下	II
松雀鹰	*Accipiter virgatus*	1 800 以下	II
红隼	*Falco tinnunculus*	1 000～3 400	II
血雉	*Ithaginis cruentus*	3 000～4 400	II
灰头鹦鹉	*Psittacula himalayana*	1 800～3 000	II
雕鸮	*Bubo bubo*	2 800～3 200	II

表 2-20 大渡河中游国家级保护兽类

名称	学名	分布区间及生境简述/m	保护级别
马熊	*Ursus arctos pruinosus*	2 000～4 500 m 林区、灌丛草甸	II
黑熊	*Selenarctos thibetanus*	1 400～4 000 m 农耕区、林区	II
豺	*Cuon alpinus*	1 400～3 200 m 林区、灌丛草甸	II
青鼬	*Martes flavigula*	1 400～3 000 m 农耕区、林区	II
水獭	*Lutra lutra*	1 400～3 000 m 针阔叶混交林至亚高山针叶林河谷	II
鬣羚	*Capricornis sumatraensis*	1 400～4 400 m 林区，针阔叶混交林至亚高山针叶林	II
斑羚	*Naemorhedus goral*	1 400～4 400 m 林区，高山石漠稀草带	II

3.1.10.3 甘孜州中部地区

（1）植物

I 维管束植物物种多样性编目及组成特征

甘孜州中部规划的矿产鼓励开采区主要有菜子沟磁铁矿鼓励开采区、荣须卡多金属矿鼓励开采区、甲基卡锂辉石矿鼓励开采区及里伍铜矿鼓励开采区，该区域地处雅砻江中游，区域共有维管束植物 133 科，515 属，约 857 种，其中，蕨类植物 77 种，裸子植物 16 种，被子植物 766 种。

II 种子植物区系组成特征

该区域有种子植物 112 科、473 属、780 种，所有 15 个分布区类型的植物在评价区内均有分布，但各类型所占比例相差悬殊（表 2-21）。从总体上看，评价区的种子植物以温带成分为主，占 43.88%；但是，热带成分也占有相当的比例，达到 31.63%。

表 2-21 雅砻江中游种子植物属的分布区类型

分布区类型	属数	占总属数/%	分布区类型	属数	占总属数/%
1. 世界分布	47	10.47	9. 东亚和北美洲间断分布	28	6.24
2. 泛热带分布	74	16.48	10. 旧世界温带分布	39	8.69
3. 热带亚洲和热带美洲间断分布	7	1.56	11. 温带亚洲分布	5	1.11
4. 旧世界热带分布	15	3.34	温带分布（小结）	197	43.88
5. 热带亚洲至热带大洋洲分布	10	2.23	12. 地中海区、西亚至中亚分布	6	1.34

分布区类型	属数	占总属数/%	分布区类型	属数	占总属数/%
6. 热带亚洲至热带非洲分布	24	5.35	13. 中亚分布	2	0.45
7. 热带亚洲（印度—马来西亚）分布	12	2.67	中亚、泛地中海分布（小结）	8	1.78
热带分布（小结）	142	31.63	14. 东亚	47	10.47
8. 北温带分布	125	27.84	15. 中国特有	8	1.78

Ⅲ 珍稀、濒危和保护植物

区域有国家Ⅱ级保护植物 4 种（表 2-22）。

表 2-22 雅砻江国家重点保护植物

名称	学名	海拔/m	片区内分布	保护级别
扇蕨	*Neocheiropteris palmatopedata*	1 500～2 700	广布	Ⅱ级
毛红椿	*Toona ciliata* var. *pubescens*	2 500～3 000	广布	Ⅱ级
冬虫夏草	*Cordyceps sinensis*	＞3 800	广布	Ⅱ级
松口蘑	*Tricholoma matsutake*	2 500～3 600	广布	Ⅱ级

（2）陆生脊椎动物

Ⅰ 脊椎动物区系与分布特征

区域有陆生脊椎动物 153 种，其中两栖类 8 种，爬行类 11 种，鸟类 100 种，兽类 34 种。

两栖类 8 种，隶属 2 目、5 科、8 属，其无尾目 7 种，占 87.5%；有尾目 1 种，占 12.5%。在区系组成上，在古北界（青藏区）有分布的物种仅有 1 种，占 12.5%；仅在东洋界分布的物种有 7 种，占 87.5%，其中以西南区为主，有 6 种，占 75%；两界均有分布的物种有 1 种，占 12.5%。这表明该地区物种混杂程度比较低，以东洋界物种为绝大多数，此与该区域位于古北界和东洋界的过渡地带偏东洋界的情况相一致。两栖动物以溪流和湿润的沼泽或池塘附近区域为主要的生活环境，在较大河流及附近主要有棕点湍蛙和华西蟾蜍分布，其余物种少见。

爬行类 11 种，隶属 1 目、4 科、10 属，其中蛇类 8 种，约占 73%；蜥蜴类有 3 种，约占 27%。在区系组成上，以东洋界物种为主，有 10 种，占 91%；仅有 1 种跨界分布，占 9%。物种混杂程度比较低，这可能与该区域位于古北界和东洋界的过渡地带偏东洋界的情况相一致。该区域的爬行动物除黑眉锦蛇、棕网腹链蛇在溪流附近有出没外，其余种类陆生性极强。

鸟类 100 种，隶属 13 目、34 科、71 属，其中雀形目有 64 中，占 64%；非雀形目物种 36 种，占 36%。在区系组成上，东洋界物种有 37 种，占 37%；古北界物种 40 种，占 40%，跨界分布的物种 23 种，占 23%。该区域位于古北界和东洋界的过渡地带偏南，但物种混杂程度高，与两栖爬行动物的区系分布有所不同，这可能与其活动能力强有关。留鸟和夏候鸟占绝大多数，其中留鸟最多，占 56%，其次是夏候鸟，占 31%；冬候鸟、繁殖鸟类和旅鸟均很少，分别占 5%、6%和 2%。

兽类 34 种，隶属 7 目、20 科、28 属。在区系组成上，以东洋界物种为主，有 25 种，占 73%；古北界及跨界分布的物种 9 种，占 27%。该区域位于古北界和东洋界的过渡地带偏南，但物种混杂程度高，与两栖爬行动物的区系分布有所不同，这可能与其活动能力强有关。

II 珍稀、濒危、保护动物

规划涉及区域分布有国家级保护鸟类 12 种，国家级保护兽类 12 种，其中国家 I 级 2 种（表 2-23、表 2-24）。

表 2-23 雅砻江中游国家级保护鸟类

名称	学名	海拔/m	保护级别
金雕	*Aquila chrysaetos*	2 600～4 000	I
苍鹰	*Accipiter gentilis*	2 500～3 200	II
白腹锦鸡	*Chrysolophus amherstiae*	1 500～3 000	II
白马鸡	*Crossoptilon crossoptilon*	2 700～4 500	II
红腹角雉	*Tragopan temminckii*	1 500～3 000	II
长耳鸮	*Asio otus*	1 500～2 600	II
短耳鸮	*Asio flammeus*	1 500～3 000	II
鸢	*Milvus migrans*	1 000～4 200	II
普通鵟	*Buteo buteo*	1 000～3 000	II
雀鹰	*Accipiter nisus*	3 000 以下	II
红隼	*Falco tinnunculus*	1 000～3 400	II
血雉	*Ithaginis cruentus*	3 000～4 400	II

表 2-24 雅砻江国家级保护兽类

名称	学名	分布区域范围	保护级别
林麝	*Moschus berezovskii*	1 500～3 900 m 林区、灌丛草甸	I
云豹	*Neofelis nebulosa*	1 600～3 000 m 林区、灌丛	I
猕猴	*Macaca mulatta*	<4 300 m 农耕区、林区	II
藏酋猴	*Macaca thibetana*	1 500～3 600 m 河谷、林区	II
小熊猫	*Ailurus fulgens*	1 500～3 600 m 农耕区、针阔混交林	II
黑熊	*Selenarctos thibetanus*	<4 000 m 农耕区、林区	II
豺	*Cuon alpinus*	<3 200 m 林区、灌丛草甸	II
青鼬	*Martes flavigula*	<3 000 m 农耕区、林区	II
水獭	*Lutra lutra*	<3 000 m 河谷	II
鬣羚	*Capricornis sumatraensis*	1 500～4 400 m 林区	II
斑羚	*Naemorhedus goral*	1 500～4 400 m 林区	II
金猫	*Felis temmincki*	<3 000 m 山地林区	II

3.1.11 水生生态

（1）浮游植物

金沙江上游水域有浮游植物 4 门、24 科、44 属、68 种。其中硅藻门最多，有 38 种，占种类总数的 55.88%；绿藻门 17 种，占种类总数的 25%；蓝藻门 9 种，占种类总数的 13.24%；甲藻门 4 种，占种类总数的 5.88%。优势种的主要是硅藻门的种类，它们包括桥弯藻、针杆藻和舟形藻等。

雅砻江中上游水域有水生藻类 5 门、21 科、31 属、78 种。其中硅藻门最多，有 59 种，占种类总数的 75.64%；绿藻门 13 种，占种类总数的 16.67%；蓝藻门 4 种，占种类总数的 5.13%；裸藻门 1 种，占种类总数的 1.28%；黄藻门 1 种，占种类总数的 1.28%。优势种主要是硅藻门的种类，包括桥弯藻、针杆藻和舟形藻等。

大渡河干流浮游植物的群落结构较为简单，共有 5 门、40 属，其中最多的绿藻门共有 18 属，其次是硅藻门共有 16 属，蓝藻门仅有 4 属，而裸藻门和甲藻门各只有一属。所有各站点最常见的主要为硅藻门的种类，常见种共有 11 属，其中有 7 属是硅藻，绿藻门中常见种只有水绵、微孢藻和毛枝藻 3 属，而这 3 属都是属于附着生长的丝状藻类，蓝藻门中常见种仅有颤藻一属，也是属于丝状藻类的类型。

（2）水生维管束植物

规划区多属山区河流，水流湍急，滩沱交错，多在高山峡谷间曲折迂迴，底质多为岩石或砂质；基本无大面积的水生维管束植物群落，仅在支流河湾缓流处，有零星菹草生存或苦草，但数量极少。

（3）浮游动物

金沙江上游有浮游动物 4 大类、35 种，其中轮虫为浮游动物的优势种，占总数的 40%；枝角类 7 种，占总数的 20%；原生动物 11 种，占总数的 31.43%；桡足类 3 种，占总数的 8.57%。

雅砻江中上游有浮游动物 4 大类、40 种，其中轮虫为浮游动物的优势种，占总数的 35%；枝角类 10 种，占总数的 25%；原生动物 13 种，占总数的 32.5%；桡足类 3 种，占总数的 7.5%。

大渡河中上游水域有浮游动物 4 大类、36 种，4 大类中最多的是轮虫类有 17 种，占总数的 47.22%，其次是枝角类和桡足类，分别为 8 种和 7 种，占总数的 22.22% 和 19.44%，最少的原生动物只有 4 种。

（4）底栖无脊椎动物

金沙江上游底栖无脊椎动物由 2 门、2 纲、5 目、13 属组成，以水生昆虫为主，最常见的是蜉蝣目的扁蜉和襀翅目的石蝇。

雅砻江中上游底栖无脊椎动物由 3 门、3 纲、6 目、16 属组成，以水生昆虫为主，最常见的是蜉蝣目的扁蜉和襀翅目的石蝇。

大渡河中上游底栖动物共有 4 大类、31 属，其中最多的是水生昆虫，以蜉蝣目最多。

（5）鱼类

根据历史资料，甘孜藏族自治州鱼类有 30 种，分属于 3 目、5 科、13 属，占四川省鱼类总种数的 13.6%，其中鲤形目鱼类占绝对优势，有 24 种，占总种数的 80%。州内鱼类区系成分主要为中亚高原山区复合体，包括条鳅亚科、裂腹鱼科等，占 76.7%；中印（西南）山地复合体，占 16.7%；虎嘉鱼为北方山区复合体，占 3.3%。

根据甘孜州的流域分布情况，结合专家咨询及历史资料收集的方式，规划涉及水域的鱼类主要有 21 种，其中属国家级保护鱼类的 1 种、省级保护鱼类 4 种、长江上游特有鱼类 15 种。在规划影响水域的鱼类经长期进化过程中，形成了与环境相适应的各分布水域生态类群的多样性，按其生活习性及生活环境，可分为急流底栖类群、流水水体中下层类群、流水洞缝隙类群 3 个生态类群，但在总体上都属于急流水型，这与各流域水文环境中急流险滩较多相关。

3.2 社会经济概况

3.2.1 行政区划及人口

甘孜藏族自治州下辖 18 个县、326 个乡、镇，其中石渠、色达、德格、白玉、理塘为纯牧业县，其余为半农半牧县。2006 年年末，全州总人口 930 509 人，其中男性 472 643 人，女性 457 866 人；农业人口 782 178 人，非农业人口 148 331 人。

在总人口中，藏族 732 047 人，占 78.7%；汉族 165 651 人，占 17.8%；彝族 26 151 人，占 2.8%；其他民族 6 660 人，占 0.7%。各民族分布大致情况为：藏族主要集聚于康定折多山以西各县，羌族分布在丹巴县，回族散居在全州各地，以康定最多，彝族主要分布在九龙及泸定的磨西区，纳西族分布在巴塘县的南部，汉族分布在泸定县以及康定、丹巴、九龙等县部分地区，其他各民族散居各地。

3.2.2 国民经济

国民经济持续、快速增长。2006 年全州完成 GDP 60.02 亿元，比上年增长 14%，增长速度比上年加快 0.2 个百分点。其中，第一产业增加值 11.52 亿元，增长 0.7%；第二产业增加值 22.58 亿元，增长 23%；第三产业增加值 25.92 亿元，增长 13.8%。三次产业对经济增长的贡献率分别为 1.1%、55%和 43.9%。

产业结构进一步优化。三次产业增加值占 GDP 的比重由上年的 22.1∶33.4∶44.5 调整为 19.2∶37.6∶43.2，第二产业比重上升 4.2 个百分点，第一产业和第三产业比重分别下降 2.9 个和 1.3 个百分点。

3.2.3 土地利用

甘孜藏族自治州幅员面积 15.3 万 km^2，其中农用地 126 232.7 km^2，建设用地 5 360.7 km^2，未利用土地 21 035.6 km^2，具体情况见表 2-25。

区内土地资源利用基本特征表现为人均土地资源占有量高，土地质量低劣。草原和森林为我国五大牧区和三大林区的重要组成部分；地貌类型简单，土壤类型复杂；具有农用地后备资源。草地和林地为主要利用方式。

表 2-25　甘孜藏族自治州土地利用规划用地分类面积

规划分类	农用地	建设用地	未利用地	土地总面积
面积/km^2	126 232.7	5 360.7	21 035.6	152 629
占土地面积比重/%	82.7	3.5	13.8	100

3.2.4 基础设施

（1）交通

甘孜州经过 50 多年的建设和发展，交通运输业取得了巨大的成就，公路基础设施有明显的改善。但与全省的整体水平相比，甘孜州的运输方式仍然显得单一、落后。目前，甘孜州是全省唯一不通铁路、水运的地市州，公路运输是甘孜州主要的运输方式。

加快交通基础设施的建设，将对甘孜州社会、经济的发展起到巨大的推动作用。为此，甘孜州政府制定了近期和中期交通发展规划，近期规划要求于 2010 年基本完成东南两大环线（东环：小金界—丹巴—八美—新都桥—康定—磨西—泸定—二郎山隧道至成都，新都桥—九龙—冕宁界形成东环线的南延伸；南环：中甸界—得荣—巴塘—理塘—稻城—乡城—大雪山垭口云南界）、北部一主干线（新都桥—八美—道孚—炉霍—甘孜—德格—岗托）、15 条进出州通道（G318 线东西进出州通道：二郎山隧道西口—泸定、巴塘—竹巴笼金沙江大桥；G317 线东西进出州通道：炉霍、德格—岗托金沙江大桥；S211 线南北进出州通道：泸定—石棉界、丹巴—阿坝金川界；S303 线东出州通道：大坝—阿坝小金界；S216 线南出州通道：稻城—凉山州木里界；S215 线南出州通道：九龙—凉山州冕宁界；X041 线南出州通道：得荣—中甸界；X177 线东出州通道：泸定兴隆—汉源宜东；XV20 线南出州通道：稻城日瓦—中甸界；东出州通道：康定金汤—宝兴）、两座隧道（雀儿山隧道、雅家埂隧道）、3 个机场（康定机场、亚丁机场和甘孜机场）；中期规划要求到 2020 年甘孜州公路网公路总里程达到 16 128 km（包括村道），公路网密度达到 10.5 km/100 km^2，连通度为 1.96，平均为 4 路连通。

（2）通讯

2006 年全州邮电业务全年收入总量 2.77 亿元，增长 22.78%。年末邮电公网电话用户达到 12.57 万户，增长 18.77%。移动通讯稳步发展，年末移动电话用户数达 17.49 万户，增长 61.91%。全州电话普及率达到 32.32%。

（3）城镇建设

全州共设 18 个县，326 个乡、镇，随着经济发展和行政区划的调整，城镇发展步伐逐步加快，“十五”期间，城市化水平年均提高 1 个百分点，2005 年达到 20%左右。但受地理环境制约，大部分县城已基本无建设用地，县城发展受到限制，同时存在城镇数量少、规模小、城市化水平低、城市功能差的问题。

3.2.5 民族文化及宗教

康巴地区因历史与地理原因，形成多个亚文化圈，从而使其文化呈现绚丽多彩的区域特点。

宗教是康巴文化的重要组成部分，康巴藏区几乎全民信教，以藏传佛教为主，兼容了儒教、道教、东巴教、伊斯兰教、基督教和形形色色的民间宗教、原始宗教，交织成纷繁多彩的信仰习惯。

甘孜州共有藏传佛教寺庙 515 座，僧尼 4 万余人（约占总人口的 5%）。藏传佛教寺庙保存了丰富的宗教文化内涵，特别是目前在世界范围内引人注目的藏传佛教密宗文化，在萨迦、噶举、宁玛派寺庙中保存得较为完整。甘孜州内重要寺庙有登青寺、满金寺、益西寺、竹庆寺、八邦寺、塔公寺、更庆寺、高尔寺、日库寺、长青春科尔寺、惠远寺、康宁寺等。

3.2.6 社会事业发展现状

（1）教育事业

2006 年，全州有各级各类学校 930 所，在校学生 142 888 人（含成人），教职工 9 181 人，其中专任教师 8 039 人。

深入实施教育“十年行动计划”和“两基”攻坚计划，认真落实“两免一补”政策，为 12.1 万名贫困学生免除了学杂费，为 7.39 万名贫困学生提供了免费教科书，6.2 万名贫困学生享受了寄宿制生活补助，农村义务教育经费保障机制初步建立。

（2）卫生事业

公共卫生体系建设得到加强，新型农村合作医疗试点扩面进展顺利，地方病防治工作全面开展。2006 年末，全州有卫生机构 625 个，床位 2 765 张；卫生技术人员 3 865 人，其中，执业医师 1 289 人，执业助理医师 804 人，注册护士 732 人。疾病预防控制机构 19 个，卫生技术人员 305 人；妇幼保健机构 19 个，执业医师和助理执业医师 149 人，注册护士 46 人；乡镇卫生院 324 个，执业医师和助理执业医师 682 人，注册护士 171 人。

3.2.7 旅游资源及其利用

（1）甘孜州旅游资源及旅游业

根据《四川省甘孜藏族自治州旅游发展总体规划（2000—2015 年）》，甘孜州旅游发展的总体布局框架为：一个中心、一条主环线、两大枢纽、两条主干线、三个旅游片区、四个主要旅游目的地、九个主要自然生态风景名胜区。

（2）旅游业发展现状

由于甘孜州直至 1998 年底才全面对外开放，在 2000 年完成全州旅游发展总体规划后，各县相继进行旅游规划的编制。近年来，康东片区以海螺沟、康定城、跑马山为核心的旅游资源得到了一定程度的开发，但没有形成成熟的旅游产品。从整体上而言，全州交通、通讯、接待等基础设施及旅游景区建设均严重滞后，旅游开发尚处于起步阶段，尤其是康北片区及康南片区，基本处于未开发状态。

3.3 环境质量现状

本次规划环境影响评价利用环境质量例行监测点（断面）的环境质量监测资料，同时收集部分项目环评的环境质量现状监测资料，在此基础上对区域环境质量现状进行评价。

3.3.1 地表水环境质量现状评价

3.3.1.1 监测断面

规划范围内主要流域包括雅砻江、金沙江和大渡河，因此，本次地表水现状评价主要收集主要河流干流上的例行监测资料；并利用甘孜州目前已开发及拟开发主要矿区的地表水环境质量背景值，监测断面设置情况见表 2-26。

表 2-26　地表水监测断面设置情况

<table>
<tr><th>断面序号</th><th>类别</th><th>断面位置</th><th>河流名称</th><th>水域类别</th><th>备注</th></tr>
<tr><td>1</td><td>流域背景值</td><td>黄荆坪</td><td>大渡河</td><td>III</td><td rowspan="2">例行监测断面（2007 年）</td></tr>
<tr><td>2</td><td>流域背景值</td><td>南头</td><td>大渡河</td><td>III</td></tr>
<tr><td>3</td><td>流域背景值</td><td>呷衣寺附近</td><td>雅砻江</td><td>II</td><td rowspan="2">流域规划监测资料（2007 年）</td></tr>
<tr><td>4</td><td>流域背景值</td><td>和平乡上游</td><td>雅砻江</td><td>II</td></tr>
<tr><td>5</td><td>流域背景值</td><td>得荣县奔紫兰村</td><td>金沙江</td><td>II</td><td>例行监测断面（2006 年）</td></tr>
<tr><td>6</td><td rowspan="2">鼓励开采区 G3</td><td>夏塞银多金属矿（矿区夏塞隆沟汇口处）</td><td>玛曲（金沙江）</td><td>III</td><td rowspan="2">夏塞银色多金属矿采选工程报告书环境水质现状监测（2006 年）</td></tr>
<tr><td>7</td><td>汇口下游 5 km 处</td><td>玛曲（金沙江）</td><td>III</td></tr>
<tr><td>8</td><td rowspan="2">鼓励开采区 G2</td><td>呷村银多金属矿（矿区排口上游 500 m 处）</td><td>金沙江昌曲河</td><td>II</td><td rowspan="2">白玉县银多金属矿应急监测报告（2007 年）</td></tr>
<tr><td>9</td><td>矿区排口下游 5 km 处</td><td>金沙江昌曲河</td><td>II</td></tr>
<tr><td>10</td><td rowspan="3">鼓励开采区 G9</td><td>甲基卡锂辉石矿（矿区上游 100 m）</td><td>龙古河</td><td>III</td><td rowspan="3">呷基卡锂辉石头矿报告书环境水质现状监测（2004 年）</td></tr>
<tr><td>11</td><td>龙古河汇入塔公河口上游 100 m</td><td>塔公河（雅砻江）</td><td>III</td></tr>
<tr><td>12</td><td>龙古河汇入塔公河口下游 2 km</td><td>塔公河（雅砻江）</td><td>III</td></tr>
</table>

断面序号	类别	断面位置	河流名称	水域类别	备注
13	鼓励开采区 G16	里伍铜矿（矿区排口上游 50 m）	雅砻江	II	里伍铜矿污染源现状监测报告（2006年）
14		矿区排口下游 200 m	雅砻江	II	
15	鼓励开采区 G10	色底云母矿鼓励开发区（革什扎乡上游 500 m处）	大渡河支流革什扎河	II	革什扎河规划环评（2005 年）
16		革什扎乡下游 1 000 m处	大渡河支流革什扎河	II	
17		革什扎与大金川河汇合口上游 500 m	大渡河支流革什扎河	II	
18	鼓励开采区 G11	棒塔铅锌矿鼓励开发区（矿区排口上游 50 m）	大渡河、金汤河支流拉角沟	III	康定县三合乡二郎铅锌选矿厂污染源结果和数据表（2005年）
19		矿区排口下游 500 m	大渡河、金汤河支流拉角沟	III	

3.3.1.2 评价因子

根据矿产资源开采的特点及资料收集情况，选取 pH、SS、COD_{Cr}、BOD_5、NH_3-N、石油类、Cu、Zn、Pb、Cd、Ag、As、Cr^{6+}作为现状评价指标。

3.3.1.3 评价方法及模式

采用单项水质指数评价方法。

单项指数法数学模式如下：

（1）对于一般污染物：

$$S_{ij}=\frac{C_{ij}}{C_{si}}$$

式中：S_{ij}—— 单项水质参数 i 在第 j 点的标准指数；

C_{ij}—— 污染物 i 在监测点 j 的浓度，mg/L；

C_{si}—— 水质参数 i 的地面水水质标准，mg/L。

（2）对具有上、下限标准的项目 pH，计算式为：

$$S_{pH,j}=\frac{7.0-pH_j}{7.0-pH_{sd}} \qquad pH_j \leqslant 7.0$$

$$S_{\mathrm{pH},j}=\frac{\mathrm{pH}_j-7.0}{\mathrm{pH}_{su}-7.0} \qquad \mathrm{pH}_j>7.0$$

式中：pH_j—— 监测点 j 的 pH 值；

pH_{sd}—— 水质标准 pH 的下限值；

pH_{su}—— 水质标准 pH 的上限值。

（3）对 DO 的标准指数 $S_{\mathrm{DO},\ j}$：

$$S_{\mathrm{DO},j}=\frac{\left|\mathrm{DO}_f-\mathrm{DO}_j\right|}{\mathrm{DO}_f-\mathrm{DO}_s} \qquad \mathrm{DO}_j\geqslant\mathrm{DO}_s$$

$$S_{\mathrm{DO},j}=10-9\frac{\mathrm{DO}_j}{\mathrm{DO}_s} \qquad \mathrm{DO}_j<\mathrm{DO}_s$$

$$\mathrm{DO}_f=468/（31.6+T）$$

式中：DO_f—— 饱和溶解氧浓度，mg/L；

DO_j—— 监测点 j 的溶解氧浓度，mg/L；

DO_s—— 溶解氧的水质标准，mg/L；

T—— 监测时的水温，℃。

当 S_{ij} 值大于 1.0 时，表明地表水水体已受到该项评价因子所表征的污染物的污染，S_{ij} 值越大，水体受污染的程度就越严重，否则反之。

3.3.1.4 评价结果及分析

采用单项指数法对选定的 19 个监测断面水质现状评价结果详见表 2-27，由表中数据可以看出，雅砻江粪大肠菌群指标在部分断面略有超标，棒塔铅锌矿区下游 500 m 监测点处 Pb 指标超标，其余各项评价因子均满足《地表水环境质量标准》（GB 3838—2002）中相应标准要求。

表 2-27　地表水监测指标及结果

监测断面		pH	SS	COD_{Cr}	BOD_5	NH_3-N	石油类	Cu	Zn	Pb	Cd	As	Cr^{6+}	TP	粪大肠菌群
1	监测值	6.33～7.95	—	1.41～2.75	1*	0.073～0.457	0.005*～0.014	0.000 5*	0.025*	0.005*	0.000 5*	0.000 1～0.000 4	0.002*	0.005*～0.097	800～9 400
	S_i	0.33～0.475	—	0.235～0.459	0.25	0.073～0.457	0.1～0.28	0.000 5	0.025	0.1	0.1	0.002～0.008	0.04	0.025～0.475	0.08～0.94
2	监测值	6.67～8.03	—	1.16～2.52	1*	0.079～0.663	0.005*～0.042	0.000 5*	0.025*	0.005*	0.000 5*	0.000 1～0.000 3	0.002*	0.005*～0.091	800～7 900
	S_i	6.67～0.515	—	0.19～0.42	0.25	0.079～0.663	0.1～0.84	0.000 5	0.025	0.1	0.1	0.002～0.006	0.04	0.025～0.455	0.08～0.79
3	监测值	7.59～7.62	6～8	5*	1*	0.025*	0.008～0.009	0.000 5*	0.025*	0.005*	0.000 5*	0.000 05*	0.002*	0.01	1 100～2 300
	S_i	0.295～0.31	—	0.33	0.33	0.05	0.16～0.18	0.000 5	0.025	0.5	0.1	0.001	0.04	0.1	0.55～1.15
4	监测值	7.37～7.43	11	5*	1*	0.078～0.089	0.016～0.021	0.000 5*	0.025*	0.005*	0.000 5*	0.000 05*	0.002*	0.016	2 300
	S_i	0.185～0.215	—	0.33	0.33	0.156～0.178	0.32～0.42	0.000 5	0.025	0.5	0.1	0.001	0.04	0.16	1.15
5	监测值	7.85	4.50	8.40	1.06	0.034	0.002	未检出	0.036	未检出	未检出	未检出	0.002*	0.035	900
	S_i	0.425	—	0.56	0.35	0.068	0.04	—	0.036	—	—	—	0.04	0.35	0.45
6	监测值	7.11～7.32	13.5～25.4	4.32～5.22	0.53～0.56	0.038～0.043	0.005	未检出	未检出	未检出	未检出	未检出	—	—	—
	S_i	0.055～0.16	—	—	—	—	—	—	—	—	—	—	—	—	—

监测断面		pH	SS	COD_{Cr}	BOD_5	NH_3-N	石油类	Cu	Zn	Pb	Cd	As	Cr^{6+}	TP	粪大肠菌群
7	监测值	7.21～7.28	46.9～62.4	5.48～6.24	0.71～0.93	0.055～0.058	0.009	未检出	未检出	未检出	未检出	未检出	—	—	—
	S_i	0.105～0.14	—	0.274～0.312	0.18～0.23	0.055～0.058	0.18	—	—	—	—	—	—	—	—
8	监测值	7.50～7.52	112.0～114.0	0.80～0.81	0.10～0.30	0.045～0.060	0.002～0.003	0.000 5	0.019～0.02	0.005	0.002	0.003 5	—	—	—
	S_i	0.25～0.26	—	0.04	0.025～0.075	0.045～0.06	0.04～0.06	0.000 5	0.019～0.02	0.5	0.4	0.07	—	—	—
9	监测值	7.40～7.46	123.0～125.0	0.70～0.85	0.70～0.80	0.080～0.085	0.003～0.004	0.000 5	0.02～0.03	0.005	0.001～0.002	0.003 5	—	—	—
	S_i	0.2～0.23	—	0.035～0.042	0.175～0.2	0.08～0.085	0.06～0.08	0.000 5	0.02～0.03	0.5	0.2～0.4	0.07	—	—	—
10	监测值	7.42	4.8	3.3	—	0.035	0.02	—	—	—	—	0.004	—	—	—
	S_i	0.08	0.10	0.22	—	0.06	0.40	—	—	—	—	0.10	—	—	—
11	监测值	7.44	5.04	3.67	—	0.04	0.02	—	—	—	—	0.004	—	—	—
	S_i	0.06	0.10	0.24	—	0.08	0.40	—	—	—	—	0.10	—	—	—
12	监测值	7.51	12.5	3.42	—	0.04	0.02	—	—	—	—	0.004	—	—	—
	S_i	0.01	0.23	0.26	—	0.08	0.40	—	—	—	—	0.10	—	—	—
13	监测值	7.68	58.0	4.04	—	—	0.007	未检出	未检出	未检出	未检出	0.005 8	未检出	未检出	—
	S_i	—	—	0.27	—	—	0.14	—	—	—	—	0.116	—	—	—
14	监测值	7.87	52.0	12.1	—	—	0.006	未检出	未检出	未检出	未检出	0.004 6	未检出	未检出	—
	S_i	—	—	0.81	—	—	0.12	—	—	—	—	0.092	—	—	—

监测断面		pH	SS	COD_{Cr}	BOD_5	NH_3-N	石油类	Cu	Zn	Pb	Cd	As	Cr^{6+}	TP	粪大肠菌群
15	监测值	8.36	—	3.8	0.2	0.052	0.022	未检出	未检出	未检出	—	未检出	未检出	0.071	—
	S_i	—	—	0.25	0.07	0.104	0.44	—	—	—	—	—	—	0.71	—
16	监测值	8.35	—	3.6	0.3	0.049	0.020	未检出	未检出	未检出	—	未检出	未检出	0.022	—
	S_i	—	—	0.24	0.1	0.098	0.4	—	—	—	—	—	—	0.22	—
17	监测值	8.36	—	2.8	0.2	0.063	0.024	未检出	未检出	未检出	—	未检出	未检出	0.009	—
	S_i	—	—	0.19	0.07	0.126	0.48	—	—	—	—	—	—	0.09	—
18	监测值	8．47	4.00	3.20	—	—	—	未检出	0.055	0.015	未检出	未检出	—	—	—
	S_i	—	—	0.16	—	—	—	—	0.055	0.3	—	—	—	—	—
19	监测值	8.38	32.00	4.40	—	—	—	未检出	0.110	0.079	未检出	未检出	—	—	—
	S_i	—	—	0.22	—	—	—	—	0.110	1.58	—	—	—	—	—

3.3.2 地下水水质现状评价

（1）监测断面

收集巴塘夏塞银多金属矿、白玉银多金属矿、甲基卡锂辉石矿区域地下水水质现状监测资料进行分析评价，监测点位见表 2-28。

表 2-28 地下水监测位置

序号	类别	监测位置	所在县	备注
1	鼓励开采区 G3	巴塘茶洛乡	巴塘	夏塞银色多金属矿采选工程报告书
2		巴塘茶洛乡矿坑涌水		
3	鼓励开采区 G2	白玉呷村牛场沟泉水	白玉	项目监测资料
4	鼓励开采区 G9	雅砻江龙谷村	雅砻江	甲基卡锂辉石矿报告书

（2）监测评价因子

监测评价因子确定为：pH、As、Cu、Pb、Zn、Cd、Ag。

（3）评价方法

采用单项指数法进行评价。

（4）评价标准

执行《地下水质量标准》（GB 14848—93）中III类标准。

（5）评价结果及分析

单项评价指数结果见表 2-29。

表 2-29 地下水监测指标及结果

监测断面		pH	Cu	Zn	Pb	Cd	As	Ag
1	监测值	7.00	未检出	未检出	未检出	未检出	未检出	未检出
	S_i	—	—	—	—	—	—	—
2	监测值	7.23	未检出	未检出	未检出	未检出	未检出	未检出
	S_i	0.15	—	—	—	—	—	—
3	监测值	7.8	未检出	0.16	未检出	0.009	未检出	—
	S_i	0.53	—	0.16	—	0.9	—	—
4	监测值	7.56	—	—	—	—	0.004	—
	S_i	—	—	—	—	—	0.08	—

3.3.3 大气环境质量现状监测及评价

（1）监测点位布置

根据部分县城的现状监测资料及巴塘银铅锌矿、白玉银多金属矿区的监测资料，监测点位详见表 2-30。

表 2-30　环境空气质量现状监测的点位设置

序号	监测位置	所在县	备注
1	康定县城区	康定	—
2	理塘县城区	理塘	—
3	甘孜县三完小学	甘孜	—
4	巴塘夏塞银多金属矿区	巴塘	夏塞银多金属矿报告书（2006 年）
5	白玉县麻邛乡中心校	白玉	—

（2）监测评价因子

监测评价因子确定为 SO_2、NO_2、TSP 3 项。

（3）评价标准

执行《环境空气质量标准》（GB 3095—1996）二级标准。

（4）评价方法及模式

采用单项指数进行评价，评价模式为：

$$I_i = \frac{C_i}{S_i}$$

式中：I_i —— i 种污染物的单项指数；

C_i —— i 种污染物的实测浓度，mg/m^3；

S_i —— i 种污染物的评价标准，mg/m^3。

（5）评价结果分析

单项评价指数结果详见表 2-31，从表中数据可以看出，区域环境空气质量良好，均达到《环境空气质量标准》（GB 3095—1996）一级标准要求。

表 2-31 环境空气监测结果统计分析

序号	名称	因子	小时监测浓度值				日均浓度值			
			浓度值范围/（mg/m³）	超标数	超标率/%	S_i	浓度值范围/（mg/m³）	超标数	超标率/%	S_i
1	康定	SO_2	—	—	—	—	0.005～0.034	0	0	0.033～0.23
		NO_2	—	—	—	—	0.015～0.026	0	0	0.125～0.217
		TSP	—	—	—	—	0.020 8～0.075	0	0	0.069～0.25
2	理塘	SO_2	0.001～0.015	0	0	0.002～0.003	—	—	—	—
		NO_2	0.013～0.019	0	0	0.054～0.079	—	—	—	—
		TSP	—	—	—	—	0.040 6	0		0.135
3	甘孜	SO_2	未检出～0.012	0	0	～0.024	—	—	—	—
		NO_2	0.028～0.042	0	0	0.12～0.175	—	—	—	—
		TSP	—	—	—	—	0.010 6	0		0.035
4	巴塘	SO_2	未检出～0.027	0	0	～0.054	—	—	—	—
		NO_2	0.01～0.028	0	0	0.042～0.117	—	—	—	—
		TSP	—	—	—	—	0.094 8	0		0.316
5	白玉	SO_2	0.002～0.014	0	0	0.004～0.028	—	—	—	—
		NO_2	0.004～0.007	0	0	0.017～0.117	—	—	—	—
		TSP	—	—	—	—	0.014～0.048	0	0	0.05～0.16

3.3.4 土壤环境质量现状及评价

（1）监测点位位置

收集巴塘夏塞银多金属矿、白玉鑫源银多金属矿区的废石场和尾矿库选址处的土壤环境质量监测资料。

（2）监测评价因子

监测评价因子确定为 pH、Cd、Pb、Cr、Hg、As 共计 6 项。

（3）评价标准

执行《土壤环境质量标准》（GB 15618—1995）中的二级标准。

（4）监测评价结果

监测结果详见表 2-32，夏塞、鑫源两矿区废石场及尾矿库区域土壤环境质量现状良好，均达《土壤环境质量标准》一级标准。

表 2-32 土壤环境监测结果统计分析

试样名称	Cu	Pb	Zn	Cd	As	Ag	pH
夏塞废石场土壤	0.85	未检出	未检出	0.096	未检出	0.024	7.43
夏塞尾矿库土壤	1.18	21.5	0.26	0.165	未检出	0.018	7.16
鑫源废石场土壤	0.86	未检出	未检出	0.094	未检出	0.025	7.43
鑫源尾矿库土壤	1.19	22.3	0.25	0.168	未检出	0.017	7.14
《土壤环境质量标准》（GB 15618—1995）一级	≤35	≤35	≤100	≤0.20	≤15		
《土壤环境质量标准》（GB 15618—1995）三级	≤400	≤500	≤500	≤1.0	≤40		

3.4 环境敏感目标

据调查，规划区及其影响区域分布的环境敏感目标主要有自然保护区、风景名胜区、森林公园、文物保护单位、饮用水水源保护区等，结合研究课题及本规划的特点，重点对甘孜州的自然保护区及饮用水水源保护区进行了资料梳理和现场调查。

3.4.1 自然保护区

自然保护区是“地球物种基因库”。甘孜州境内金沙江、雅砻江、大渡河织就水网，山地、丘状高原、山原、高山峡谷兼备，高山湖泊、沼泽、草甸、流石滩、冰川众多。20 世纪 80 年代以来，该州统筹规划，陆续建成自然保护区 42 个，其中，国家级 4 个、省级 16 个、州级 7 个，见表 2-33。

表 2-33 甘孜藏族自治州自然保护区

序号	敏感区或对象	保护类型	级别	区位关系及影响
1	贡嘎山国家级自然保护区	森林生态系统、珍稀动物及现代冰川等自然景观	国家级	康定、泸定和石棉 3 县境内，面积 40 万 hm^2
2	察青松多白唇鹿国家级自然保护区	白唇鹿	国家级	白玉县，总面积达 143 682.6 hm^2
3	亚丁国家级自然保护区	高山山地生态系统及珍稀动植物	国家级	稻城县，总面积达 120 800 hm^2
4	海子山国家级自然保护区	白唇鹿、黑颈鹤、金雕等	国家级	稻城县、理塘县、巴塘县、乡城县 318 500 hm^2
5	四川省洛须自然保护区	白唇鹿、藏野驴等	省级	石渠县，面积 155 350 hm^2
6	四川金汤孔玉自然保护区	金丝猴、牛羚、金钱豹	省级	康定县，总面积 23 574 hm^2
7	四川省竹巴笼自然保护区	矮岩羊、金钱豹、雪豹	省级	理塘县、巴塘县，14 240 hm^2
8	四川省下拥自然保护区	野生动植物	省级	德荣县，总面积 23 693 hm^2
9	阿木拉野生动物自然保护区	白唇鹿	省级	德格县，面积 12 003 hm^2
10	莫斯卡省级自然保护区	白唇鹿、雪豹、玉带海雕	省级	丹巴县，总面积达 13 700 hm^2
11	甘孜州泰宁玉科省级自然保护区	森林植被、地形地貌	省级	甘孜州道孚县，总面积 387 300 hm^2
12	四川新路海自然保护区	白唇鹿、雪豹、黑颈鹤	省级	德格县，保护区总面积 2 381.5 hm^2
13	卡莎湖自然保护区	湿地鸟类及湿地生态环境	省级	甘孜州炉霍，保护区总面积 19 200 hm^2
14	四川省洪坝自然保护区	牛羚、豹、绿尾虹稚等	省级	九龙县，保护区面积 36 025 hm^2
15	长沙贡马自然保护区	白唇鹿、藏野驴、雪豹等	省级	石渠县，面积 669 800 hm^2
16	莫尔多山自然保护	亚高山针叶林及自然人文	省级	丹巴县，面积 62 103 hm^2
17	瓦灰山自然保护区	珍稀动植物及冰川	省级	九龙县，面积 84 300 hm^2
18	湾坝自然保护区	自然生态	省级	九龙县，面积 120 100 hm^2
19	火龙沟自然保护区	自然生态、野生动物	省级	白玉县，面积 140 600 hm^2
20	格西沟自然保护区	水鹿、黑麂、豹、金雕等	省级	雅江县，面积 22 896.8 hm^2
21	多普沟自然保护区	岩羊、盘羊、藏马鸡等	州级	德格县，面积 221 km^2
22	嘎金雪山自然保护区	小天鹅、雪豹等	州级	得荣县，面积 300 km^2
23	措普沟自然保护区	岩羊、雪豹等及生态环境	州级	巴塘县，面积 456 km^2
24	台站沟自然保护区	岩羊、雪豹等及生态环境	州级	道孚县，面积 181 km^2
25	玉科自然保护区	岩羊、雪豹等及生态环境	州级	道孚县，面积 1 021 km^2
26	色曲河自然保护区	高原珍稀鱼类	州级	色达县，面积 430 km^2
27	党岭自然保护区	综合类自然保护区	州级	丹巴县，面积 472 km^2

3.4.2 饮用水水源

甘孜州下辖18县，18个集中式饮用水水源地情况见表2-34。

表2-34 甘孜州集中式饮用水水源地

地点	饮用水水源所处位置	水源地类型	水环境功能类别
九龙县	九龙县磨子沟、八家铺子沟	地表水	Ⅰ类
雅江县	雅江县格西沟	地表水	Ⅰ类
新龙县	新龙县甲拉西沟	地表水	Ⅰ类
乡城县	乡城县冷龙沟	地表水	Ⅰ类
石渠县	石渠县尼嘎镇德吉西街（井水）	地下水	Ⅲ类
色达县	色达县色拉沟	地表水	Ⅰ类
炉霍县	炉霍县尖尖山沟	地表水	Ⅰ类
泸定县	泸定县羊圈沟	地表水	Ⅱ类
理塘县	理塘县夺曲河	地表水	Ⅰ类
康定县	康定县任家沟	地表水	Ⅰ类
甘孜县	甘孜县绒巴岔沟	地表水	Ⅰ类
德格县	德格县欧普龙沟	地表水	Ⅰ类
得荣县	得荣县冻谷沟	地表水	Ⅰ类
稻城县	稻城县贡巴沟	地表水	Ⅰ类
道孚县	道孚县道孚沟	地表水	Ⅰ类
丹巴县	丹巴县大马山沟	地表水	Ⅰ类
白玉县	白玉县磨房沟	地表水	Ⅰ类
巴塘县	巴塘县巴久曲河	地表水	Ⅰ类

3.5 主要环境问题及发展趋势分析

3.5.1 社会经济

甘孜州是一个以农牧业为主的少数民族自治州，工业基础十分薄弱，主要发展类别为水电、旅游及矿产，其中矿山资源开发还处在开采规模小、集约化程度低、生产技术落后的阶段，随着招商引资，目前“四矿一基地”（“四矿”指呷村银多金属矿、甲基卡锂辉矿、夏塞银多金属矿和丹巴铂镍矿；“一基地”即康定—泸定工业硅基地）建设进展顺利，矿产资源的开发结构将在一定程度上得到优化，在州内经济总量中的比重将逐步增加。

3.5.2 生态环境

甘孜州位于青藏高原东南缘，生物多样性较丰富。由于受藏民族文化的影响，客观上对甘孜州生态环境保护起了积极作用，甘孜州生态环境总体较好，但随着人口的迅速增长与人类活动的加剧，特别是矿山布局不合理、小规模开采、开采技术水平低、一矿多开等矿产资源开发活动，废矿石、尾矿随意堆存，未采取规范的污染防治措施及矿山生态环境保护措施，矿山废弃地植被恢复、复垦措施不到位，矿山恢复、治理和土地复垦率低，局部区域的植被破坏及水土流失较严重，产生次生地质灾害隐患，区域生物多样性受到了的一定影响。随着甘孜州矿产资源规划的进行，州内矿产资源的开发利用将随着规划的实施逐步规范，现已开发的布局不合理、不规范、规模小的矿山将得到整治，矿山废弃地受破坏植被可逐步得到恢复，生态环境和水土保持状况在一定程度上趋于改善。

3.5.3 环境质量

由于甘孜州工业发展较落后，区域内人口密度较小，区域的大气环境、地表水环境、地下水环境等环境质量总体上良好。随着规划的实施，较大规模的矿产资源开发项目将逐步替代小规模矿山开发现状，新建规划矿区的污染负荷会增大，但原受小矿山开发影响区的污染负荷将降低，同时，本规划的实施可推动州内城市污水处理厂、垃圾处理场等环保基础设施的建设，区域环境质量总体上可望趋于改善。

3.6 环境制约因素分析

3.6.1 环境敏感区域

甘孜州地处青藏高原东南缘，全州有自然保护区 42 个，本矿产资源分区可能涉及部分环境敏感区域，其相关的管理要求将制约本规划的实施；另外，规划矿区的生态环境现状较好，生物多样性较丰富，其开发区域内涉及的野生动植物（尤其受国家保护的珍稀野生动植物）的保护要求也将制约本规划的实施。

甘孜州矿产资源开发利用重点勘查区及鼓励开采区同甘孜州自然保护区的关系，见表 2-35、表 2-36 及图 2-6 和图 2-7。

表 2-35　甘孜藏族自治州自然保护区与矿产资源鼓励开发区之间的空间冲突

序号	鼓励开发区	涉及的自然保护区	重叠位置	重叠面积/km^2
1	G-1 德格—崩多铜矿鼓励开采区	新路海省级自然保护区	南部	15.3
		多普沟市级自然保护区	南部	74.2
		阿木拉县级自然保护区	中间大部	333.5
		扎日拥康自然保护区	北部	0.3
2	G-4 巴塘—茶洛多金属矿鼓励开采区	措普沟县级自然保护区	东北大部	45.9
3	G-7 道孚—菜子沟磁铁矿鼓励开采区	玉科省级自然保护区	西南一角	2.1
4	G-10 丹巴—色底云母矿鼓励开采区	莫斯卡省级自然保护区	南部	44.9
		台站沟县级自然保护区	东北角	8.9
5	G-12 康定—榆林宫温泉鼓励开采区	贡嘎山国家级自然保护区	北部	153.0
6	G-13 泸定—冷碛石灰岩矿鼓励开采区	二郎山国家级自然保护区	北部	20.4
7	G-14 泸定—磨西温泉鼓励开采区	贡嘎山国家级自然保护区	中部	259.6

表 2-36　甘孜藏族自治州自然保护区与矿产资源重点勘查区之间的空间冲突

序号	重点勘查区	涉及的自然保护区	重叠位置
1	ZK-4	新路海省级自然保护区	东部
2	ZK-7	卡沙湖省级自然保护区	南部一角
3	ZK-8	察青松多白唇鹿自然保护区	西部
		火龙沟省级自然保护区	东部
4	ZK-10	墨尔多山省级自然保护区	西部边
5	ZK-11	措普沟省级自然保护区	东南角
6	ZK-13	金汤孔玉自然保护区	南一角
7	ZK-18	瓦灰山自然保护区	南部一角

3.6.2 地表水环境

矿产资源规划分区涉及的地表水多为金沙江、雅砻江及大渡河上游水源地，地表水水域功能多划分为Ⅰ、Ⅱ类功能区，按Ⅰ类、Ⅱ类水域禁止新增排污口的管理要求，矿产资源开发利用的规模及废水处理方案等将受到一定的制约。

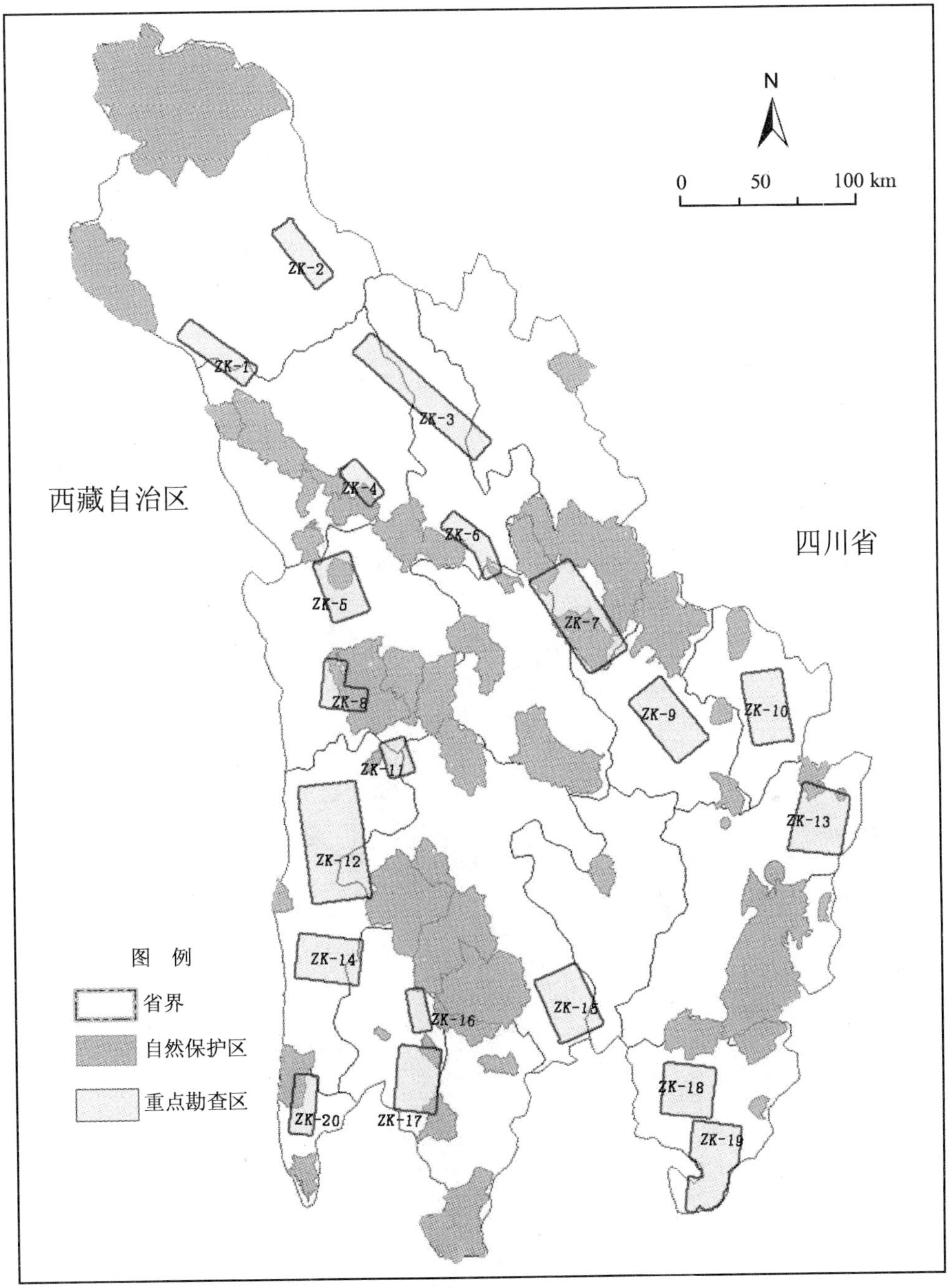

图 2-6　重点勘查区与自然保护区关系

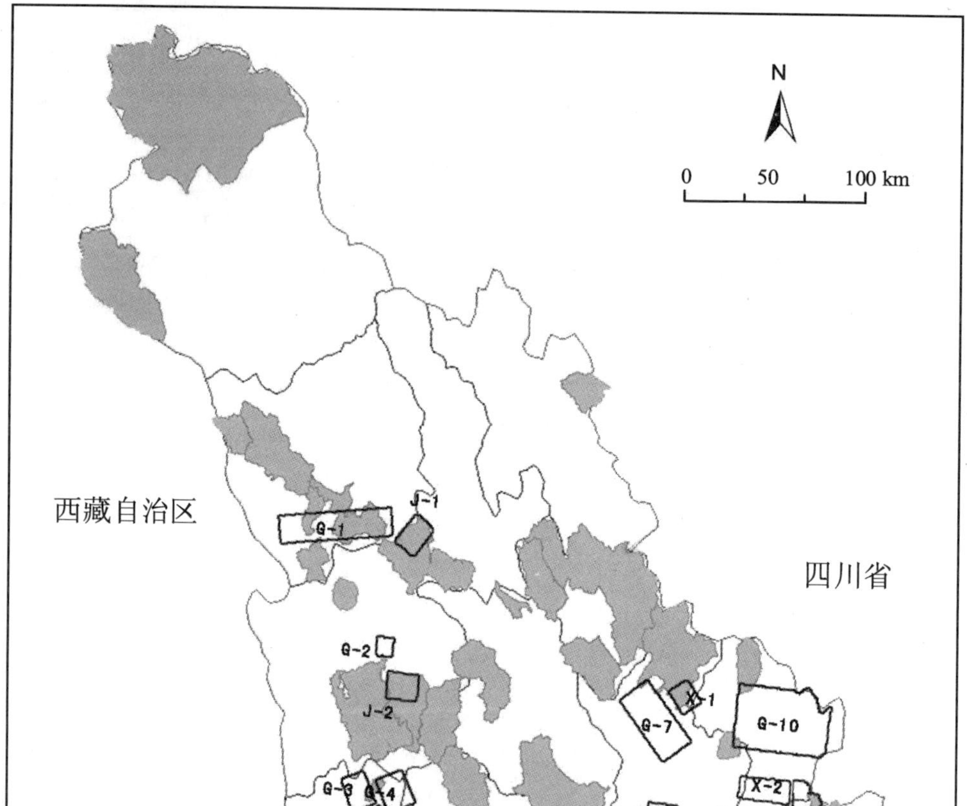

图 2-7 甘孜州矿产资源开发利用与自然保护区关系

4 环境影响识别与评价指标体系

4.1 环境影响评价时段识别

矿产资源开发产生的环境影响来源于工程建设期和工程运营期（矿山开采还包括工程全部资源开采完毕后5年）两个时段。

施工期对环境要素和因子的影响具有短期、可逆的特点，且恢复措施技术成熟、效果明确，可依靠单项建设工程环评作出准确评价，并制定和实施环保措施对不良影响予以减免，故施工期环境影响不作为本次规划环评的评价内容。

因此，本规划环境影响评价时段定为营运期，其环境影响具有累积性、长期性、不可逆性的特点。

4.2 环境影响识别

4.2.1 主要环境影响特点分析

4.2.1.1 *矿产资源调查及勘查*

（1）矿产资源调查：即找矿。一般采用物理仪器探测地下的矿床分布，因此虽然甘孜州矿产资源调查远景区面积较大，但对环境的累积影响很小。因此，该部分规划内容不作为本次规划环评的评价内容。

（2）矿产资源勘查：主要通过钻探、槽探、坑探等活动采集矿石进行化验分析，确定矿产的品级。矿产资源勘查环境影响主要来自废土石的处置及勘探范围的植被损失。由于勘查区内探点分散，累积环境影响较小。

4.2.1.2 *矿区采矿与选矿*

矿区一般由开采场地（露天开采场地或地下开采场地）、采矿工业场地、选矿工业场地、尾矿库、废石场等几大部分组成，各场地之间一般通过公路或皮带输送机连接。

（1）露天开采场地：爆破、开挖等活动改变地形地貌、扰动地表土层、破坏森林植被、引发边坡失稳、新增水土流失、造成滑坡等地质灾害。

（2）地下开采场地：引发地面塌陷、地下水位线下降、地形地貌改变、植被破坏、景观破坏及动植物生境条件改变。

（3）采矿工业场地：布置设施一般有矿石粗碎、维修车间、办公室、食堂及浴室等。除占用土地资源外，主要产生"三废"。

（4）选矿工业场地：布置设施一般有卸矿、破碎、筛分、药剂库、浓密机、精矿过滤等车间以及锅炉房、综合仓库、综合维修车间、汽车库及保养等生产设施，还有选矿办公室（含化验）、食堂及浴室、宿舍等行政及生活设施。除占用土地资源外，主要产生"三废"。

（5）尾矿库：一般选矿后仍有许多元素留在尾矿中，尾矿是未来综合利用的原料，尾矿中留有的元素可能有毒或是具有放射性，危害较大，必须做到尾矿废水不外流，确保尾矿库安全；否则将污染地表水、地下水、土壤，对生物多样性带来不利影响，甚至危及人类。

（6）废石场：废石作为一松散堆积体，在不采取措施的前提下易受雨水冲刷影响，渣体可能发生崩塌，甚至发生泥石流等流失形式。

4.2.1.3 工业园区、有色工业基地的冶炼、加工

金属冶炼、加工过程中不可避免产生废气、废污水、废渣。

（1）废气：烟尘、粉尘、SO_2、Pb 尘、As 尘等。

（2）废污水：循环冷却水，一般不排放；生产废水，含有毒有害元素，经废水处理厂处理后一般回用于冲渣或转变为无害气体，不能排放；生活污水不含有毒有害元素，处理工艺成熟、处理难度较小。由于金属冶炼、加工过程中生产废水含有有毒有害元素，因此需重视环境风险防范工作。

（3）废渣：冶炼加工产生的废渣种类主要有工艺渣、收尘系统收下的烟尘、烟化炉水淬渣、脱硫渣、污水处理厂产生的处理渣和造气炉渣等。上述废渣有些可以返回生产系统利用，有些可以外售利用，但有些由于还有有毒有害元素需要妥善处置，不能外排。

（4）噪声：生产系统噪声源有除尘系统风机、冷却塔塔风机、鼓（引）风机、罗茨鼓风机等，均可采取隔声和消声等办法，以减轻设备噪声对外部环境的影响。

4.2.1.4 产品运输

新建道路在建设中可能产生损坏植被、新增水土流失等生态问题；道路建成营运后产生路面扬尘，汽车尾气和交通噪声，也可能阻隔物种交流，降低生物多

样性。

4.2.1.5 矿区生态环境治理

矿区生态环境治理主要针对闭坑矿山进行土地复垦和植被恢复，对新建和现有矿山进行“三废”处理，对新建和现有及闭坑矿山进行地质灾害防治工程。

上述活动对生态环境影响利大于弊，因此该部分规划内容不作为本次规划环评的重点评价内容。

4.2.2 环境影响评价内容确定

根据对甘孜州矿产资源开发总体规划的主要环境影响特点分析，确定了本次环境影响规划的评价内容为开发利用与保护规划，见表 2-37。

4.2.3 环境影响评价因子筛选

在环境现状、区域相关规划初步调查基础上，根据本规划环境影响特点分析，采用矩阵法从环境影响因子和规划方案（规划布局、开发利用调控方向）两方面进行环境影响评价因子筛选，详见表 2-38。

表 2-37 规划方案主要环境影响特点分析统计

规划内容		工程活动		主要环境影响初步分析	评价重点筛分
矿产资源勘查规划	矿产调查	找矿	一般采用物理仪器探测地下的矿床分布	环境影响极小	不作为本次规划环评的评价内容
	勘查区	探矿	钻探、槽探、坑探等活动	探点分散，累积影响较小，主要注意废土石的处置及勘探范围的植被恢复	制约因素分析
开发利用与保护规划	矿区（开采区）	采矿、选矿	露天采场	改变地形地貌、扰动地表土层、破坏森林植被、引发边坡失稳、新增水土流失、造成滑坡等地质灾害，或局部伴生放射性矿物等影响	作为本次规划环评的重点评价内容
			地下采场	引发地面塌陷、地下水位线下降、地形地貌改变、植被破坏、景观破坏及动植物生境条件改变	
			采矿、选矿工业场地	主要产生废水、废污水、废气、噪声、固废	

规划内容		工程活动		主要环境影响初步分析	评价重点筛分
开发利用与保护规划	矿区（开采区）	采矿、选矿	尾矿库	对地表水、地下水、土壤产生污染等环境风险，或局部伴生放射性矿物等影响，以及泥石流等地质灾害，对生物多样性带来不利影响，危及动植物，甚至人类	作为本次规划环评的重点评价内容
			废石场	产生水土流失、发生崩塌、甚至发生泥石流等地质灾害	
	工业园区、有色工业基地	冶炼、加工	炼前处理、粗炼、精炼、电解、循环冷却系统，废气、废水、废渣处理设施等	废污水、废气、噪声、固废，污染事故风险较大	
	运输	公路修建	开挖、填筑、弃渣	占用土地资源，生境阻隔	
矿山生态环境保护与恢复治理规划	生态环境治理	闭坑矿山	土地复垦、植被恢复	对生态环境利大于弊	不作为本次规划环评的重点评价内容
		新建、现有矿山	三废处理		
		新建、现有、闭坑矿山	地质灾害防治		

表 2-38　环境影响评价因子筛选

主题	要素	因子	规划布局			开发利用调控方向				重点评价要素
			勘查分区	开发分区	开采分区	总量调控	产品结构	技术结构	规模结构	
生态环境	敏感区域	结构	○	●	●					★
		功能	○	●	●					
		保护对象	○	●	●					
	生物多样性	景观生态体系弹性度	○	●	●	●			○	★
		生境改变	○	●	●	●		○	○	
		物种、遗传多样性	○	●	●	●		○	○	
		生物多样性风险		●	●			●	●	

主题	要素	因子	规划布局			开发利用调控方向				重点评价要素
			勘查分区	开发分区	开采分区	总量调控	产品结构	技术结构	规模结构	
其他环境要素	社会环境	基础设施建设		●	●	●				
		相关产业发展	○	●		●	●	○		
		产业结构		●			●	○		★
		生产力布局		●	●				●	
		就业机会	○	●		●	●	○		
	水环境	地表水环境		●	●	●	●	○	○	★
		地下水环境		●	●	●		○	○	
	大气环境	环境空气质量		○	○	○	○	○	○	
	声环境	噪声	○	○	○	○	○	○	○	
	环境风险	地质灾害		●	●			●	●	★
资源-环境承载力	资源承载力	水资源		●	●	●	●	○	●	
		土地资源		●	●	●			●	
		林业及物种资源		●	●	●				★
		能源资源		●	●	●				
		旅游资源		●	●	●			●	
		矿产资源		●	●	●		●	●	
	环境承载力	水环境		●	●	●	●		●	
		大气环境		●	●	●	●			★
		土壤环境		●	●	●	○		●	

注：● 表示不利影响相对较大且难以防治，或有利影响相对较大；○ 表示不利影响相对较大但容易防治，或不利影响相对较小且容易防治；★ 表示重点评价要素。

4.3 评价指标体系

根据《规划环境影响评价技术导则（试行）》（HJ/T 130—2003），结合区域环境特点及矿产资源开发利用环境影响特点，在环境现状调查初步分析、环境影响识别与评价因子筛选的基础上，建立本次规划环境影响评价的指标体系。

表 2-39 环境影响评价指标体系

主题	要素		指标
生态环境	敏感区域		占用敏感区的面积（km^2）及比例（%）
			规划区距离敏感区核心区的距离（km）
	生物多样性		景观生态系统多样性［生产力 g/（m^2•a）、景观优势度%］变化
			栖息地的损害、影响面积与程度
			珍稀保护动植物分布、种类及数量变化
	生态环境风险		外来生物入侵和影响生态安全可能性
其他环境要素	社会环境		矿业经济总产值（亿元）、矿业产值在 GDP 的比重
			交通、能源、通讯等基础设施及相关产业的发展
			全州产业结构、生产力布局、就业机会的变化
			民族结构、民族关系、民族文化、宗教信仰及宗教设施
	水环境		地表水质量等级、饮用水水源地影响、地下水水位
	大气环境		大气环境质量等级
	声环境		噪声值［dB（A）］、声环境质量等级
	地质环境		泥石流、地面塌陷等地质灾害发生可能性
资源-环境承载力	资源要素	水资源	人均水资源
			水资源利用
		土地资源	人均耕地
			人均粮食产量
		林业及物种资源	人均森林拥有量
			森林覆盖率
		能源资源	新增装机
			总装机占全省比例
		旅游资源	旅游收入
			客流量
		矿产资源	矿产储量
			开采量
	环境要素	水环境	水环境容量
			选矿废水达标率
		大气环境	大气环境容量
			SO_2 排放总量
		土壤环境	土壤侵蚀强度
			工业废物消纳能力

4.4 评价方法

根据本规划涉及的主要环境因素特性，以及影响源和作用因素之间的相互联系，综合分析确定各环境因子的预测和评价方法（表 2-40）。

表 2-40 甘孜州矿产资源总体规划环境影响预测与评价方法

评价内容		评价方法
生态环境	敏感区域	坐标对照法、叠图法、区位关系法、专业判断法、生态机理分析法等
	生物多样性	统计法、类比分析法、生态机理分析法、公式计算法等
资源-环境承载力		叠图法、类比法、AHP 法、调查分析法、专家咨询法、综合指数计算等
其他环境要素	社会环境	统计法、类比分析法、政策评估法等
	水、气、声环境	叠图法、类比分析法、比较分析法、近理想状态法、专家咨询法、资料分析法等
	地质环境影响分析	地质专业分析法、类比法、生态机理分析法等
规划环境合理性综合论证分析	规划目标与环境目标符合性评价	矩阵法
	规划布局环境合理性分析	叠图法、区位关系法、政策评估法、专家咨询等
	开发利用总量调控环境合理性分析	压力度法
	结构调整环境合理性分析	对比法、矩阵法
	规划方案缺陷分析及规划优化调整建议	核查表法、矩阵法
	各方案环境影响综合比较分析	指标体系法

5 生物多样性影响及风险分析

5.1 生物多样性影响分析

5.1.1 景观生态体系弹性度变化分析

5.1.1.1 对景观生态体系恢复稳定性的影响

甘孜州地区植被覆盖率较高，从平均生物量上看，甘孜州生物量的分布具有以下特点：

平均生物量小于 10 t/hm^2、平均生物量在 10～50 t/hm^2 的植被类型所占面积最大，约占全州面积的 90%。其中，平均生物量小于 10 t/hm^2 的植被面积约占全州面积的 40%，斑块主要分布在石渠、德格、白玉、甘孜、色达等县，并且斑块分布连续性较强。平均生物量为 10～50 t/hm^2 的植被类型主要分布在甘孜州的中部及南部，主要分布在白玉、甘孜及护霍以南地区。

平均生物量最大，超过 150 t/hm^2 的植被类型呈零星分布状态，斑块破碎化程度较大，每个县城均有分布，以甘孜州中部、西南部地区斑块密度相对较大；在西北边界地区则呈带状斑块分布。无植被地段面积最小，零星分布在德格、巴塘、康定等县，斑块呈不规则形状分布。

根据《四川省甘孜藏族自治州矿产资源总体规划（2005—2010）》，甘孜州将规划形成 16 个鼓励开采区（总面积 7 561.9 km^2）和 4 个限制开采区（总面积 1 220.2 km^2）。采用叠图法进行分析（附图 3），可以得到开采区所涉及的生物量的面积和比例，具体详见表 2-41。

表 2-41 甘孜州矿产资源总体规划分区与甘孜州生物量关系

涉及区域平均生物量	限制开采区				鼓励开采区			
	面积/km^2	比例/%	生物量/t	比例/%	面积/km^2	比例/%	生物量/t	比例/%
0	11.50	0.9	0.00	0.00	76.65	1.0	0.00	0.00
平均生物量＜10 t/hm^2	269.87	22.1	2.70×10^5	6.50	2 145.36	28.37	2.15×10^6	5.68
10 t/hm^2＜平均生物量＜50 t/hm^2	826.01	67.7	2.48×10^6	59.70	3 246.42	42.93	9.74×10^6	25.77
50 t/hm^2＜平均生物量＜100 t/hm^2	25.25	2.1	1.89×10^5	4.56	283.08	3.74	2.12×10^6	5.62
100 t/hm^2＜平均生物量＜150 t/hm^2	39.91	3.3	4.99×10^5	12.02	1 350.92	17.86	1.69×10^7	44.69
平均生物量＞150 t/hm^2	47.67	3.9	7.15×10^5	17.23	459.48	6.08	6.89×10^6	18.24
合　计	1 220.20	100.0	4.15×10^6	100.00	7 561.90	100.00	3.78×10^7	100.00
总　计	涉及区域总生物量/t				4.19×10^7			
	甘孜州总生物量/t				6.38×10^8			
	占甘孜州总生物量的比例/%				6.56			

由表 2-41 分析可知，从面积看，限制开采区总面积为 1 220.20 km^2，其中平均生物量在 10～50 t/hm^2 的面积有 826.01 km^2，占限制开采区总面积的 67.7%；受影响的生物量为 2.48×10^6 t，占限制开采区影响总生物量的 59.70%。

鼓励开采区总面积 7 561.0 km^2，平均生物量在 10～50 t/hm^2 的面积达 3 246.42 km^2，占总面积的 42.93%，受影响的生物量为 9.74×10^6 t，占鼓励开采区总生物量的 25.77%。值得注意的是，鼓励开采区中平均生物量在 100～150 t/hm^2 的面积达 1 350.92 km^2，仅占总面积的 17.86%，但受影响的生物量占总生物量的 44.69%。究其原因，主要由于鼓励开采区中的 G11（康定—棒塔铅锌矿鼓励开采区）中有 339.3 km^2 的区域内平均生物量在 100～150 t/hm^2，占 1 350.92 km^2 的 25% 以上，因此建议将 G11 划定为限制开采区。

以上分析可知，矿产开采区主要涉及区域的平均生物量较小，在 10～50 t/hm^2；受影响的总生物量为 4.19×10^7 t，甘孜州总生物量 6.38×10^8 t，占甘孜州总生物量的 6.56%，比重较小；因此矿产规划对甘孜州景观生态体系恢复稳定性影响很小。

5.1.1.2 对景观生态体系阻抗稳定性的影响

（1）预测方法

本报告采用景观优势度公式计算甘孜州矿产资源开发利用总体规划对甘孜州

景观生态体系阻抗稳定性的影响。采用景观优势度公式如下：

密度 R_d = 拼块 i 的数目/拼块总数×100%

频率 R_f = 拼块 i 出现的样方数/总样方数×100%

景观比例 L_p = 拼块 i 的面积/样地总面积×100%

优势度值 D_O = [（R_d+ R_f）/2+ L_p]/2×100%

（2）预测结果

甘孜州 2005 年以及规划实施后的 2010 年末、2020 年末主要景观生态类型相关数据的变化情况详见表 2-42。

表 2-42 2005—2020 年甘孜州各景观生态类型相关数值

2005 年						
景观生态类型	斑块总数	面积/km²	R_d/%	R_f/%	L_p/%	D_O/%
阔叶林	23	14 273.4	9.87	36.11	9.35	16.17
针叶林	73	18 292.8	31.33	65.28	11.99	30.14
灌木丛	70	41 167.2	30.04	88.89	26.97	43.22
草甸	19	57 687.6	8.15	97.22	37.80	45.24
泥石滩植被	39	8 856.9	16.74	56.94	5.80	21.32
沼泽植被	1	1 461.0	0.43	1.39	0.96	0.93
人工植被	3	4 112.0	1.29	9.72	2.69	4.10
无植被区	5	6 778.2	2.15	18.06	4.44	7.27
合计	233	152 629	100		100	
2010 年						
景观生态类型	斑块总数	面积/km²	R_d/%	R_f/%	L_p/%	D_O/%
阔叶林	23	14 273.4	9.54	36.11	9.35	16.09
针叶林	74	18 192.7	30.71	65.28	11.92	29.96
灌木丛	71	40 936.0	29.46	88.89	26.82	43.00
草甸	21	57 323.5	8.71	97.22	37.56	45.26
泥石滩植被	40	8 758.6	16.60	56.94	5.74	21.25
沼泽植被	1	1 427.8	0.41	1.39	0.94	0.92
人工植被	7	4 938.9	2.90	19.44	3.24	7.21
无植被区	4	6 778.2	1.66	18.06	4.44	7.15
合计	241	152 629	100		100.0	

2020年						
景观生态类型	斑块总数	面积/km²	R_d/%	R_f/%	L_p/%	D_O/%
阔叶林	21	14 153.2	7.87	37.50	9.27	15.98
针叶林	76	17 720.6	28.46	65.28	11.61	29.24
灌木丛	77	40 217.6	28.84	88.89	26.35	42.61
草甸	25	52 404.8	9.36	97.22	34.33	43.81
泥石滩植被	41	7 584.6	15.36	56.94	4.97	20.56
沼泽植被	1	1 394.7	0.37	1.39	0.91	0.90
人工植被	22	12 819.5	8.24	33.33	8.40	14.59
无植被区	4	6 333.9	1.50	18.06	4.15	6.96
合计	267	152 629	100		100	

根据表2-42可以得到2005年以及本规划实施后的2010年、2020年甘孜州各景观生态类型景观密度（R_d）、景观频率（R_f）、景观比例（L_p）、景观优势度（D_O）的数值变化。

Ⅰ 景观密度（R_d）

景观密度（R_d）反映出此种景观类型的斑块数占总斑块数的大小情况。从表2-43数据可知，2005年甘孜州各景观生态类型中R_d最大的为针叶林和灌木丛，说明这两种景观生态类型的斑块数量最多；规划实施后的2010年与2020年针叶林和灌木丛的R_d值有所减少，但幅度较少，而草甸与人工植被的R_d值较2005年有所增加，这说明该规划实施后甘孜州的针叶林和灌木丛斑块数量减少，而草甸与工植被的斑块数增加，但并没有改变针叶林和灌木丛的景观密度最大的现状。

表2-43 2005—2020年甘孜州各景观生态类型景观密度的数值变化 单位：%

	2005年	2010年		2020年	
景观生态类型	景观密度	2010年	与2005年相比	2020年	与2005年相比
阔叶林	9.87	9.54	−0.33	7.87	−2.01
针叶林	31.33	30.71	−0.63	28.46	−2.87
灌木丛	30.04	29.46	−0.58	28.84	−1.20
草甸	8.15	8.71	0.56	9.36	1.21
泥石滩植被	16.74	16.60	−0.14	15.36	−1.38
沼泽植被	0.43	0.41	−0.01	0.37	−0.05
人工植被	1.29	2.90	1.62	8.24	6.95
无植被区	2.15	1.66	−0.49	1.50	−0.65

Ⅱ 景观频率（R_f）

景观频率反映出该种景观类型出现的样方数占总样方数的比例大小。从表 2-44 的数据可知，2005 年甘孜州各景观生态类型中景观频率最高的为草甸，R_f 值为 97.22%；其次为灌木丛，R_f 值为 88.89%；说明这两种景观类型分布最广。

规划实施后的 2010 年与 2020 年，各景观类型中除人工植被的 R_f 分别较 2005 年增加 9.72%和 23.61%外，其余各景观类型的 R_f 基本不变，说明规划实施将明显增加人工植被的景观频率，但景观频率最大的仍为草甸，其次仍为灌木丛。

表 2-44　2005—2020 年甘孜州各景观生态类型景观频率的数值变化　单位：%

	2005 年	2010 年		2020 年	
景观生态类型	景观频率	2010 年	与 2005 年相比	2020 年	与 2005 年相比
阔叶林	36.11	36.11	0.00	37.50	1.39
针叶林	65.28	65.28	0.00	65.28	0.00
灌木丛	88.89	88.89	0.00	88.89	0.00
草甸	97.22	97.22	0.00	97.22	0.00
泥石滩植被	56.94	56.94	0.00	56.94	0.00
沼泽植被	1.39	1.39	0.00	1.39	0.00
人工植被	9.72	19.44	9.72	33.33	23.61
无植被区	18.06	18.06	0.00	18.06	0.00

Ⅲ 景观比例（L_p）

景观比例反映该景观类型的面积占总面积的比例大小。从表 2-45 的数据可知，2005 年甘孜州各景观生态类型中 L_p 最大的为草甸，L_p 值为 37.80%；其次为灌木丛，L_p 值为 26.97%；说明这两种景观类型的面积最大。

规划实施后的 2010 年与 2020 年，草甸的 L_p 值减小到 37.56%与 34.33%，同时人工植被的 L_p 值增加明显，从 2005 年的 2.69%上升到 3.24%和 8.40%，其余各景观类型的 L_p 值变化不大，说明规划实施后人工植被面积虽增加明显，但草甸仍是面积最大的景观类型，其次仍为灌木丛。

Ⅳ 景观优势度（D_O）

景观优势度是反映各景观生态类型的综合指标。从表 2-46 数据可知，2005 年甘孜州主要的景观生态类型中草甸的 D_O 值最大，为 45.24%，其次为灌木丛，达 43.22%，接着是针叶林，为 30.14%，说明草甸和灌木丛的景观优势度较高，明显高于其他拼块类型，是该区域生态环境质量的控制性组分。

表 2-45 2005—2020 年甘孜州各景观生态类型景观比例的数值变化 单位：%

景观生态类型	2005 年	2010 年		2020 年	
	景观比例	2010 年	与 2005 年相比	2020 年	与 2005 年相比
阔叶林	9.35	9.35	0.00	9.27	−0.08
针叶林	11.99	11.92	−0.07	11.61	−0.37
灌木丛	26.97	26.82	−0.15	26.35	−0.62
草甸	37.80	37.56	−0.24	34.33	−3.46
泥石滩植被	5.80	5.74	−0.06	4.97	−0.83
沼泽植被	0.96	0.94	−0.02	0.91	−0.04
人工植被	2.69	3.24	0.54	8.40	5.71
无植被区	4.44	4.44	0.00	4.15	−0.29

在规划实施后的 2010 年，草甸和灌木丛等自然景观优势度有所下降，但幅度不大；而人工植被的景观优势度增加了 3.11%；从 2020 年各景观生态类型景观优势度的变化数值看，人工植被的景观优势度较 2005 年增加了 7.39%，增加明显，而草甸的景观优势度从 2005 年的 45.24%减少到 43.81%，下降了 1.45%，降幅较小。分析其原因，主要是由于矿区开发利用时将会侵占原有自然植被，后期为植被恢复又将栽种大量的人工植被的缘故。

从以上分析来看，规划实施后草甸、灌木丛、针叶林、阔叶林的面积将减少，从而导致景观优势度下降，但是 2020 年甘孜州的草甸和灌木丛的景观优势度仍有 43.81%与 42.61%，说明甘孜州的景观生态类型以草甸和灌木丛为主的总体特征没有发生变化，对整个具有动态控制能力的植被组分影响较小，对自身的异质化程度影响不大。因此，总体而言本规划实施对甘孜州的景观体系影响不大。

表 2-46 2005—2020 年甘孜州景观生态类型景观优势度的数值变化 单位：%

景观生态类型	2005 年	2010 年		2020 年	
	景观优势度	2010 年	与 2005 年相比	2020 年	与 2005 年相比
阔叶林	16.17	16.09	−0.08	15.98	−0.11
针叶林	30.14	29.96	−0.19	29.24	−0.71
灌木丛	43.22	43.00	−0.22	42.61	−0.39
草甸	45.24	45.26	0.02	43.81	−1.45
泥石滩植被	21.32	21.25	−0.07	20.56	−0.70
沼泽植被	0.93	0.92	−0.01	0.90	−0.02
人工植被	4.10	7.21	3.11	14.59	7.39
无植被区	7.27	7.15	−0.12	6.96	−0.19

5.1.2 对栖息地影响分析

（1）对栖息地的占用影响

矿山地下开采区一般因地下采空造成上部岩土体失去顶托支撑引起崩滑、沉陷，导致发生地表塌陷。矿山开发建设期内沉陷面积随规划建设项目的实施不断增加，沉陷不稳定面积也随之增加，沉陷最严重时段是在各矿井全部建成投产后进入均衡生产期。均衡生产期结束，随着资源开采殆尽，矿山进入衰退期后，总开采规模随时间的推移而减小，新增沉陷不稳定面积也不断减小，衰退期地表沉陷对环境的影响范围进一步减小。全部资源开采完毕后一般 5 年时间矿山所有沉陷区域沉陷将稳定，对地表损害影响因素也将逐渐消失。受地表塌陷的影响，地表变形也可能会诱发滑坡、地表裂缝和陡峭山体出现崩塌等，改变开采区局部区域地表形态，减少动植物的栖息地面积。

露天开采占用土地将引起地形、地貌改变，若开采边坡处理措施不当，边坡失稳，可能引发水土流失、滑坡、泥石流等自然灾害的发生，从而导致景观破坏、植被损失及动植物生境条件改变。

各建设项目工业场地、辅助附属设施场地、行政文教、公共设施等需对占用场地进行挖填、平整、建设等，会对占地范围内的局部微地貌类型产生影响，改变占用土地利用类型。但呈斑块状分散在整个规划区内，对整个规划区域而言幅度很小，场地建设对区域地形地貌的影响轻微。

废石、尾矿堆积，占用大量土地，改变土地利用方式、减少动植物生境。

（2）对栖息地的污染影响

矿区总体规划项目建设与运行产生的粉尘以及运输车辆行驶时激起的尘土等，对工业场地周边、运输线两边的农作物和林草产生影响，主要影响表现为农作物减产、林草生长缓慢。一般大风天气，粉尘、扬尘对污染源附近 200 m 的植物资源产生不良影响。因此，矿区开发过程中，应采取科学合理的粉尘、扬尘污染防治措施，减缓规划项目实施粉尘、扬尘对环境的影响。

由于矿区一般距离人口密集区较远，所在地区生态环境质量较好，物种丰富，选矿废水以及尾矿库渗水处理不当会污染地表水、污染土壤，危及动植物的生存空间。

（3）对关键栖息地的影响分析

根据区位关系分析可知，鼓励开采区与全州境内 10 个自然保护区发生重叠，共计面积 958.1 km^2。甘孜州矿产资源开发利用总体规划涉及的自然保护区中珍稀动植物丰富，开发活动应避免对自然保护区结构及其功能的影响。

（4）对重要栖息地的影响分析

详见 7.1.1 节中的林业及物种资源部分。

5.1.3 对陆生植物的影响

根据甘孜州物种多样性情况调查结果及《四川省甘孜藏族自治州矿产资源总体规划（2005—2010）》，规划的鼓励开采区、限制开采区与禁止开采区内共有植物 33 种，其中属于国家一级和二级保护植物的有 7 种，分别为独叶草（*Kingdonia uniflora*）、金铁锁（*Psammosilene tunicoides*）、连香树（*Cercidiphyllum japonicum*）、西康玉兰（*Magnolia wilsonii*）、香果树（*Emmenopterys henryi*）、扇蕨（*Neocheiropteris palmatopedata*）及水青树（*Tetracentron sinense*）。涉及以上国家级保护植物的各开采区详见表 2-47。

表 2-47　鼓励开采区、限制开采区和禁止开采区内国家级保护珍稀植物情况

物种名称	保护级别	编号	规划矿区名称	分布面积百分比/%
独叶草	Ⅰ	G-11	康定—棒塔铅锌矿鼓励开采区	1.74
	Ⅰ	G-13	泸定—冷碛石灰岩鼓励开采区	9.41
	Ⅰ	G-14	泸定—摩西温泉鼓励开采区	29.05
	Ⅰ	X-3	康定—大渡河金矿限制开采区	46.77
金铁锁	Ⅱ	G-16	九龙—里伍铜矿鼓励开采区	0.88
	Ⅱ	G-3	巴塘—夏塞银多金属矿鼓励开采区	66.67
	Ⅱ	G-6	巴塘—拉哇石灰岩矿鼓励开采区	5.88
连香树	Ⅱ	G-11	康定—棒塔铅锌矿鼓励开采区	17.12
	Ⅱ	G-13	泸定—冷碛石灰岩鼓励开采区	81.53
	Ⅱ	G-14	泸定—摩西温泉鼓励开采区	22.95
	Ⅱ	G-15	九龙—湾坝铅锌矿鼓励开采区	26.83
	Ⅱ	G-16	九龙—里伍铜矿鼓励开采区	10.35
	Ⅱ	X-3	康定—大渡河金矿限制开采区	33.87
扇蕨	Ⅱ	G-15	九龙—湾坝铅锌矿鼓励开采区	26.83
	Ⅱ	G-16	九龙—里伍铜矿鼓励开采区	10.35
水青树	Ⅱ	G-11	康定—棒塔铅锌矿鼓励开采区	1.74
	Ⅱ	G-13	泸定—冷碛石灰岩鼓励开采区	34.15
	Ⅱ	G-14	泸定—摩西温泉鼓励开采区	6.95
	Ⅱ	X-3	康定—大渡河金矿限制开采区	11.29
西康玉兰	Ⅱ	G-11	康定—棒塔铅锌矿鼓励开采区	31.27
	Ⅱ	G-12	康定—榆林宫温泉鼓励开采区	8.47
	Ⅱ	X-3	康定—大渡河金矿限制开采区	9.68
香果树	Ⅱ	G-11	康定—棒塔铅锌矿鼓励开采区	1.24
	Ⅱ	G-13	泸定—冷碛石灰岩鼓励开采区	16.38
	Ⅱ	G-14	泸定—摩西温泉鼓励开采区	0.42

从统计可知鼓励开采区、限制开采区和禁止开采区涉及的 7 种国家级保护植物主要分布在巴塘、康定、泸定、九龙地区。这些植物均为广布种和常见种，尽管项目建设会使原有植被遭到局部损失，但不会造成某一植物种的消失。

而从表 2-47 看出，在各区分布面积大于 50%的有：金铁锁在 G-3 区内分布面积为 66.67%；连香树在 G-13 区的分布面积达到 81.53%。在开采过程中，要注意对以上植物的保护。

5.1.4 对陆生动物的影响

（1）两栖动物

根据甘孜州物种多样性情况调查结果及《四川省甘孜藏族自治州矿产资源总体规划（2005—2010）》和《国家重点保护野生动物名录》，规划的鼓励开采区、限制开采区和禁止开采区内共有两栖动物 27 种，其中属于国家级保护动物的有大凉疣螈（*Tylototriton taliangensis*）1 种，主要分布于九龙地区，且分布面积都大于 50%，详见表 2-48。

表 2-48 鼓励开采区、限制开采区和禁止开采区内国家级保护两栖动物情况

物种名称	保护级别	编号	规划矿区名称	分布面积百分比/%
大凉疣螈	Ⅱ	G-15	九龙—湾坝铅锌矿鼓励开采区	61.46
	Ⅱ	G-16	九龙—里伍铜矿鼓励开采区	53.51

两栖动物迁徙能力较弱、对环境的依赖性较强，以溪流和湿润的沼泽或池塘附近区域为主要的生活环境。甘孜州矿产资源总体规划的实施将侵占两栖动物的部分生境，同时矿产开采中的尾矿、选矿厂、冶炼厂产生的废水，粉尘等进入土壤与水体会引起两栖动物的死亡。从表 2-48 可知，大凉疣螈在 G-15 和 G-16 区内的分布均大于 50%，需要在规划的开采开发中注意对其的保护。

（2）鸟类

根据甘孜州物种多样性情况调查结果及《四川省甘孜藏族自治州矿产资源总体规划（2005—2010）》和《国家重点保护野生动物名录》，规划的鼓励开采区、限制开采区和禁止开采区内共有鸟类 61 种，其中属于国家一级和二级保护鸟类的有斑尾榛鸡（*Tetrastes sewerzowi*）、金雕（*Aquila chrysaetos*）、雉鹑（*Tetraophasis obscurus*）、中华秋沙鸭（*Mergus squamatus*）、白马鸡（*Crossoptilon crossoptilon*）、红隼（*Falco tinnunculus*）、灰背隼（*Falco columbarius*）、血雉（*Ithaginis cruentus*）等共 23 种。以上国家级珍稀保护鸟类在各开采区内分布面积在 50%以上的有 18 种，涉及的开采区详见表 2-49。

表 2-49　鼓励开采区、限制开采区和禁止开采区内国家级保护鸟类情况

物种名称	保护级别	编号	规划矿区名称	分布面积百分比/%
斑尾榛鸡	I	G-11	康定—棒塔铅锌矿鼓励开采区	58.56
		G-12	康定—榆林宫温泉鼓励开采区	54.66
		G-15	九龙—湾坝铅锌矿鼓励开采区	65.85
		G-16	九龙—里伍铜矿鼓励开采区	64.04
		G-3	巴塘—夏塞银多金属矿鼓励开采区	100.00
		G-5	巴塘—柏戈西铅锌矿鼓励开采区	100.00
胡兀鹫	I	G-11	康定—棒塔铅锌矿鼓励开采区	58.81
		G-12	康定—榆林宫温泉鼓励开采区	57.63
		G-3	巴塘—夏塞银多金属矿鼓励开采区	100.00
		G-5	巴塘—柏戈西铅锌矿鼓励开采区	100.00
金雕	I	G-11	康定—棒塔铅锌矿鼓励开采区	88.09
		G-12	康定—榆林宫温泉鼓励开采区	69.92
		G-3	巴塘—夏塞银多金属矿鼓励开采区	100.00
		G-4	巴塘—茶洛多金属矿鼓励开采区	66.67
		G-5	巴塘—柏戈西铅锌矿鼓励开采区	100.00
		G-6	巴塘—拉哇石灰岩矿鼓励开采区	73.53
		J-1	甘孜—来马砂金矿禁止开采区	70.65
		J-3	康定—煤炭沟泥炭禁止开采区	99.05
玉带海雕	I	J-1	甘孜—来马砂金矿禁止开采区	61.96
		J-3	康定—煤炭沟泥炭禁止开采区	95.24
雉鹑	I	G-11	康定—棒塔铅锌矿鼓励开采区	58.81
		G-12	康定—榆林宫温泉鼓励开采区	57.63
		G-15	九龙—湾坝铅锌矿鼓励开采区	69.76
		G-16	九龙—里伍铜矿鼓励开采区	64.56
		G-3	巴塘—夏塞银多金属矿鼓励开采区	100.00
		G-5	巴塘—柏戈西铅锌矿鼓励开采区	100.00
中华秋沙鸭	I	G-11	康定—棒塔铅锌矿鼓励开采区	58.81
		G-12	康定—榆林宫温泉鼓励开采区	56.36
白马鸡	II	G-11	康定—棒塔铅锌矿鼓励开采区	58.81
		G-12	康定—榆林宫温泉鼓励开采区	57.63
		G-15	九龙—湾坝铅锌矿鼓励开采区	69.76
		G-16	九龙—里伍铜矿鼓励开采区	64.56
		G-3	巴塘—夏塞银多金属矿鼓励开采区	100.00
		G-5	巴塘—柏戈西铅锌矿鼓励开采区	100.00

物种名称	保护级别	编号	规划矿区名称	分布面积百分比/%
藏雪鸡	Ⅱ	J-3	康定—煤炭沟泥炭禁止开采区	95.24
凤头鹰	Ⅱ	G-13	泸定—冷碛石灰岩鼓励开采区	90.59
		X-3	康定—大渡河金矿限制开采区	54.84
红腹角雉	Ⅱ	G-11	康定—棒塔铅锌矿鼓励开采区	58.81
		G-12	康定—榆林宫温泉鼓励开采区	57.20
		G-15	九龙—湾坝铅锌矿鼓励开采区	69.76
		G-16	九龙—里伍铜矿鼓励开采区	64.56
红隼	Ⅱ	G-11	康定—棒塔铅锌矿鼓励开采区	86.85
		G-12	康定—榆林宫温泉鼓励开采区	63.56
		G-13	泸定—冷碛石灰岩鼓励开采区	96.17
		G-14	泸定—摩西温泉鼓励开采区	80.21
		G-3	巴塘—夏塞银多金属矿鼓励开采区	100.00
		G-5	巴塘—柏戈西铅锌矿鼓励开采区	100.00
		G-6	巴塘—拉哇石灰岩矿鼓励开采区	50.00
		G-9	雅江、康定—甲基卡锂辉石矿鼓励开采区	64.43
		J-3	康定—煤炭沟泥炭禁止开采区	99.05
		X-3	康定—大渡河金矿限制开采区	95.16
灰背隼	Ⅱ	G-11	康定—棒塔铅锌矿鼓励开采区	73.20
		G-13	泸定—冷碛石灰岩鼓励开采区	99.65
		G-14	泸定—摩西温泉鼓励开采区	70.74
		G-15	九龙—湾坝铅锌矿鼓励开采区	89.76
		G-16	九龙—里伍铜矿鼓励开采区	82.11
		J-3	康定—煤炭沟泥炭禁止开采区	67.62
		X-3	康定—大渡河金矿限制开采区	95.16
猎隼	Ⅱ	G-11	康定—棒塔铅锌矿鼓励开采区	52.85
		G-12	康定—榆林宫温泉鼓励开采区	52.12
		J-3	康定—煤炭沟泥炭禁止开采区	93.33
游隼	Ⅱ	G-3	巴塘—夏塞银多金属矿鼓励开采区	100.00
雀鹰	Ⅱ	G-10	丹巴—色底云母矿鼓励开采区	62.38
		G-3	巴塘—夏塞银多金属矿鼓励开采区	100.00
		X-2	丹巴—杨柳坪铂镍矿限制开采区	68.97
勺鸡	Ⅱ	G-11	康定—棒塔铅锌矿鼓励开采区	56.08
		G-3	巴塘—夏塞银多金属矿鼓励开采区	100.00
松雀鹰	Ⅱ	G-13	泸定—冷碛石灰岩鼓励开采区	91.64
		X-3	康定—大渡河金矿限制开采区	61.29

物种名称	保护级别	编号	规划矿区名称	分布面积百分比/%
血雉	II	G-11	康定—棒塔铅锌矿鼓励开采区	66.75
		G-12	康定—榆林宫温泉鼓励开采区	58.47
		G-13	泸定—冷碛石灰岩鼓励开采区	94.43
		G-14	泸定—摩西温泉鼓励开采区	58.53
		G-15	九龙—湾坝铅锌矿鼓励开采区	69.76
		G-16	九龙—里伍铜矿鼓励开采区	64.56
		G-3	巴塘—夏塞银多金属矿鼓励开采区	100.00
		G-5	巴塘—柏戈西铅锌矿鼓励开采区	100.00
		X-3	康定—大渡河金矿限制开采区	95.16

鸟类具有强的迁移能力，一些原在此地栖息的涉禽、游禽会避开矿产区在其他区域继续生存。从统计可知鼓励开采区、限制开采区和禁止开采区涉及的国家级保护鸟类主要分布在巴塘、康定、泸定、九龙地区。由表 2-49 看出，在 G-3、G-5、G-11、G-12、G-13、G-15、G-16、J-3、X-3 区内分布的国家级珍稀保护鸟类种类都在 5 种以上，且各种鸟类分布面积都大于 50%，因此在上述各个矿区进行矿产资源的开采利用中应特别关注对国家级珍稀保护鸟类的保护。

而据表 2-49 可知，斑尾榛鸡、胡兀鹫、金雕、雉鹑、白马鸡、红隼和血雉在 G-3 巴塘—夏塞银多金属矿鼓励开采区和 G-5 巴塘—柏戈西铅锌矿鼓励开采区的分布面积为 100%，游隼、雀鹰和勺鸡在 G-3 巴塘—夏塞银多金属矿鼓励开采区的分布面积为 100%。说明上述珍稀鸟类在 G-3 巴塘—夏塞银多金属矿鼓励开采区和 G-5 巴塘—柏戈西铅锌矿鼓励开采区分布的可能性非常高，由此推断该区域内矿产资源的开发利用对规划范围内上述鸟类的生活、繁殖产生干扰的可能性较大，因此这两个开采区的活动应高度重视对上述珍稀鸟类的保护。

（3）兽类

根据甘孜州物种多样性情况调查结果及《四川省甘孜藏族自治州矿产资源总体规划（2005—2010）》和《国家重点保护野生动物名录》，规划的鼓励开采区、限制开采区和禁止开采区内共有兽类 61 种，其中属于国家一级和二级保护兽类的有白唇鹿（*Cervus albirostris*）、牛羚（*Budorcas taxicolor*）、雪豹（*Uncia uncia*）、豺（*Cuon alpinus*）、黑熊（*Ursus thibetanus*）、马鹿（*Cervus elaphus*）、水鹿（*Cervus unicolor*）、盘羊（*Ovis ammon*）、岩羊（*Pseudois nayaur*）等共 32 种。以上国家级珍稀保护兽类，在各开采区内分布面积 50%以上的有 28 种，涉及开采区见表 2-50。

表 2-50 鼓励开采区、限制开采区和禁止开采区内国家级保护兽类情况

物种名称	保护级别	编号	规划矿区名称	分布面积百分比/%
白唇鹿	I	G-1	德格—崩多铜矿鼓励开采区	63.23
		G-10	丹巴—色底云母矿鼓励开采区	93.33
		G-11	康定—棒塔铅锌矿鼓励开采区	85.86
		G-12	康定—榆林宫温泉鼓励开采区	69.92
		G-15	九龙—湾坝铅锌矿鼓励开采区	81.95
		G-16	九龙—里伍铜矿鼓励开采区	80.88
		G-3	巴塘—夏塞银多金属矿鼓励开采区	100.00
		G-4	巴塘—茶洛多金属矿鼓励开采区	70.00
		G-5	巴塘—柏戈西铅锌矿鼓励开采区	100.00
		G-6	巴塘—拉哇石灰岩矿鼓励开采区	76.47
		G-7	道孚—菜子沟磁铁矿鼓励开采区	89.08
		G-8	道孚—荣须卡多金属矿鼓励开采区	100.00
		G-9	雅江、康定—甲基卡锂辉石矿鼓励开采区	96.91
		J-1	甘孜—来马砂金矿禁止开采区	70.65
		J-3	康定—煤炭沟泥炭禁止开采区	99.05
		X-1	道孚—祝云措锡矿限制开采区	100.00
		X-2	丹巴—杨柳坪铂镍矿限制开采区	91.38
		X-4	九龙—赫德钨锡矿规划区	53.16
豹	I	G-11	康定—棒塔铅锌矿鼓励开采区	66.00
		G-12	康定—榆林宫温泉鼓励开采区	54.24
		G-13	泸定—冷碛石灰岩鼓励开采区	94.43
		G-14	泸定—摩西温泉鼓励开采区	57.68
		G-3	巴塘—夏塞银多金属矿鼓励开采区	100.00
		G-5	巴塘—柏戈西铅锌矿鼓励开采区	100.00
		X-2	丹巴—杨柳坪铂镍矿限制开采区	53.45
		X-3	康定—大渡河金矿限制开采区	98.39
藏羚	I	J-1	甘孜—来马砂金矿禁止开采区	70.65
大熊猫	I	G-13	泸定—冷碛石灰岩鼓励开采区	79.79
		X-3	康定—大渡河金矿限制开采区	53.23

物种名称	保护级别	编号	规划矿区名称	分布面积百分比/%
牛羚	I	G-10	丹巴—色底云母矿鼓励开采区	96.35
		G-11	康定—棒塔铅锌矿鼓励开采区	97.77
		G-12	康定—榆林宫温泉鼓励开采区	70.76
		G-13	泸定—冷碛石灰岩鼓励开采区	96.17
		G-14	泸定—摩西温泉鼓励开采区	85.68
		G-15	九龙—湾坝铅锌矿鼓励开采区	93.66
		G-16	九龙—里伍铜矿鼓励开采区	87.02
		G-4	巴塘—茶洛多金属矿鼓励开采区	63.33
		G-7	道孚—菜子沟磁铁矿鼓励开采区	89.08
		G-8	道孚—荣须卡多金属矿鼓励开采区	92.63
		J-1	甘孜—来马砂金矿禁止开采区	70.65
		J-3	康定—煤炭沟泥炭禁止开采区	99.05
		X-1	道孚—祝云措锡矿限制开采区	83.66
		X-2	丹巴—杨柳坪铂镍矿限制开采区	91.38
		X-4	九龙—赫德钨锡矿规划区	51.90
雪豹	I	G-1	德格—崩多铜矿鼓励开采区	63.23
		G-11	康定—棒塔铅锌矿鼓励开采区	88.34
		G-12	康定—榆林宫温泉鼓励开采区	69.92
		G-3	巴塘—夏塞银多金属矿鼓励开采区	100.00
		G-5	巴塘—柏戈西铅锌矿鼓励开采区	100.00
		G-6	巴塘—拉哇石灰岩矿鼓励开采区	64.71
		J-1	甘孜—来马砂金矿禁止开采区	70.65
		J-3	康定—煤炭沟泥炭禁止开采区	99.05
野牦牛	I	G-1	德格—崩多铜矿鼓励开采区	72.67
		G-4	巴塘—茶洛多金属矿鼓励开采区	83.33
		G-6	巴塘—拉哇石灰岩矿鼓励开采区	61.76
		G-9	雅江、康定—甲基卡锂辉石矿鼓励开采区	53.87
		X-4	九龙—赫德钨锡矿规划区	79.75
斑羚	II	G-11	康定—棒塔铅锌矿鼓励开采区	58.81
		G-12	康定—榆林宫温泉鼓励开采区	57.63
		G-3	巴塘—夏塞银多金属矿鼓励开采区	100.00
		G-5	巴塘—柏戈西铅锌矿鼓励开采区	100.00
藏酋猴	II	G-13	泸定—冷碛石灰岩鼓励开采区	68.99

物种名称	保护级别	编号	规划矿区名称	分布面积百分比/%
藏原羚	II	G-4	巴塘—茶洛多金属矿鼓励开采区	53.33
		G-6	巴塘—拉哇石灰岩矿鼓励开采区	55.88
		G-7	道孚—菜子沟磁铁矿鼓励开采区	62.00
		G-8	道孚—荣须卡多金属矿鼓励开采区	56.32
		J-1	甘孜—来马砂金矿禁止开采区	70.65
		J-3	康定—煤炭沟泥炭禁止开采区	95.24
		X-1	道孚—祝云措锡矿限制开采区	96.73
豺	II	G-1	德格—崩多铜矿鼓励开采区	51.37
		G-10	丹巴—色底云母矿鼓励开采区	92.86
		G-11	康定—棒塔铅锌矿鼓励开采区	95.29
		G-12	康定—榆林宫温泉鼓励开采区	70.76
		G-13	泸定—冷碛石灰岩鼓励开采区	96.17
		G-14	泸定—摩西温泉鼓励开采区	85.68
		G-15	九龙—湾坝铅锌矿鼓励开采区	93.17
		G-16	九龙—里伍铜矿鼓励开采区	86.49
		G-3	巴塘—夏塞银多金属矿鼓励开采区	100.00
		G-4	巴塘—茶洛多金属矿鼓励开采区	60.00
		G-5	巴塘—柏戈西铅锌矿鼓励开采区	100.00
		G-6	巴塘—拉哇石灰岩矿鼓励开采区	64.71
		G-7	道孚—菜子沟磁铁矿鼓励开采区	89.08
		G-8	道孚—荣须卡多金属矿鼓励开采区	100.00
		G-9	雅江、康定—甲基卡锂辉石矿鼓励开采区	96.13
		J-1	甘孜—来马砂金矿禁止开采区	57.61
		J-3	康定—煤炭沟泥炭禁止开采区	99.05
		X-1	道孚—祝云措锡矿限制开采区	51.63
		X-2	丹巴—杨柳坪铂镍矿限制开采区	89.66
		X-3	康定—大渡河金矿限制开采区	98.39
		X-4	九龙—赫德钨锡矿规划区	50.63
川金丝猴	II	G-13	泸定—冷碛石灰岩鼓励开采区	94.43
		X-3	康定—大渡河金矿限制开采区	80.65
滇金丝猴	II	G-3	巴塘—夏塞银多金属矿鼓励开采区	100.00
		G-5	巴塘—柏戈西铅锌矿鼓励开采区	100.00

物种名称	保护级别	编号	规划矿区名称	分布面积百分比/%
黑熊	Ⅱ	G-10	丹巴—色底云母矿鼓励开采区	51.11
		G-11	康定—棒塔铅锌矿鼓励开采区	66.75
		G-12	康定—榆林宫温泉鼓励开采区	58.47
		G-13	泸定—冷碛石灰岩鼓励开采区	94.43
		G-14	泸定—摩西温泉鼓励开采区	58.53
		G-15	九龙—湾坝铅锌矿鼓励开采区	69.76
		G-16	九龙—里伍铜矿鼓励开采区	64.56
		G-3	巴塘—夏塞银多金属矿鼓励开采区	100.00
		G-5	巴塘—柏戈西铅锌矿鼓励开采区	100.00
		X-2	丹巴—杨柳坪铂镍矿限制开采区	60.34
		X-3	康定—大渡河金矿限制开采区	98.39
荒漠猫	Ⅱ	G-7	道孚—菜子沟磁铁矿鼓励开采区	63.85
		G-8	道孚—荣须卡多金属矿鼓励开采区	56.32
		J-1	甘孜—来马砂金矿禁止开采区	66.30
		J-3	康定—煤炭沟泥炭禁止开采区	95.24
黄喉貂	Ⅱ	G-14	泸定—摩西温泉鼓励开采区	66.95
		X-3	康定—大渡河金矿限制开采区	61.29
金猫	Ⅱ	G-11	康定—棒塔铅锌矿鼓励开采区	58.81
		G-12	康定—榆林宫温泉鼓励开采区	56.36
		G-3	巴塘—夏塞银多金属矿鼓励开采区	100.00
		G-5	巴塘—柏戈西铅锌矿鼓励开采区	100.00
马鹿	Ⅱ	G-1	德格—崩多铜矿鼓励开采区	63.23
		G-10	丹巴—色底云母矿鼓励开采区	96.51
		G-11	康定—棒塔铅锌矿鼓励开采区	97.77
		G-12	康定—榆林宫温泉鼓励开采区	70.76
		G-13	泸定—冷碛石灰岩鼓励开采区	96.17
		G-14	泸定—摩西温泉鼓励开采区	85.68
		G-15	九龙—湾坝铅锌矿鼓励开采区	93.66
		G-16	九龙—里伍铜矿鼓励开采区	87.02
		G-3	巴塘—夏塞银多金属矿鼓励开采区	100.00
		G-4	巴塘—茶洛多金属矿鼓励开采区	70.00
		G-5	巴塘—柏戈西铅锌矿鼓励开采区	100.00
		G-6	巴塘—拉哇石灰岩矿鼓励开采区	76.47
		G-7	道孚—菜子沟磁铁矿鼓励开采区	89.08
		G-8	道孚—荣须卡多金属矿鼓励开采区	100.00

物种名称	保护级别	编号	规划矿区名称	分布面积百分比/%
马鹿	II	G-9	雅江、康定—甲基卡锂辉石矿鼓励开采区	96.91
		J-1	甘孜—来马砂金矿禁止开采区	70.65
		J-3	康定—煤炭沟泥炭禁止开采区	99.05
		X-1	道孚—祝云措锡矿限制开采区	90.85
		X-2	丹巴—杨柳坪铂镍矿限制开采区	91.38
		X-3	康定—大渡河金矿限制开采区	98.39
		X-4	九龙—赫德钨锡矿规划区	53.16
猕猴	II	G-11	康定—棒塔铅锌矿鼓励开采区	64.27
		G-13	泸定—冷碛石灰岩鼓励开采区	94.43
		G-14	泸定—摩西温泉鼓励开采区	56.00
		G-3	巴塘—夏塞银多金属矿鼓励开采区	100.00
		X-2	丹巴—杨柳坪铂镍矿限制开采区	51.72
		X-3	康定—大渡河金矿限制开采区	98.39
盘羊	II	G-1	德格—崩多铜矿鼓励开采区	63.23
		G-11	康定—棒塔铅锌矿鼓励开采区	88.09
		G-12	康定—榆林宫温泉鼓励开采区	69.92
		G-3	巴塘—夏塞银多金属矿鼓励开采区	100.00
		G-4	巴塘—茶洛多金属矿鼓励开采区	70.00
		G-5	巴塘—柏戈西铅锌矿鼓励开采区	100.00
		G-6	巴塘—拉哇石灰岩矿鼓励开采区	76.47
		G-7	道孚—菜子沟磁铁矿鼓励开采区	89.08
		G-8	道孚—荣须卡多金属矿鼓励开采区	100.00
		G-9	雅江、康定—甲基卡锂辉石矿鼓励开采区	100.00
		J-1	甘孜—来马砂金矿禁止开采区	70.65
		J-3	康定—煤炭沟泥炭禁止开采区	99.05
		X-1	道孚—祝云措锡矿限制开采区	62.09
猞猁	II	G-3	巴塘—夏塞银多金属矿鼓励开采区	100.00
		G-5	巴塘—柏戈西铅锌矿鼓励开采区	100.00
石貂	II	G-3	巴塘—夏塞银多金属矿鼓励开采区	100.00

物种名称	保护级别	编号	规划矿区名称	分布面积百分比/%
水鹿	II	G-1	德格—崩多铜矿鼓励开采区	63.01
		G-10	丹巴—色底云母矿鼓励开采区	95.56
		G-11	康定—棒塔铅锌矿鼓励开采区	97.77
		G-12	康定—榆林宫温泉鼓励开采区	70.76
		G-13	泸定—冷碛石灰岩鼓励开采区	88.50
		G-14	泸定—摩西温泉鼓励开采区	85.68
		G-15	九龙—湾坝铅锌矿鼓励开采区	93.66
		G-16	九龙—里伍铜矿鼓励开采区	87.02
		G-3	巴塘—夏塞银多金属矿鼓励开采区	100.00
		G-4	巴塘—茶洛多金属矿鼓励开采区	70.00
		G-5	巴塘—柏戈西铅锌矿鼓励开采区	100.00
		G-6	巴塘—拉哇石灰岩矿鼓励开采区	76.47
		G-7	道孚—菜子沟磁铁矿鼓励开采区	89.08
		G-8	道孚—荣须卡多金属矿鼓励开采区	100.00
		G-9	雅江、康定—甲基卡锂辉石矿鼓励开采区	96.91
		J-3	康定—煤炭沟泥炭禁止开采区	99.05
		X-1	道孚—祝云措锡矿限制开采区	83.66
		X-2	丹巴—杨柳坪铂镍矿限制开采区	91.38
		X-3	康定—大渡河金矿限制开采区	98.39
		X-4	九龙—赫德钨锡矿规划区	51.90
水獭	II	G-3	巴塘—夏塞银多金属矿鼓励开采区	100.00
		G-5	巴塘—柏戈西铅锌矿鼓励开采区	100.00
兔狲	II	G-1	德格—崩多铜矿鼓励开采区	51.37
		G-4	巴塘—茶洛多金属矿鼓励开采区	53.33
		G-8	道孚—荣须卡多金属矿鼓励开采区	81.05
		J-1	甘孜—来马砂金矿禁止开采区	57.61
小熊猫	II	G-11	康定—棒塔铅锌矿鼓励开采区	60.55
		G-13	泸定—冷碛石灰岩鼓励开采区	94.43
		G-14	泸定—摩西温泉鼓励开采区	52.84
		G-15	九龙—湾坝铅锌矿鼓励开采区	65.37
		G-16	九龙—里伍铜矿鼓励开采区	53.86
		X-3	康定—大渡河金矿限制开采区	96.77

物种名称	保护级别	编号	规划矿区名称	分布面积百分比/%
岩羊	II	G-1	德格—崩多铜矿鼓励开采区	63.23
		G-10	丹巴—色底云母矿鼓励开采区	96.67
		G-11	康定—棒塔铅锌矿鼓励开采区	96.53
		G-12	康定—榆林宫温泉鼓励开采区	70.76
		G-13	泸定—冷碛石灰岩鼓励开采区	71.78
		G-14	泸定—摩西温泉鼓励开采区	82.95
		G-15	九龙—湾坝铅锌矿鼓励开采区	92.20
		G-16	九龙—里伍铜矿鼓励开采区	86.67
		G-3	巴塘—夏塞银多金属矿鼓励开采区	100.00
		G-4	巴塘—茶洛多金属矿鼓励开采区	70.00
		G-5	巴塘—柏戈西铅锌矿鼓励开采区	100.00
		G-6	巴塘—拉哇石灰岩矿鼓励开采区	76.47
		G-7	道孚—菜子沟磁铁矿鼓励开采区	89.08
		G-8	道孚—荣须卡多金属矿鼓励开采区	100.00
		G-9	雅江、康定—甲基卡锂辉石矿鼓励开采区	100.00
		J-1	甘孜—来马砂金矿禁止开采区	70.65
		J-3	康定—煤炭沟泥炭禁止开采区	99.05
		X-1	道孚—祝云措锡矿限制开采区	100.00
		X-2	丹巴—杨柳坪铂镍矿限制开采区	91.38
		X-3	康定—大渡河金矿限制开采区	98.39
		X-4	九龙—赫德钨锡矿限制开采区	53.16
棕熊	II	G-11	康定—棒塔铅锌矿鼓励开采区	67.74
		G-3	巴塘—夏塞银多金属矿鼓励开采区	100.00
		G-7	道孚—菜子沟磁铁矿鼓励开采区	66.12
		J-3	康定—煤炭沟泥炭禁止开采区	89.52

兽类主要栖息于森林中，本规划实施对兽类的主要影响表现为将减小其觅食和活动的范围。在进行矿产资源总体规划时，各矿产开采区已经尽量避开各自然保护区的核心区，因此不会对珍稀保护兽类的栖息地造成太大的影响。

而据表 2-50 可知，岩羊在 G-3 区、G-5 区、G-8 区、G-9 区和 X-1 区的分布面积为 100%；盘羊在 G-3 区、G-5 区、G-8 区和 G-9 区的分布面积为 100%；白唇鹿在 G-3 区、G-5 区、G-8 区和 X-1 区的分布面积为 100%；豺、马鹿在 G-3 区、G-5 区和 G-8 区的分布面积为 100%；豹、雪豹、斑羚、滇金丝猴、黑熊、金猫、猞猁和水獭在 G-3 区和 G-5 区的分布面积为 100%；猕猴、石貂、棕熊在

G-3 区的分布面积为 100%。说明上述珍稀兽类在 G-3 巴塘—夏塞银多金属矿鼓励开采区、G-5 巴塘—柏戈西铅锌矿鼓励开采区、G-8 道孚—荣须卡多金属矿鼓励开采区、G-9 雅江、康定--甲基卡锂辉石矿鼓励开采区和 X-1 道孚—祝云措锡矿限制开采区分布的可能性非常高，由此推断该区域内矿产资源的开发利用对规划范围内上述兽类的生活、繁殖产生干扰的可能性较大，因此这五个开采区的活动应高度重视对上述珍稀兽类的保护。

5.1.5 对鱼类资源影响

根据甘孜州鱼类现状分析可知，在金沙江、雅砻江、大渡河流域有长丝裂腹鱼、重口裂腹鱼、中华鮡、青石爬鮡等四川省省级保护鱼类及长江上游特有鱼类分布，三大流域中干流是物种多样性集中区域。

根据《四川省甘孜藏族自治州矿产资源总体规划（2005—2010）》对开采分区、工业园区及冶炼基地的布局可知，金属矿区除 G-16（九龙—里伍铜矿鼓励开采区）和 G-11（康定—棒塔铅锌矿鼓励开采区）分别位于雅砻江干流和大渡河干流外，其余金属矿区均远离金沙江、雅砻江、大渡河干流及其一级支流，可能发生的重金属污染距离鱼类物种多样性聚集区较远；在干流分布的开采区多为非金属矿，它们是 G-6（巴塘—拉哇石灰岩矿鼓励开采区）、G-10（丹巴—色底云母矿鼓励开采区）、G-13（泸定—冷碛石灰岩鼓励开采区）、G-14（泸定—摩西温泉鼓励开采区），上述开采区对鱼类的影响主要源于增加河流 SS 浓度，但不存在事故发生时重金属污染威胁鱼类生存的情况。

综合上述可知，《四川省甘孜藏族自治州矿产资源总体规划（2005—2010）》对鱼类物种多样性潜在威胁主要来自分布在雅砻江干流的 G-16（九龙—里伍铜矿鼓励开采区）和分布在大渡河干流的 G-11（康定—棒塔铅锌矿鼓励开采区）。

5.1.6 对遗传多样性影响

根据对甘孜州景观生态体系阻抗稳定性的影响分析可知，甘孜州境内草甸和灌丛面积最大，景观优势度也最高；通过对甘孜州植被类型分析可知，草甸和灌从斑块连续性较强，呈多枝状分布，连通性较好，有利于生物的基因交流。

根据《四川省甘孜藏族自治州矿产资源总体规划（2005—2010）》，甘孜州矿产资源开发规划东、西两大开采区，又分 16 个鼓励开采区、4 个限制开采区和 3 个禁止开采区。矿产开采区对动植物生境的占用使原本连通的生态走廊被人为阻隔，使各景观类型的斑块数量增加。据统计，矿产资源开采区使全州总斑块数量由 2005 年的 233 块增加到 2010 年的 241 块，至 2020 年则增加到 267 块。斑块的增加说明了生境被隔离，对遗传信息的交流产生了一定的障碍。

但需要说明，上述斑块数量变化统计是采用开采区全范围叠图分析得到，在实际开发开采过程中各个矿点完全连成一片的可能性很小，因此可以通过矿点的合理布置预留出生态走廊。

由于开采区相对集中在东、西两大开采区内，除个别开采区涉及自然保护区外，其余开采区均远离生物多样性重要敏感区域，合理利用了现有基础、能源等基础设施，未新增公路线路，避免了对区域动物迁徙路径以及生态走廊产生新的道路阻隔影响。

5.2 生物多样性风险分析

对生物多样性带来的安全隐患主要来自尾矿库、选矿和冶炼加工的事故排放情况。

5.2.1 尾矿库

根据《四川省甘孜藏族自治州矿产资源总体规划（2005—2010）》，甘孜州矿产开发利用形成的尾矿总库容在2010年约有178万m^3，2020年约有398万m^3。

尾矿事故主要由洪水、地震液化、坝基沉陷、坝体失稳、渗流等原因导致。尾矿出现坍塌、溃坝将对周围的环境造成重大影响。溃坝后坝内尾矿大量冲泄，淤塞河道、冲毁农田、压盖地表植被，造成动植物的死亡；尾矿库的防渗工程设施发生损坏后，在雨水淋溶下，矿石中的大量有毒有害物质，将进入土壤与地下水中，造成土壤与水体的重金属污染，对动物与人构成安全威胁，可造成动植物的死亡，从而影响到生物多样性。例如，尾矿中的铅锌离子进入地下水体中，人饮用后将出现肢体麻木、腰酸背痛、听力下降、智力低下、聋哑等症状；镉离子进入地下水和农田后，造成土壤金属镉污染，对区域生物多样性产生潜在威胁。

因此尾矿库的建设与运行应加强监督管理，使尾矿库的事故风险得到有效降低。

5.2.2 选矿厂

选矿厂在破碎和选矿过程中将产生大量的选矿废水。尤其在浮选过程中，为了有效地将有用组分选出来，需要在不同的作业加入大量的浮选药剂，主要有捕收剂、起泡剂、有机和无机的活化剂、抑制剂、分散剂等，部分金属离子、悬浮物、有机和无机药剂的分解物质等将残存在选矿废弃溶液中，因此选矿废水的主要有害物质是重金属离子、矿石浮选时用的各种有机和无机浮选药剂，包括剧毒的氰化物、氰铬合物等。

在正常情况下选矿废水不经处理不能直接排放，在事故情况下，选矿废水直接排放，将对周围生态环境造成严重破坏，对动植物产生毒害作用。

如果有毒废水直接进入土地或通过一定的介质进入土地，在土壤中通过一定的物理化学生物方式富集，从而使这些物质达到一定浓度。这些高浓度有害物质毒杀土壤中的动物从而降低了土壤的分解能力和失去一定的肥力，有些化学物质可能引起土壤的酸化或碱化，使大片的土地变得寸草不生，整个矿区生态环境系统遭受破坏。又如选矿废水中含有的氰化物极易溶于脂类，对神经系统有特殊的亲和力，破坏血液循环系统和肝脏，将会导致长期生活在由氰化物引起的土地污染场区内的动物慢性中毒。

另外，选矿厂在碎矿过程中会产生矿石粉尘，粉尘中含有较高的重金属成分，将会污染周围大气环境，当其沉降到土壤上时同样会对土壤造成污染。

因此必须高度重视选矿厂的事故安全隐患，在事故发生后立即启动应急预案，确保事故不扩大。

5.2.3 工业园区

根据《甘孜藏族自治州优势矿产业发展规划》，康—泸工业园区主要发展工业硅生产。目前，金汤点由于受原料、道路、能源等多方面因素制约，基本处于停产状态，加郡点处于半停产状态；鸳鸯坝 5 万 t 工业硅基地项目已通过环评。

由于目前康—泸工业园区已有项目进入，区域人类活动密集，对自然环境的改变已经较大，植被以灌草丛为主，已无大型珍稀保护野生动物出没，工业园区事故风险对附近居民影响应高度关注。

工业硅项目主要环境风险源为氯化氢贮瓶（罐）；氯化氢气体输送管道、阀门、法兰破损发生泄漏事故。

氯化氢气体泄漏时，事故地点 16 m 范围内区域可达到半致死浓度，只要周围居民点位于项目环评确定的卫生防护距离以外就不会带来居民中毒性影响；当氢气、三氯氢硅发生泄漏时，可引发火灾及爆炸事故；三氯氢硅、四氯化硅遇水分解后的氯化氢气体对区域环境和人群也将造成一定的影响；但类比同类项目，氯化氢泄漏事故在采取严格安全防范措施后，其风险水平总体上是可以接受的。

因此只要项目发生风险事故后立即启动应急预案，可确保事故不扩大，将不会对建设地区环境造成较大危害。

5.2.4 矿区生态环境治理

矿区生态环境治理对矿山进行土地复垦和植被恢复过程中容易引进外来物种，可能产生外来物种入侵问题，因此应重视矿区生态环境治理过程中的外来物种和转基因生物体的生态影响监控。

6 其他环境影响分析

6.1 水环境影响分析

6.1.1 地表水环境影响分析

由于甘孜州矿产资源以金属矿为主，因此在钻井勘查、采矿、选矿、冶炼加工等过程中以及废石场、尾矿库雨淋后排出的废污水中大部分都含有铅、锌、铬、汞、砷等有毒有害元素。其中，冶炼加工、选矿废水以及尾矿库渗水为主要污染源，废污水可通过地表径流污染地表水，或下渗污染地下水，将地表水、地下水联系起来，造成整个区域或附近大区域的水体污染。

根据甘孜州环境监测站资料，甘孜州主要江河流域水质质量能达到规定的环境标准。但是，根据甘孜州已有矿产开采区域地表水环境质量现状监测资料可知，棒塔铅锌矿区（G-11）下游 500 m 监测点处 Pb 指标超标，因此需要注意各矿区下游附近局部河段的污染情况，特别是集中饮用水水源保护地上游的矿区的事故应急处理。

对照甘孜州 18 个县的饮用水水源地，可得到规划对甘孜州饮用水水源地的影响情况，详见表 2-51。由区位关系分析可知，将有 4 个鼓励开采区对巴塘、道孚、丹巴、泸定四个县县城的饮用水水源地的水质存在污染隐患，因此上述矿区在开发利用的过程中必须高度重视环境风险防范。

6.1.2 对地下水水位的影响

根据《2005 年四川省水资源公报》的统计数据，2005 年四川省全省地下水资源量 590.04 亿 m^3，其中甘孜州 174.3 亿 m^3，占全省地下水资源总量的 29.5%，居全省各州市首位。甘孜州地下水资源的富集区主要分布于东部和西部，总体呈南北带状分布，全州大部分区域的地下水主要类型为基岩裂隙水中的变质岩裂缝水，丰富度 1～3，处于较为贫乏的水平。

表 2-51　甘孜州矿产资源总体规划分区与饮用水水源地关系

矿区编号	矿区名称	饮用水水源地位置	水源地类型	所在河流	水环境功能类别	区位关系
G-6	巴塘—拉哇石灰岩矿鼓励开采区	巴塘县	地表水	巴久曲河	Ⅰ类	位于矿区内
G-7	道孚—菜子沟磁铁矿鼓励开采区	道孚县	地表水	道孚沟	Ⅰ类	位于矿区内
G-10	丹巴—色底云母矿鼓励开采区	丹巴县	地表水	大马山沟	Ⅰ类	位于矿区内
G-11	康定—棒塔铅锌矿鼓励开采区	泸定县	地表水	羊圈沟	Ⅱ类	位于矿区下游

甘孜州矿产资源开采利用与地下水资源分布区位关系见附图 4。从区位关系图看，甘孜州矿产资源总体规划的鼓励开采区 G-1 区（德格—崩多铜矿鼓励开采区）涉及较为丰富的基岩裂隙类地下水，G-11（康定—棒塔铅锌矿鼓励开采区）与 G-13（泸定—冷碛石灰岩矿鼓励开采区）涉及较为丰富的碳酸盐岩类溶洞类地下水，其余各鼓励开采区的地下水丰富度均处于中等偏贫乏的水平。各限制开采区与禁止开采区涉及的地下水类型主要为基岩裂缝水，总体上较为贫乏。

矿产资源开发过程中往往需要对矿床进行疏干排水，长期大量的抽排地下水会降低地下水位，严重的还会形成地下水漏斗区，破坏地下水系统，导致地面沉降和地面塌陷；另一方面，大量地下水资源因地层破坏而渗漏矿井并被排出，水体中含高浓度的金属离子可能对矿区周边环境形成新的污染。因此在矿产开采与利用中要特别注意上述问题，完善开采区及开采影响区的地下水监测网络，加强地下水动态调查评价和污染的监测，使矿产开采对地下水的影响减至最低。

6.2 大气环境影响分析

矿产资源开发利用中的开采、选矿、冶炼、加工以及运输等过程均对环境空气质量产生不利影响。开采（主要是露天开采）、选矿及矿石的装卸、堆存、运输过程中主要产生的大气污染物为粉尘和扬尘。选矿厂破碎、筛分、球磨等工段为主要产尘点，但产尘点面积小易于控制；但露天开采场、废石场、尾矿库均有大量细质砂粒，在有风的季节容易产生扬尘，属于低矮面源，若不及时洒水降尘对周围大气环境质量不利影响较大。冶炼、加工则主要产生污染气体 SO_2 等。

因此，在矿产资源开采、选矿、冶炼、加工以及运输等过程均对周围环境空气质量产生不利影响。

6.3 声环境影响分析

矿产资源的开采与利用中产生的噪声主要来自开采爆破噪声、矿石运输过程中车辆产生的交通噪声、选矿厂对矿石进行破碎筛分过程中产生的噪声、矿石冶炼厂与加工厂生产过程中产生的各种机械噪声。

矿石开采中的爆破噪声强度可达 130～140dB（A），噪声类型为短时间歇性噪声，爆破主要是在开采区内使用，开采区一般人口较少，声环境敏感点也较少，因此爆破噪声主要影响到森林中的动物，使其逃离矿产开采区。同样，矿石的运输过程中，车辆产生的交通噪声将影响到道路两侧森林中的野生动物，将导致其栖息地的减小。

在选矿过程中，矿石的破碎，筛分会产生大量噪声，冶炼厂与加工厂使用的风机以及其设备在运行中都会产生大量的噪声，根据相关测试表明，破碎机、大型鼓风机产生的噪声值可达 120 dB（A），将会干扰周围居民点居民的正常生产生活。根据《四川省甘孜藏族自治州矿产资源总体规划（2005—2010）》，鼓励开采区中的 G-6（巴塘—拉哇石灰岩矿开采区）、G-7（道孚—菜子沟磁铁矿开采区）、G-10（丹巴—色底云母开采区）以及康—泸工业园区分别邻近巴塘县、道孚县、丹巴县和康定与泸定县，因此以上几个矿区和工业园区在进行选矿厂、冶炼厂以及加工厂的选址时应尽量避开人口密集区，并在厂区内采取降噪减噪措施，以减少噪声对居民生活的影响。

6.4 社会环境影响分析

6.4.1 社会经济

甘孜州资源储量大，成矿带较集中，规划对甘孜州东西两个资源富集区进行重点开采，有利于资源的集中、规模化开采，避免遍地开花的无序局面；选择优势资源进行重点开采，有利于资源产业可持续发展；对小矿山进行合并、重组，有利于提高企业的规模化效益。

本规划的实施可增强工矿企业在甘孜州经济中的比较，从而促进甘孜州产业结构调整，带动交通、通讯、能源等相关产业的快速发展。规划对甘孜州东西两个富集区进行重点开采，将形成东西两大经济发展区，使甘孜州的生产力布局得到调整和改善。

规划实施后大规模的资源开采有利于吸引更多的外部资金和技术，促进矿产品深加工业的发展，形成资源开发与产品加工一体化的产业链，促进矿区经济的发展，提高矿业经济的效益，并拉动周边地区的发展。

总之，规划的实施对甘孜州以及四川省的经济发展起到巨大的推动作用，对我国实施西部大开发战略也具有重要的意义。

6.4.2 民俗宗教

甘孜州是我国重要的藏族聚居区，人口构成以藏族为主，多种少数民族杂居，多种少数民族的民俗文化、宗教文化共存，相互交融发展。本规划实施后，大量的外来人口将进入到矿产开采区，外来人口将以汉族为主，他们进入藏区后，外来的汉族文化将与本土的藏族文化相互影响，藏族文化可能会被慢慢地同化。

同时两种文化的矛盾与冲突也将会慢慢显现，因此外来人员应尊重当地少数民族生活习惯、民俗传统。以浓厚的宗教色彩为显著特征的藏族传统的民俗文化在外来文化的影响下将会发生改变，但这种改变将是一个漫长的过程，最终两种文化会达到一个新的平衡点，从而共同和谐发展。

规划的实施将带来移民搬迁问题，移民以藏族人口为主。搬迁的藏民其生活方式将不可避免地受到影响。因此移民安置应以就近安置为主，使规划实施对藏民生产生活、民俗习惯的影响降到最小。

6.5 地质灾害环境影响分析

地表沉陷及放炮开采，使斜坡岩土体松动、裂缝，诱发滑坡，在特定条件下（如暴雨）形成泥石流或诱发老滑坡活动等自然灾害，并形成损坏房屋、供水管道、河堤等灾害影响。

总体上说，规划开发中必须重视地表沉陷、尾矿库溃坝引起的地质灾害影响。特别应注意拉哇石灰岩鼓励开采区、菜子沟磁铁矿鼓励开采区、色底云母矿鼓励开采区、棒塔铅锌矿鼓励开采区、冷碛石灰岩矿鼓励开采区、摩西温泉鼓励开采区、湾坝铅锌矿鼓励开采区及里伍铜矿鼓励开采区内的开发活动。因为上述范围内存在泥石流、滑坡体等不良地质段，加之人为影响，加大了发生地质灾害的可能性。

6.6 环境风险分析

根据交通、水资源、电力等资源条件分析，白玉、巴塘有色金属基地较大可能选择在巴塘县城附近。基地区域人类活动频繁，森林植被较少，无大型珍稀保护野生动物出没的可能性较大，因此应高度关注有色金属基地事故风险对附近居民的危害影响。

根据《四川省甘孜藏族自治州矿产资源总体规划（2005—2010）》，有色金属冶炼主要产品为粗铜、电铅、电锌。根据同类冶炼项目风险案例事故分析可知，发生的事故主要有氨、盐酸或硫酸等化学危险品储运设施缺乏维护，造成罐体或管道开裂引起泄漏；设备缺乏维护或职工违章操作造成二氧化硫污染物超标排放。

6.6.1 化学危险品泄漏

根据同类冶炼项目环评资料，一旦发生化学危险品泄漏事故，如果没有有效的应急处理措施，在基地下风向数公里范围内将对周围空气环境产生极大的影响，将对区内居民或动植物带来危害；另外，化学品会随地表径流进入河流，如遇降雨会有部分进入河流，污染下游水质，威胁水生生物及鱼类的生存；由于白玉、巴塘有色金属基地位于金沙江的二、三级支流流域，其下游河段分布鱼类在整个大流域均有种群分布，且主要分布在金沙江干流及其一级支流中，因此化学危险品泄漏不会降低鱼类生物多样性。

从生产实践来看，化学危险品泄漏是一项比较容易控制的事故，只要在储存设施周围设置围堰，能方便地把泄漏化学危险品封闭在围堤之内。因此，化学危险品泄漏事故一般对外环境土壤、地表水和地下水以及生物多样性影响不大。

6.6.2 二氧化硫超标排放

二氧化硫是通过吸入方式对人群和动物产生影响的。人和动物吸入后易被湿润的黏膜表面吸收生成亚硫酸、硫酸，对眼及呼吸道黏膜有强烈的刺激作用。大量吸入可引起肺水肿、喉水肿、声带痉挛而致窒息；轻度中毒时，发生流泪、畏光、咳嗽，咽喉灼痛等；严重中毒可在数小时内发生肺水肿；极高浓度吸入可引起反射性声门痉挛而致窒息；皮肤或眼接触发生炎症或灼伤。

另外，二氧化硫进入空气环境，还威胁农作物及植物的生长，导致环境质量恶化，甚至可能导致事故发生地伴生火灾及水污染事故。

7 资源-环境承载力影响分析

7.1 资源-环境承载力分析

7.1.1 资源承载力变化分析

7.1.1.1 水资源

（1）水资源量

甘孜州地处长江上游，全州境内从东往西有大渡河、雅砻江、金沙江三大水系，流域面积分别为 4.40 万 km^2、8.69 万 km^2 和 2.21 万 km^2，全州水资源除来自大气降水外，境外江河来水、冰川固体水、高山湖泊水也十分丰富。根据《2005 年全国水资源公报》与《2005 年四川省水资源公报》的统计数据，2005 年全国、四川省、甘孜州水资源情况详见表 2-52。

表 2-52　2005 年水资源情况　　单位：亿 m^3

区域	年降水量	地表水资源量	地下水资源量	重复计算量	水资源总量	人均水资源量/m^3
全　国	61 009.6	26 982.4	8 091.1	1 070.8	2 8053.1	2 145
四川省	5 059.88	2 921	590.04	588.44	2 922.6	3 388
甘孜州	1 215.44	706.81	174.3	174.3	706.81	74 969
占全省的比例/%	24.02	24.20	29.54	29.62	24.18	22.10

从表 2-52 可知，2005 年甘孜州的水资源总量占全省的 24.18%，人均水资源量为全省平均水平的 22.1 倍，达到 74 969 m^3，高于全国。另根据世界水资源研究所提出的水资源水平四级评估标准（表 2-53），对照可知甘孜州水资源处于高水平。

根据《四川省甘孜藏族自治州矿产资源总体规划（2005—2010）》，2010 年甘孜州矿产开发与利用年用水量约为 1.29 亿 m^3，约占甘孜州水资源总量的 0.18%；到 2020 年用水量约 2.17 亿 m^3，约占甘孜州水资源总量的 0.3%。说明甘孜州水资源完全可以承载本规划实施对水资源的需求。

表 2-53 水资源水平四级评估标准

人均水资源/（m^3/人）	水平	表示
10 000 以上	高水平	水资源很丰富
5 000～10 000	中等水平	不缺水
1 000～5 000	低水平	缺水
1 000 以下	最低水平	严重缺水

（2）水资源利用

甘孜州水系发育，水资源丰富，但开发利用率极低。甘孜州地处川、滇、藏、青省区结合部，全州以农牧业经济为主，工业比重较少，全州经济欠发达。根据《2005 年四川省水资源公报》，2005 年全省以及甘孜州的供水、用水量数据见表 2-54，主要用水指标见表 2-55。通过分析以下两表可知，2005 年甘孜州人均用水量为 136 m^3，不到全省人均用水量的 60%，2005 年供水总量不到水资源总量的 2%，甘孜州水资源利用率处于极低的水平。

表 2-54 2005 年全省及甘孜州供用水量情况 单位：亿 m^3

区域	供水量				用水量		
	地表水源	地下水源	其他水源	总供水量	生产	生活	总用水量
全省	191.11	17.05	4.14	212.30	188.83	23.47	212.30
甘孜州	1.24	0.04	0.00	1.28	1.07	0.21	1.28

表 2-55 2005 年全省及甘孜州主要用水指标

区域	人均 GDP/万元	人均用水量/m^3	万元 GDP 用水量/m^3	农田实灌亩均用水量/m^3	人均生活用水量/［L/（d·人）］		万元工业增加值用水量/m^3
					城镇生活	农村生活	
全 省	0.86	246	286	373	110	54	231
甘孜州	0.53	136	256	127	156	44	135

通过以上分析可知，甘孜州水资源的特点是水资源总量和人均占有量均较高，但是水资源的利用率很低，说明水资源可利用的空间还很大。

根据《四川省甘孜藏族自治州矿产资源总体规划（2005—2010）》，2010 年甘孜州矿产开发与利用年用水量约为 1.29 亿 m^3，2020 年用水量约 2.17 亿 m^3，甘孜州 2005 年供水总量约为 1.24 亿 m^3，现有的供水量不能满足甘孜州矿产开发利用的用水需求，矿产开发与利用需要新建供水系统，这样也将提高甘孜州的水资源利用率。

7.1.1.2 土地资源

（1）土地适宜性分析

甘孜州矿产资源总体规划实施后，需占用一定数量的土地资源。根据《四川省甘孜藏族自治州矿产资源总体规划（2005—2010）》，共规划 16 个鼓励开采区，4 个限制开采区，总面积约 8 782.1 km^2。

到 2010 年，根据甘孜州“十一五”规划，将重点建设白玉—呷村银多金属矿、巴塘—夏塞银多金属矿、雅江—康定—甲基卡锂辉石矿、丹巴—杨柳坪铂镍矿开采区，并重点建设甘孜州东部硅工业基地。对照甘孜州土地利用类型图（见附图 5）分析可知，以上开采区完建后总占地约 826.9 km^2，“不宜作为农林牧的土地”所占比例为 41.0%。说明 2010 年矿产资源开发的土地适宜性较好。

到 2020 年，根据《四川省甘孜藏族自治州矿产资源总体规划（2005—2010）》，由于矿产开发利用，使“不宜作为农林牧的土地”所占比例为 21.6%。说明 2020 年矿产资源开发的土地适宜性较 2010 年有所降低。具体数据详见表 2-56。

表 2-56　甘孜州矿产资源规划实施占用土地情况

土地利用类型	2010 年		2020 年	
	占用面积/km^2	百分比/%	占用面积/km^2	百分比/%
宜农地	0	0	0	0
宜林地	487.6	59.0	6 886.1	78.4
宜牧地	0	0	0	0
宜农宜林地	0	0	0	0
不宜作为农林牧的土地	339.3	41.0	1 896	21.6
合计	826.9	100	8 782.1	100

（2）土地承载力分析

根据《四川省甘孜藏族自治州矿产资源总体规划（2005—2010）》，2010 年与 2020 年甘孜州矿产开采区涉及的农用地统计情况见表 2-57。

表 2-57 甘孜州矿产资源规划实施占用农用地情况

	2010 年			2020 年		
	鼓励开采区面积/km^2	限制开采区面积/km^2	占总面积的百分比/%	鼓励开采区占用面积/km^2	限制开采区占用面积/km^2	占总面积的百分比/%
农业用地	0.0	0.0	0.0	609.26	0.0	6.9

2005 年甘孜州农用地总面积为 75 700 km^2。从表 2-57 可知，2010 年甘孜州矿产开采区不涉及农业用地，2020 年甘孜州矿产开采区中约有 6.9%的面积涉及农业用地，涉及总面积约 609.26 km^2。2020 年涉及的农业用地仅占 2005 年甘孜州农业用地总面积的 0.80%。

另根据甘孜州土地后备资源面积统计表（2005 年），甘孜州土地后备资源达 21 964.30 hm^2，因此甘孜州土地资源完全可以承载本规划实施对土地资源的需求。

7.1.1.3 林业及物种资源

（1）林业资源承载力分析

根据《甘孜藏族自治州国民经济和社会发展第十一个五年规划纲要》，2005 年全州森林覆盖率为 29.4%，人均森林拥有量为 0.049 km^2/人；计划到 2010 年森林覆盖率达到 31%以上，人均森林拥有量达 0.050 km^2/人以上；到 2020 年森林覆盖率达到 33%以上，人均森林拥有量达 0.052 km^2/人以上。根据《四川省甘孜藏族自治州矿产资源总体规划（2005—2010）》，甘孜州在未来 15 年内将形成东西部两大矿产开采区，16 个鼓励开采区和 4 个限制开采区。另根据甘孜州“十一五”规划，到 2010 年将重点建设白玉—呷村银多金属矿、巴塘—夏塞银多金属矿、雅江—康定—甲基卡锂辉石矿、丹巴—杨柳坪铂镍矿开采区，并重点建设甘孜州东部硅工业基地。

采用叠图法，见附图 6，可知到 2010 年以及 2020 年甘孜州矿产开采所涉及的植被类型情况，具体数据详见表 2-58。

由表 2-58 可知到 2010 年末，矿产开采区涉及的主要植被类型以草地为主，其中鼓励开采区涉及草地 768.9 km^2、限制开采区涉及草地 50.5 km^2，共占总面积的 55.5%；到 2020 年，涉及的植被类型以草地和针叶林为主，分别占总面积的 28.0%和 24.9%。

到 2010 年末开采区共涉及森林面积 383.7 km^2，将减少森林覆盖率约 0.25%，人均森林拥有量减少约 0.000 4 km^2/人；2020 年末开采区共涉及森林面积 4 209.7 km^2，减少森林覆盖率约 2.76%，人均森林拥有量减少约 0.004 km^2/人。与甘孜州

“十一五”规划中的数据相比较可知，《四川省甘孜藏族自治州矿产资源总体规划（2005—2010）》实施后对甘孜州的森林覆盖率和人均森林拥有量影响较小。

综合分析说明甘孜州林业资源承载力完全可能承受本规划带来的影响。

表 2-58　甘孜州矿产资源规划实施涉及植被类型情况统计

涉及的植被类型	2010 年			2020 年		
	鼓励开采区面积/km^2	限制开采区面积/km^2	占总面积的百分比/%	鼓励开采区占用面积/km^2	限制开采区占用面积/km^2	占总面积的百分比/%
阔叶林	14.2	30.3	3.0	518.68	77.8	6.8
针叶林	129.4	45.5	11.9	1 490.57	696.2	24.9
灌木丛	106.3	58.1	11.2	1 375.93	50.5	16.2
草地	768.9	42.9	55.1	2 232.25	223.2	28.0
农业用地	0.0	0.0	0.0	609.26	0.0	6.9
其他用地	201.9	75.8	18.8	1 335.21	172.6	17.2
合计	1 220.7	252.5	100.0	7 561.9	1 220.2	100.0

（2）物种资源承载力分析

根据《四川省甘孜藏族自治州矿产资源总体规划（2005—2010）》以及甘孜州“十一五”规划的重点建设矿区，并对照甘孜州生物多样性综合加权指数分布图，采用叠图法（附图 7）进行分析可知，到 2010 年末，甘孜州开采矿区主要涉及区域生物多样性综合加权指数处于中等偏下水平；到 2020 年，开采区域中的 G-11（康定—棒塔铅锌矿鼓励开采区）与 X-3（康定—大渡河金矿限制开采区）区域处于较高的水平，物种丰富度和多样性都较高，其余区域生物多样性综合加权指数均处于中等偏下水平。因此在矿产资源的开采中，应特别重视 G-11 与 X-3 两个区域的环境保护，采取有效措施保护生态环境和本区域内物种多样性。

根据甘孜州物种多样性情况调查，G-11 区域内共有物种数 125 种，其中分布面积占 50%以上的物种有 45 种；X-3 区域内共有物种 110 种，其中分布面积达 50%以上的物种有 30 种。G-11 与 X-3 两块区域内物种分布面积在 50%的所有物种详见表 2-59。

考虑到这两个区域涉及的物种丰富度较高，建议将 G-11 调整为限制开采区，同 X-3 一样，实行保护性开采，有效保护甘孜州的特种资源。

表 2-59 G-11 与 X-3 两区域内的物种分布

矿区编号	矿区名称	序号	类群	名称	学名	分布面积百分比/%
G-11	康定—棒塔铅锌矿鼓励开采区	1	两栖类	胸腺齿突蟾	*Scutiger glandulatus*	66.50
		2	两栖类	山溪鲵	*Batrachuperus pinchonii*	55.33
		3	两栖类	中国林蛙	*Rana chensinensis*	67.74
		4	两栖类	四川湍蛙	*Amolops mantzorum*	61.04
		5	鸟类	大鵟	*Buteo hemilasius*	51.12
		6	鸟类	雉鹑	*Tetraophasis obscurus*	58.81
		7	鸟类	白腹锦鸡	*Chrysolophus amherstiae*	62.28
		8	鸟类	胡兀鹫	*Gypaetus barbatus*	58.81
		9	鸟类	金雕	*Aquila chrysaetos*	88.09
		10	鸟类	大绯胸鹦鹉	*Psittacula derbiana*	54.34
		11	鸟类	勺鸡	*Pucrasia macrolopha*	56.08
		12	鸟类	白马鸡	*Crossoptilon crossoptilon*	58.81
		13	鸟类	血雉	*Ithaginis cruentus*	66.75
		14	鸟类	灰背隼	*Falco columbarius*	73.20
		15	鸟类	红腹角雉	*Tragopan temminckii*	58.81
		16	鸟类	普通鵟	*Buteo buteo*	67.74
		17	鸟类	红隼	*Falco tinnunculus*	86.85
		18	鸟类	纵纹腹小鸮	*Athene noctua*	67.25
		19	鸟类	斑尾榛鸡	*Tetrastes sewerzowi*	58.56
		20	鸟类	绿尾虹雉	*Lophophorus lhuysii*	97.77
		21	鸟类	猎隼	*Falco cherrug*	52.85
		22	鸟类	中华秋沙鸭	*Mergus squamatus*	58.81
		23	鸟类	白尾鹞	*Circus cyaneus*	77.17
		24	兽类	狼	*Canis lupus*	88.09
		25	兽类	水鹿	*Cervus unicolor*	97.77
		26	兽类	马麝	*Moschus chrysogaster*	83.87
		27	兽类	猕猴	*Macaca mulatta*	64.27
		28	兽类	四川林跳鼠	*Eozapus setchuanus*	53.35
		29	兽类	牛羚	*Budorcas taxicolor*	97.77
		30	兽类	马鹿	*Cervus elaphus*	97.77
		31	兽类	黑熊	*Ursus thibetanus*	66.75
		32	兽类	林麝	*Moschus berezovskii*	78.41
		33	兽类	雪豹	*Uncia uncia*	88.34

矿区编号	矿区名称	序号	类群	名称	学名	分布面积百分比/%
G-11	康定—棒塔铅锌矿鼓励开采区	34	兽类	纹背鼩鼱	*Sorex cylindricauda*	77.42
		35	兽类	白唇鹿	*Cervus albirostris*	85.86
		36	兽类	赤狐	*Vulpes vulpes*	88.83
		37	兽类	豹	*Panthera pardus*	66.00
		38	兽类	豺	*Cuon alpinus*	95.29
		39	兽类	斑羚	*Naemorhedus goral*	58.81
		40	兽类	盘羊	*Ovis ammon*	88.09
		41	兽类	棕熊	*Ursus arctos*	67.74
		42	兽类	小熊猫	*Ailurus fulgens*	60.55
		43	兽类	豹猫	*Prionailurus bengalensis*	67.49
		44	兽类	金猫	*Catopuma temminckii*	58.81
		45	兽类	岩羊	*Pseudois nayaur*	96.53
X-3	康定—大渡河金矿限制开采区	1	两栖类	棕点湍蛙	*Amolops loloensis*	56.45
		2	两栖类	皱皮齿突蟾	*Scutiger ruginosus*	61.29
		3	两栖类	山溪鲵	*Batrachuperus pinchonii*	91.94
		4	两栖类	四川湍蛙	*Amolops mantzorum*	93.55
		5	鸟类	秃鹫	*Aegypius monachus*	82.26
		6	鸟类	白腹锦鸡	*Chrysolophus amherstiae*	95.16
		7	鸟类	白尾鹞	*Circus cyaneus*	95.16
		8	鸟类	凤头鹰	*Accipiter trivirgatus*	54.84
		9	鸟类	乌雕	*Aquila clanga*	61.29
		10	鸟类	绿尾虹雉	*Lophophorus lhuysii*	98.39
		11	鸟类	血雉	*Ithaginis cruentus*	95.16
		12	鸟类	灰背隼	*Falco columbarius*	95.16
		13	鸟类	红隼	*Falco tinnunculus*	95.16
		14	鸟类	暗色鸦雀	*Paradoxornis zappeyi*	53.23
		15	鸟类	红腹山雀	*Parus davidi*	53.23
		16	兽类	牛羚	*Budorcas taxicolor*	98.39
		17	兽类	黑熊	*Ursus thibetanus*	98.39
		18	兽类	岩羊	*Pseudois nayaur*	98.39
		19	兽类	复齿鼯鼠	*Trogopterus xanthipes*	64.52
		20	兽类	豺	*Cuon alpinus*	98.39
		21	兽类	川金丝猴	*Rhinopithecus roxellana*	80.65
		22	兽类	豹猫	*Prionailurus bengalensis*	95.16
		23	兽类	水鹿	*Cervus unicolor*	98.39

矿区编号	矿区名称	序号	类群	名称	学名	分布面积百分比/%
X-3	康定—大渡河金矿限制开采区	24	兽类	豹	*Panthera pardus*	98.39
		25	兽类	大熊猫	*Ailuropoda melanoleuca*	53.23
		26	兽类	黄喉貂	*Martes flavigula*	61.29
		27	兽类	小熊猫	*Ailurus fulgens*	96.77
		28	兽类	猕猴	*Macaca mulatta*	98.39
		29	兽类	马鹿	*Cervus elaphus*	98.39
		30	植物	头序无柱兰	*Amitostigma capitatum*	64.52

7.1.1.4 能源资源

甘孜州地处中国西南腹地，经济基础差，境内缺少煤、石油、天然气等资源，但甘孜州分布于境内的河流有金沙江、雅砻江、大渡河，水能资源十分丰富。因此水电是甘孜州主要的可开发能源，是推动甘孜州经济高速增长的主要动力。2005年全州装机容量 80 万 kW；预计到 2010 年，甘孜州水电开工建设装机容量超过 1 200 万 kW，新增装机 300 万 kW 以上，发电装机容量超过 380 万 kW，占全省的 15%以上；到 2020 年，甘孜州正式投产和开工建设的水电装机规模达到 2 000 万 kW 左右，新增装机 800 万 kW 以上，成为“川电外送”重要水电基地。

根据《四川省甘孜藏族自治州矿产资源总体规划（2005—2010）》规划中的矿产资源开发利用规划部分，甘孜州将规划形成 16 个鼓励开采区、4 个限制开采区、3 个禁止开采区。对照甘孜州水电站规划分布图可知矿产资源开发利用规划与水电站的关系（图 2-5，表 2-60）。

由表 2-60 可知，规划中的 6 个鼓励开采区和 1 个限制开采区共涉及 14 个水电站，其中包括 2 个已建电站、3 个在建电站、9 个规划电站。涉及水电站的总装机容量 1 468.8 MW；2005 年涉及水电总装机量占甘孜州水电发电总装机量的 30.53%；预计到 2010 年涉及电站占甘孜州水电总装机量的 12.2%；到 2020 年涉及电站占甘孜州水电总装机量的 7.3%。

矿产开采主要是在山体中进行，一般离河谷区较远，对水电站的建设与运行影响较小。在建水电站均已经与相关的国土资源部门进行过协调沟通，做了电站建设项目的矿产资源调查，并由相关主管部门出具了备案证明；其余规划电站与矿区开发过程中应注意相互协调，使水电资源与矿产资源的利用总效益达到最大化。

表 2-60　鼓励开采区、限制开采区与水电站关系

性质	编号	矿区名称	涉及水电站	装机容量/MW	开发方式	所在河流	电站性质	备注
鼓励开采区	G-6	巴塘—拉哇石灰岩矿	结绒溪	44	引水式	定曲河干流	规划	
	G-7	道孚—菜子沟磁铁矿	崩龙	10.5	混合式	鲜水河干流	规划	
			大览村	8.1	河床式		规划	
			孟拖	4.2	引水式		已建	已协调
	G-10	丹巴—色底云母矿	巴底	110	堤坝式	大渡河干流	规划	
			阿娘	100	混合式	小金川河干流	规划	
			小金川	156	混合式		规划	
	G-11	康定—棒塔铅锌矿	长河坝	220	堤坝式	大渡河干流	在建	已协调
			黄金坪	60	堤坝式		在建	已协调
	G-13	泸定—冷碛石灰岩矿	硬梁包	130	引水式	大渡河干流	规划	
	G-16	九龙—里伍铜矿	偏桥	160	引水式	九龙河干流	规划	
			上铺子	66	引水式		规划	
限制开采区	X-3	康定—大渡河金矿	猴子岩	160	堤坝式	大渡河干流	在建	已协调
			冷竹关	240	引水式	瓦斯河	已建	已协调
合计			14 个	1 468.8				

7.1.1.5 *矿产资源*

甘孜州地处著名的“三江”成矿带和康滇地轴北带，是继攀西地区之后四川省最重要的矿产资源富集区，具有建设国家级大型矿业基地的资源条件。锂、钽、铍、镍、铂族等矿产资源量在省内占较大优势，铜、铅、锌、银的预测资源量在省内占重要地位，非金属矿产中的石灰岩、白云岩、蛇纹岩、花岗岩等资源潜力很大。已探明可供开发利用的矿产中，以贵金属、有色金属、稀有金属和非金属为优势矿产，具有规模大、品位富、可供利用组分多等特点。

根据《四川省甘孜藏族自治州矿产资源总体规划（2005—2010）》，全州金属矿产中铜、铅、锌、镍的资源量约 537.05 万 t，2005 年开采最为 4.04 万 t，预计 2010 年的开采量达 11.38 万 t，占总量的 2.05%；2020 年开采量达 21.99 万 t，占总量的 4.22%。

根据《四川省甘孜藏族自治州矿产资源总体规划（2005—2010）》中的“甘孜州主要矿产资源储量表”，甘孜州的非金属矿产中，作为水泥生产主要原料的

石灰岩资源量超过 6.206 亿 t，石膏达到 31.7 亿 t，用于生产电子产品的硅资源量约为 4 195 万 t。而甘孜州 2005 年水泥产量 30 万 t，预计 2010 年达 50 万 t，2020 年达 70 万 t；2010 年工业硅产量 8 万 t，2020 年达 10 万 t。

以上数据说明到 2010 年甘孜州的矿产资源开采率不到 5%，2020 年甘孜州的矿产资源开采率不到 10%，比 2005 年的 1.71%有较大提高，但仍处于较低的水平。而且随着矿产资源勘查技术的不断提高，甘孜州矿产资源的远景储量将更大，因此甘孜州矿产资源的承载力完全可以接受本规划的实施。

7.1.1.6 *旅游资源*

根据《四川省甘孜藏族自治州旅游发展总体规划（2000—2015）》，甘孜州旅游开发总体结构为一个中心、一条主环线、两大交通枢纽、两条主干线、三个旅游片区、四个主要旅游目的地、九个主要自然生态风景名胜区。一个中心，即甘孜州旅游中心支撑点—康定城；一条主环线，即熊猫生态旅游线西环线，以成都为起点，经过都江堰—卧龙—四姑娘山—丹巴藏族文化—亚拉风景区—八美—塔公—康定—海螺沟，经雅安返回成都；两大枢纽，即康定城和理塘县城；两条主干线，即北干线（以 317 国道线为主），从康定出发，经道孚—炉霍—甘孜—德格进入西藏；南干线，由康定向西沿 318 国道线经理塘—巴塘进入西藏。又从理塘沿理中路南行到达稻城、乡城、得荣进入云南省境内；三个旅游片区，即康巴风情与生态观光度假旅游区，康巴文化旅游区，香格里拉生态旅游区；四个主要旅游目的地，即摩西镇、康定城、德格县城和稻城亚丁；九个主要自然生态风景名胜旅游区，即泸定—海螺沟旅游区，康定旅游区，丹巴旅游区，九龙—伍须海旅游区，稻城—亚丁旅游区，理塘—格聂山旅游区，巴塘—措木沟旅游区，格西沟—帕姆岭旅游区和德格—新路海旅游区。

根据甘孜州“十一五”规划，到 2010 年将重点建设白玉—呷村银多金属矿、巴塘—夏塞银多金属矿、雅江—康定—甲基卡锂辉石矿、丹巴—杨柳坪铂镍矿开采区，并重点建设甘孜州东部硅工业基地。采用叠图法进行分析，开采区与旅游区重叠的部分为巴塘—夏塞银多金属矿鼓励开采区，涉及巴塘—措木沟旅游区，矿区与旅游区重叠面积约占该旅游区总面积的 6.15%，占甘孜州 9 个主要旅游区总面积的 0.84%。

到 2020 年，甘孜州的鼓励开采区将达到 16 个，采用叠图法进行分析，可知甘孜州矿产资源开发利用与保护规划分区与甘孜州旅游总体规划布局的关系。由表 2-61 可知，到 2020 年甘孜州矿产开采区涉及 9 个主要旅游区中的巴塘—措木沟旅游区、丹巴旅游区、康定旅游区、泸定—海螺沟旅游区，涉及面积占 9 个旅游区总面积的 13.24%。

表 2-61　甘孜州矿产资源总体规划分区与旅游总体规划布局关系

矿区编号	矿产名称	涉及区域	区位关系	比例/%	影响分析结论
G-1	德格—崩多铜矿鼓励开采区	旅游交通北干线	交通干线位于矿区边缘		该区域内的矿产品在运输过程中应注意风险防护；在旅游高峰期尽量减少运输量，以减轻交通负荷
G-7	道孚—菜子沟磁铁矿鼓励开采区		交通干线通过矿区		
G-5	巴塘—柏戈西铅锌矿鼓励开采区	旅游南干线	交通干线通过矿区		
G-6	巴塘—拉哇石灰岩矿鼓励开采区		交通干线通过矿区		
G-1	德格—崩多铜矿鼓励开采区	德格—新路海旅游区	矿区位于旅游区边缘		对旅游区的影响较小
G-3	巴塘—夏塞银多金属矿鼓励开发	巴塘—措木沟旅游区	矿区与旅游区重叠面积约占旅游区总面积的一半	6.15	在开采区的开发中应注意对旅游景点（源）的避让
G-4	巴塘—茶洛多金属矿鼓励开采区				
G-5	巴塘—柏戈西铅锌矿鼓励开采区				
G-6	巴塘—拉哇石灰岩矿鼓励开采区				
G-10	丹巴—色底云母矿鼓励开采区	丹巴旅游区	矿区的部分面积与旅游区重叠	2.31	在开采区的开发中应注意对旅游景点（源）的避让
X-2	丹巴—杨柳坪铂镍矿限制开采区	康定旅游区	矿区位于旅游区边缘		对旅游区的影响较小
X-3	康定—大渡河金矿限制开采区		矿区位于旅游区边缘		
G-12	康定—榆林宫温泉鼓励开采区		矿区位于旅游区内	1.17	在开采区的开发中应注意对旅游景点（源）的避让
G-13	泸定—冷碛石灰岩矿鼓励开采区	泸定—海螺沟旅游区	矿区位于旅游区内	1.41	在开采区的开发中应注意对旅游景点（源）的避让
G-14	泸定—摩西温泉鼓励开采区		矿区位于旅游区内	2.18	矿产开发与旅游资源开发相结合，对温泉进行综合开发利用
合计				13.24	

由于九大旅游区的划分为区域性的，并没有明确的四至边界，因此矿产开采区与之区位关系的分析为定性分析。对位于旅游区边缘处的矿区在开采利用过程中应加强环境保护措施，尽量减轻对旅游区的影响；对于位于旅游区内或部分面积与旅游区重叠的矿区，在开采与利用过程中应特别重视与相关部门的沟通协调，避免在开采利用过程中破坏重要的旅游景点和旅游交通干线，应使旅游资源与矿产资源综合效益最大、最优化，同时采取行之有效的环保措施，保护当地环境。上述措施落实到位后，甘孜州矿产资源总体规划对甘孜州旅游收入及客流量影响不大。

7.1.2 环境承载力变化分析

7.1.2.1 水环境

根据《四川省甘孜藏族自治州矿产资源总体规划（2005—2010）》，金属矿产开发利用总量调控为：2005 年铜、铅、锌、镍的精矿产总量 4.04 万 t；2010 年铜、铅、锌、镍的精矿产总量达到 11.38 万 t；2020 年达 21.99 万 t。

从上述调控数据可知，开发利用总量仅控制了铜、铅、锌、镍的精矿产量，无金属冶炼产品总量调控计划。由于工业硅为铜、铅、锌、镍的精矿产品的主要污染物来自选矿废水、尾矿渗水，其中选矿废水和尾矿渗水中又以铜含量最高，其次为锌，其他金属含量相对很小，因此重点分析精矿产品排放的铜、锌对水环境容量的压力。

根据甘孜州环境监测站资料，甘孜州主要江河流域水质质量能达到规定的环境标准；主要江河流域环境功能区现有剩余水环境容量较大，其中大渡河：COD 61 万 t/a、氨氮 1.9 万 t/a；金沙江 COD 36 万 t/a、氨氮 2.5 万 t/a；雅砻江 COD 39 万 t/a、氨氮 2.3 万 t/a。另外，根据《甘孜州主要污染物总量减排实施方案》，甘孜州“十一五”COD 控制目标为 8 000 t，氨氮为 1 000 t。

上述数据均没有涉及铜、锌的控制要求与容量，大渡河、金沙江和雅砻江干流铜、锌含量也没有超标，加之清洁生产要求选矿废水达标率达到 100%，因此《四川省甘孜藏族自治州矿产资源总体规划（2005—2010）》对甘孜州水环境容量的压力较小。

但是，根据甘孜州已有矿产开采区域地表水环境质量现状监测资料可知，棒塔铅锌矿区（G-11）下游 500 m 监测点处 Pb 指标超标，因此需要注意各矿区下游附近局部河段的污染情况，特别是集中饮用水水源保护地上游的矿区的事故应急处理。

7.1.2.2 大气环境

根据《甘孜州主要污染物总量减排实施方案》，甘孜州大气污染物总量控制

因子为 SO_2，计划在“十一五”的总量控制目标为 5 000 t。根据统计数据，甘孜州 2006 年 SO_2 排放总量为 2 970.50 t。

根据《四川省甘孜藏族自治州矿产资源总体规划（2005—2010）》，没有金属冶炼总量控制数据，非金属矿产开发利用总量调控为：2005 年水泥产量 30 万 t；2010 年水泥产量达 50 万 t，工业硅产量 8 万 t；2020 年水泥产量达 70 万 t，工业硅产量 10 万 t。

水泥生产过程中排放的主要污染物是废气中的粉尘和少量的 SO_2。由于水泥熟料在窑内煅烧过程中原料中的石灰还原反应产生较高的 CO_2，部分 SO_2 被原料和熟料所吸收，所以 SO_2 排放较少。经计算，2010 年甘孜州因水泥生产排放的 SO_2 为 500 t，2020 年排放 700 t，占“十一五”的总量控制目标 5 000 t 的比例较小，仅为 10%。

工业硅为高耗能、低污染行业，主要能源为电力，只要按清洁生产要求回收利用烟气、粉尘，则既可资源再利用，又有利于环境保护，因此对甘孜州大气环境承载力影响很小。

综合上述可知，《四川省甘孜藏族自治州矿产资源总体规划（2005—2010）》的实施对大气环境承载力影响很小，但在矿产资源开采、选矿、冶炼、加工以及运输等过程均对周围环境空气质量产生不利影响。

7.1.2.3 土壤环境

（1）水土流失

根据《甘孜州水土保护规划（2001—2010）》甘孜州地处四川盆地边缘的高山地区，全州土壤侵蚀面积为 62 087.3 km^2，占全州土地总面积的 40.6%，占全省水土流失总面积的 30%以上；侵蚀类型以水力和冻融为主，其中水力侵蚀面积 55 201.1 km^2，冻融侵蚀面积 6 886.2 km^2；全州平均侵蚀模数为 2 730.67 t/（km^2·a）。水土流失面积约占全州幅员面积的 40%，居全省首位，虽然现已投入大量人力物力进行治理，仍是不容忽视的生态隐患。水土流失原因以自然因素为主，但是人为因素如乱砍滥伐、过度放牧、采矿、挖矿等也对水土流失也造成一定的影响。

根据《四川省甘孜藏族自治州矿产资源总体规划（2005—2010）》，共规划 16 个鼓励开采区（总面积约 7 561.9 km^2）和 4 个限制开采区（总面积约 1 220.2 km^2）；另根据甘孜州“十一五”规划，到 2010 年将重点建设 G-2（白玉—呷村银多金属矿鼓励开采区）、G-3（巴塘—夏塞银多金属矿鼓励开采区）、G-9（雅江—康定—甲基卡锂辉石矿鼓励开采区）、X-2（丹巴—杨柳坪铂镍矿限制开采区），并重点建设甘孜州东部硅工业基地。

对照甘孜州水土流失现状图，采用叠图法分析可知（见附图 8），到 2010 年重点建设的矿产开采区中的 X-2（丹巴—杨柳坪铂镍矿开采区）涉及强度水土流失区域；其余区域以轻度水力侵蚀和微度冻融侵蚀为主；到 2020 年 16 个鼓励开采区区域内的水土流失除 G-10（康定—棒塔铅锌矿鼓励开采区）、G-13（泸定—冷碛石灰岩矿鼓励开采区）、G14（泸定—摩西温泉鼓励开采区）、X-2（丹巴—杨柳坪铂镍矿限制开采区）部分属于强度和极强度水力侵蚀，其余区域以轻度水力侵蚀和微度冻融侵蚀为主。具体数据详见表 2-62。

表 2-62　甘孜州矿产资源总体规划分区与水土流失关系

<table>
<tr><th>时间</th><th>矿区编号</th><th>矿区名称</th><th>区域水土流失类型</th><th>面积/km²</th><th>比例/%</th><th>影响分析结论</th></tr>
<tr><td rowspan="6">2010 年</td><td rowspan="4">X-2</td><td rowspan="4">丹巴—杨柳坪铂镍矿限制开采区</td><td>强度水力侵蚀</td><td>68.2</td><td>8.2</td><td rowspan="4">规划将该区域划分为限制开采区较合理</td></tr>
<tr><td>中度水力侵蚀</td><td>27.8</td><td>3.4</td></tr>
<tr><td>微度水力侵蚀</td><td>63.1</td><td>7.6</td></tr>
<tr><td>其他</td><td>93.4</td><td>11.3</td></tr>
<tr><td colspan="2">其他</td><td>轻度水力侵蚀和微度冻融侵蚀为主</td><td>574.4</td><td>69.5</td><td>注意区域内的水土流失的预防和保护</td></tr>
<tr><td colspan="2">小计</td><td></td><td>826.9</td><td>100.0</td><td></td></tr>
<tr><td rowspan="20">2020 年</td><td rowspan="5">G-10</td><td rowspan="5">丹巴—色底云母矿鼓励开采区</td><td>极强度水力侵蚀</td><td>75.5</td><td>0.9</td><td rowspan="9">建议将区域内强度以上的水土流失范围划分为限制开采区，同时在其他区域注意水土流失的预防和保护</td></tr>
<tr><td>强度水力侵蚀</td><td>377.6</td><td>4.3</td></tr>
<tr><td>中度水力侵蚀</td><td>151.0</td><td>1.7</td></tr>
<tr><td>微度水力侵蚀</td><td>422.9</td><td>4.8</td></tr>
<tr><td>其他</td><td>483.3</td><td>5.5</td></tr>
<tr><td rowspan="4">G-13</td><td rowspan="4">泸定—冷碛石灰岩矿鼓励开采区</td><td>极强度水力侵蚀</td><td>2.1</td><td>0.0</td></tr>
<tr><td>强度水力侵蚀</td><td>10.7</td><td>0.1</td></tr>
<tr><td>中度水力侵蚀</td><td>17.1</td><td>0.2</td></tr>
<tr><td>微度水力侵蚀</td><td>183.8</td><td>2.1</td></tr>
<tr><td rowspan="5">G-14</td><td rowspan="5">泸定—摩西温泉鼓励开采区</td><td>极强度水力侵蚀</td><td>46.0</td><td>0.5</td><td rowspan="5">该区域为温泉开采区，对水土流失影响较小，但在开发中应注意避开极强度水土流失区域</td></tr>
<tr><td>强度水力侵蚀</td><td>56.6</td><td>0.6</td></tr>
<tr><td>中度水力侵蚀</td><td>35.4</td><td>0.4</td></tr>
<tr><td>微度水力侵蚀</td><td>42.4</td><td>0.5</td></tr>
<tr><td>其他</td><td>173.2</td><td>2.0</td></tr>
<tr><td rowspan="4">X-2</td><td rowspan="4">丹巴—杨柳坪铂镍矿限制开采区</td><td>强度水力侵蚀</td><td>68.2</td><td>0.8</td><td rowspan="4">规划将该区域划分为限制开采区较合理</td></tr>
<tr><td>中度水力侵蚀</td><td>27.8</td><td>0.3</td></tr>
<tr><td>微度水力侵蚀</td><td>63.1</td><td>0.7</td></tr>
<tr><td>其他</td><td>93.4</td><td>1.1</td></tr>
<tr><td colspan="2">其他</td><td>轻度水力侵蚀和微度冻融侵蚀为主</td><td>6 452.0</td><td>73.5</td><td>注意区域内的水土流失的预防和保护</td></tr>
<tr><td colspan="2">小计</td><td></td><td>8 782.1</td><td>100.0</td><td></td></tr>
</table>

从整个开采区域来看，所有开采区域总面积为 8 782.1 km^2，其中极强度水力侵蚀面积约 191.8 km^2，占开采区总面积的 2.2%；强度水力侵蚀总面积约 472.6 km^2，占开采区总面积的 5.4%；其余 82.4%的面积以轻度水力侵蚀和微度冻融侵蚀为主。

矿产资源的开采中，对地表土层造成扰动，可能新增水土流失面积。因此在开采过程中应重视水土保持，特别对于涉及强度和极强度水力侵蚀的 G-10、G-13、G-14、X-2 矿区尤其应重视保护地表植被，注重水土保持。

（2）土壤理化性质

甘孜州土壤属于青藏高原高寒地区的高山土壤群系，自北而南出现高山草甸土、寒漠土带、亚高山草甸土、暗棕壤带、褐土、棕壤土、红壤、黄棕壤带 5 个土壤带。根据《甘孜州水土保持规划》，甘孜州的土壤主要为酸性（pH=5.0～6.5）至中性（pH=6.5～7.5）。州内土壤中铜背景值约 3 mg/kg，锌的含量约为 5 mg/kg。

根据《四川省甘孜藏族自治州矿产资源总体规划（2005—2010）》，精矿产品主要为铜、铅、锌、镍，而选矿废水中主要含有铜、铅、锌、镉等污染物，其中又以铜的比重最大，超过 80%，因此以下重点分析矿产资源开发对土壤铜的环境静容量的压力关系。

以下以金属铜为例进行计算，以分析铜矿开采与土壤对铜的环境静容量间的关系。

参照国家土壤质量标准（GB 15618—1995）中的一级标准，得到甘孜州土壤中铜的临界值为 35 mg/kg，采用下式计算土壤静容量。

$$C_{\mathrm{so}} = 10^{-6} M (C_i - C_{\mathrm{B}i})$$

式中：C_{so}—— 土壤静容量，kg/hm^2；

M—— 每公顷耕作土层重，2.25×10^6 kg/hm^2；

C_i—— 某污染物的临界值，mg/kg；

$C_{\mathrm{B}i}$—— 某污染物的土壤背景值，mg/kg。

代入相关数据可以得到土壤中铜的环境容量为 65.25 kg/hm^2。根据《四川省甘孜藏族自治州矿产资源总体规划（2005—2010）》，开采矿区中含金属矿区的总面积约 3 129.3 km^2，由此可得到甘孜州土壤铜的总静态环境容量约为 2 041 万 t。

根据《四川省甘孜藏族自治州矿产资源总体规划（2005—2010）》，到 2010 年年末甘孜州铜、铅、锌、镍精矿的产量将达到 11.38 万 t，到 2020 年年末产量将达到 21.99 万 t。按最不利情况考虑，选矿废水中的金属铜全部进入土壤，则到 2010 年年末矿产开采利用将向环境中排放的铜总重为 300 t；到 2020 年年末排放量将达到约 520 t，均远小于土壤中铜的总静态环境容量（2 041 万 t)。以上分析说明选矿废水对土壤造成的铜金属污染在土壤环境静容量以内。

在矿产资源的开采与利用中尾矿也会对土壤产生的金属污染，金属尾矿堆放区需采用一定的工程措施进行防护，以防止尾矿受雨水淋溶后，通过地表径流或下渗对土壤产生重金属污染。根据甘孜州巴塘夏塞银铅锌矿、白玉鑫源银多金属矿区的废石场和尾矿库选址处的土壤环境质量监测资料，监测评价因子为 pH、Cd、Pb、Cr、Hg、As 共计六项，均达《土壤环境质量标准》一级标准，说明夏塞、鑫源两矿区废石场及尾矿库区域土壤环境质量现状良好。由于金属尾矿对周围土壤污染的潜在危害较大，因此应重视尾矿区周边土壤的重金属污染的监测和防范工作。

7.2 资源-环境承载力变化综合评价

7.2.1 综合评价方法

7.2.1.1 资源-环境承载力综合指数计算公式

资源-环境承载力综合指数可表达为：

$$\mathrm{CSI}^{res-env}=\sum_{i=1}^{n}S_i^{res-env}\cdot W_i^{res-env}$$

式中：$\mathrm{CSI}^{res-env}$ —— 资源环境承载力指数；

$S_i^{res-env}$ —— 各特征指标分值；

$W_i^{res-env}$ ——特征指标 i 相对应的权重值。

7.2.1.2 权重计算方法

（1）标度

由于各指标在评标中的重要程度不同，需确定其权重，按 AHP 法的标度理论，采用 Saaty 1～9 标度法（见表 2-63)，对各元素进行两两相互比较，确定各因素间的比率标度。

（2）构造两两比较判断矩阵

首先假使对承载力的影响因子共有 n 个，构成集合 $C=\{C_1, C_2, C_3, \cdots, C_n\}$，

然后根据建立的层次结构模型，分别构造两两比较判断矩阵：$A=\left(a_{ij}\right)_{n\times n}$

矩阵应满足条件：$a_{ij}>0$，$a_{ij}=1/a_{ji}$，$a_{ii}=1$，2，…，n。a_{ij} 的大小根据 Saaty 提出的以 1～9 及其倒数作为衡量尺度的标度方法给出。

表 2-63　标度的含义

标度	含义
1	两个因素相比，两个因素同等重要
3	两个因素相比，一个因素比另一个稍微重要
5	两个因素相比，一个因素比另一个明显重要
7	两个因素相比，一个因素比另一个强烈重要
9	两个因素相比，一个因素比另一个极端重要
2，4，6，8	上述相邻判断的中值

（3）权重的计算

① 将判断矩阵标准化

$$\overline{a_{ij}}=\frac{a_{ij}}{\sum_{k=1}^{n}a_{kj}}\quad (i, j=1, 2, \cdots, n)$$

② 将标准化后的矩阵按行相加

$$\overline{W_i}=\sum_{j=1}^{n}\overline{a_{ij}}\quad (i, j=1, 2, \cdots, n)$$

③ 对 W 进行标准化

$$\overline{W_i}=\frac{\overline{W_i}}{\sum_{j=1}^{n}\overline{W_j}}\quad (i, j=1, 2, \cdots, n)$$

则 $W=(W_1, W_2, \cdots, W_n)^T$ 为所求的特征向量，即为同一层次中相应元素对于上一层某个元素相对重要性权重。

（4）一致性验证

计算矩阵的最大特征根λ_{max}；

计算一致性指标 CI　　$CI=\frac{\lambda_{max}-n}{n-1}$

式中：n—— 判断矩阵的阶数。

计算一致性指数 CR $$CI=\frac{CI}{RI}$$

式中：RI——平均随机一致性指标，1～10 阶矩阵的 RI 取值见表 2-64。

表 2-64 平均随机一致性指标取值

矩阵阶数	1	2	3	4	5	6	7	8	9	10
RI	0	0	0.58	0.9	1.12	1.24	1.32	1.41	1.45	1.49

当 CR＜0.1 时，判断矩阵具有满意的一致性，否则对矩阵进行重新调整。

7.2.1.3 特征指标取值方法

为了使结果具有可比性，分值的确定必须有相应的标准和参照值。由于目前各指标缺乏全国、区域的统计数据或资料，因此采用以甘孜州各种资源的利用程度和甘孜州的经济发展水平为基础，专家评分的方法确定其分值。

7.2.2 资源-环境承载力计算

7.2.2.1 权重计算

根据专家评分结果得到矩阵：

（1）要素层：环境-资源承载力权重分析见表 2-65。

表 2-65 要素层矩阵

要素层	资源要素 C_1	环境要素 C_2
资源要素 C_1	1	3
环境要素 C_2	0.33	1

标准化后得到矩阵，见表 2-66。

表 2-66 要素层标准化矩阵

资源要素 C_1	0.75	0.75
环境要素 C_2	0.25	0.25

结果：资源要素的权重为 0.75，环境要素的权重为 0.25。

（2）因子层：资源要素和环境要素各环境因子权重分析。

① 资源要素各因子权重分析

根据专家评分和讨论得到矩阵，见表 2-67。

表 2-67　资源要素各因子矩阵

资源因子	水资源 C_1	土地资源 C_2	林业及物种资源 C_3	能源资源 C_4	旅游资源 C_5	矿产资源 C_6
水资源 C_1	1	3	4	4	5	9
土地资源 C_2	0.33	1	2	3	4	7
林业及物种资源 C_3	0.25	0.5	1	1	3	6
能源资源 C_4	0.25	0.33	1	1	2	5
旅游资源 C_5	0.2	0.25	0.33	0.5	1	3
矿产资源 C_6	0.11	0.14	0.17	0.2	0.33	1

标准化后得到矩阵，见表 2-68。

表 2-68　资源要素各因子标准化矩阵

资源因子	水资源 C_1	土地资源 C_2	林业及物种资源 C_3	能源资源 C_4	旅游资源 C_5	矿产资源 C_6
水资源 C_1	0.466	0.574	0.471	0.412	0.326	0.29
土地资源 C_2	0.155	0.191	0.235	0.309	0.261	0.226
林业及物种资源 C_3	0.117	0.096	0.118	0.103	0.196	0.194
能源资源 C_4	0.117	0.064	0.118	0.103	0.13	0.161
旅游资源 C_5	0.093	0.048	0.039	0.052	0.065	0.097
矿产资源 C_6	0.052	0.027	0.02	0.021	0.022	0.032

经计算：

$$W=[0.423,\ 0.230,0.137,0.115,0.066,\ 0.029]^T$$

$$\lambda_{\max}=\sum_{i=1}^{n}\frac{(AW)_i}{nW_i}=6.203\,897$$

$$\mathrm{CI}=\frac{\lambda_{\max}-n}{n-1}=0.404\,779$$

$$\mathrm{CR}=\frac{\mathrm{CI}}{\mathrm{RI}}=0.032\,887<0.1$$

所以上述矩阵具有满意的一致性，符合 AHP 要求。

② 环境要素各因子权重分析

根据专家评分和讨论得到矩阵，见表 2-69。

表 2-69 环境要素各因子矩阵

环境因子	水环境 C_1	大气环境 C_2	土壤环境 C_3
水环境 C_1	1	4	4
大气环境 C_2	0.25	1	1
土壤环境 C_3	0.25	1	1

标准化后得到矩阵，见表 2-70。

表 2-70 环境要素各因子标准化矩阵

水环境 C_1	0.667	0.667	0.667
大气环境 C_2	0.167	0.167	0.167
土壤环境 C_3	0.167	0.167	0.167

经计算：

$$W = \left[0.667, 0.167, 0.167\right]^T$$

$$\lambda_{\max} = \sum_{i=1}^{n} \frac{(AW)_i}{nW_i} = 3$$

$$\mathrm{CI} = \frac{\lambda_{\max} - n}{n-1} = 0$$

$$\mathrm{CR} = \frac{\mathrm{CI}}{\mathrm{RI}} = 0 < 0.1$$

所以上述矩阵具有满意的一致性，符合 AHP 要求。

③ 层次总计算

同样的方法，可以计算出各指标分量的权重，不再分别详细列出计算过程。资源-环境承载力层次总计算结果见表 2-71。

表 2-71 资源-环境承载力层次总计算结果统计

目标层	资源环境承载力									层次排序结果
准则层	资源承载力						环境承载力			
	0.75						0.25			
指标层	水资源	土地资源	林业及物种资源	能源资源	旅游资源	矿产资源	水环境	大气环境	土壤环境	
	0.423	0.230	0.137	0.115	0.066	0.029	0.667	0.167	0.167	
人均水资源量	0.25	0	0	0	0	0	0	0	0	0.079
水资源利用率	0.75	0	0	0	0	0	0	0	0	0.238
土地承载力	0	0.5	0	0	0	0	0	0	0	0.086
土地适宜性	0	0.5	0	0	0	0	0	0	0	0.086
人均森林拥有量	0	0	0.5	0	0	0	0	0	0	0.051
森林覆盖率	0	0	0.5		0	0	0	0	0	0.051
涉及总装机占全州比例	0	0	0	1	0	0	0	0	0	0.022
涉及旅游区面积	0	0	0	0	1	0	0	0	0	0.049
主要矿产储量	0	0	0	0	0	0.25	0	0	0	0.022
主要矿产开采率	0	0	0	0	0	0.75		0	0	0.065
选矿废水达标率	0	0	0	0	0	0	0.5	0	0	0.083
水环境容量	0	0	0	0	0	0	0.5	0	0	0.083
SO_2 总量	0	0	0	0	0	0	0	0.5	0	0.021
大气环境容量	0	0	0	0	0	0	0	0.5	0	0.021
涉及强度水土流失区域面积	0	0	0	0	0	0	0	0	0.75	0.031
土壤环境容量	0	0	0	0	0	0	0	0	0.25	0.010

7.2.2.2 特征指标分值计算

为了使结果明显易见，对各承载力评价指标采用了专家评分法得到近期和远期分值，见表 2-72。

表 2-72 各特征要素分值计算结果统计

主题	要素	因子	指标	2005 年	2010 年	2020 年
资源-环境承载力	资源要素	水资源	人均水资源量	86	81.8	77.6
			水资源利用率	53	63.4	70
		土地资源	土地承载力	85	80.6	72
			土地适宜性	57	60.4	63
		林业及物种资源	人均森林拥有量	71	67	62
			森林覆盖率	54	55	54
		能源资源	涉及总装机占全州比例	72	79.4	86
		旅游资源	涉及旅游区面积	74	77	81
		矿产资源	主要矿产储量	81	80	79
			主要矿产开采率	49	52	55
	环境要素	水环境	选矿废水达标率	53	68	88
			水环境容量	86	86	89
		大气环境	SO_2 总量	81	79	71
			大气环境容量	79	76.6	75
		土壤环境	涉及强度水土流失区域面积	79	69	69
			土壤环境容量	82	79	82

注：以“1～100 分制”表示各资源-环境承载力要素指标分值的从小到大逐渐变化；其中，60 分以下为矿产开发对承载力改变不能接受，60～80 分为矿产开发对承载力改变可以接受，80 分以上为矿产开发对承载力没有不利影响。

7.2.2.3 资源-环境承载力综合指数计算结果

表 2-73 资源-环境承载力综合指数计算结果统计

主题	要素	因子	指标	权重	综合指数		
					2005 年	2010 年	2020 年
资源-环境承载力	资源要素	水资源	人均水资源量	0.08	6.88	6.54	6.21
			水资源利用率	0.24	12.72	15.22	16.80
		土地资源	土地承载力	0.09	7.65	7.25	6.48
			土地适宜性	0.09	5.13	5.44	5.67
		林业及物种资源	人均森林拥有量	0.05	3.55	3.35	3.10
			森林覆盖率	0.05	2.70	2.75	2.70
		能源资源	涉及总装机占全州比例	0.02	1.44	1.59	1.72
		旅游资源	涉及旅游区面积	0.05	3.70	3.85	4.05
		矿产资源	主要矿产储量	0.02	1.62	1.60	1.58
			主要矿产开采率	0.06	2.94	3.12	3.30

主题	要素	因子	指标	权重	综合指数		
					2005 年	2010 年	2020 年
资源-环境承载力	环境要素	水环境	选矿废水达标率	0.08	4.24	5.44	7.04
			水环境容量	0.08	6.88	6.88	7.12
		大气环境	SO_2总量	0.02	1.62	1.58	1.42
			大气环境容量	0.02	1.58	1.53	1.50
		土壤环境	涉及强度水土流失区域面积	0.03	2.37	2.07	2.07
			土壤环境容量	0.01	0.82	0.79	0.82
合计				1	65.84	69.00	71.58

注：以“1～100 分制”表示各资源-环境承载力要素指标的从小到大逐渐变化；其中，60 分以下为矿产开发对承载力改变不能接受，60～80 分为矿产开发对承载力改变可以接受，80 分以上为矿产开发对承载力没有不利影响。

7.2.3 综合评价

从表 2-73 中的资源-环境承载力综合指数计算结果可知，现状情况 2005 年、规划近期 2010 年和远期 2020 年矿产开发对资源-环境承载力改变在可以接受范围，2020 年优于 2010 年，2010 年优于现状 2005 年。分析原因是因为矿产资源规划进行了开采分区规划、开发利用方向调控，并重视了矿山生态环境保护与恢复治理规划，甘孜州矿产开发利用若按照本次规划实施将大大改观目前许多矿山未采取相应的环保措施，污染物直接排放的现状，资源-环境承载力将逐步得到改善。

8 清洁生产与循环经济分析

清洁生产，是指不断采取改进设计、使用清洁的能源和原料、采用先进的工艺技术与设备、改善管理、综合利用等措施，从源头削减污染，提高资源利用效率，减少或者避免生产、服务和产品使用过程中污染物的产生和排放，以减轻或者消除对人类健康和环境的危害。清洁生产的实质，就是在生产过程中，坚持采用新工艺、新技术，加强企业管理，通过对资源、能源的合理配置和全过程的控制，最大限度地把原料转化为产品，把污染控制在最低，从而达到节能、降耗、减污、增效的目的，实现经济建设与环境保护的协调发展。

甘孜州目前经济发展水平较低，普遍存在资源利用方式粗放，以出售原矿和精矿为主，几乎无冶炼及深加工环节，导致矿业经济效益不高。此外，目前开发的矿点大多规模较小，布局分散，工艺落后，共伴生资源和废弃物的综合利用水平低下，不符合清洁生产和循环经济要求。部分矿山企业甚至没有履行环评手续，缺乏基本的环保设施，造成明显的生态破坏和环境污染。

鉴于甘孜州矿产资源种类较多，矿点分散，在规划环评中，主要针对主要矿种和重点开发区域，结合甘孜州矿产资源开发现状、国内现有的清洁生产标准和环境保护要求，从生产工艺、物耗、水耗、能耗、产品、污染物排放等方面入手，分析目前矿业开发中在清洁生产方面的不足，提出对具体项目建设具有指导意义的清洁生产指标，探讨合理的准入门槛，提出促进清洁生产的政策和体制建议，以及构建循环经济产业链的总体设想，从而为项目建设中的环境保护工作指出方向。

8.1 清洁生产与循环经济现状

目前甘孜州矿山规模总体较小，生产方式粗放，技术、设备和管理普遍达不到国内先进水平。相当部分矿山企业没有做过环评，缺乏基本的环境保护设施。

特别是小型矿山企业，设备严重落后，清洁生产和循环经济水平非常低，主要表现在以下几个方面。

8.1.1 矿床规模偏小

甘孜州共有有效采矿权 85 个，其中省国土资源厅颁发采矿许可证 38 个，州国土资源局颁发采矿许可证 47 个。开采矿产有铜、铅、锌、铁、钨、锡、镍、金、银、铂、锂、脉石英、石膏、石灰岩、云母、钾长石、大理石、花岗石等 18 个矿种。除银矿、锡矿有大型矿外，其余基本为小型矿，且布局分散。从目前来看，甘孜州还未形成矿业的规模化和基地化开发。

8.1.2 资源回收率不高

甘孜州目前金属矿山采区回采率 86.54%，非金属矿山 86.24%；金属矿山矿井回采率 83.53%，非金属矿山 83.08%；金属矿山选矿回收率 84.15%；非金属矿山 81.08%；金属矿山采矿贫化率一般为 10%～20%，非金属矿山一般不高于 5%。总体来看，资源回收率与国内先进水平相比尚有较大差距。

8.1.3 综合利用率较低

在甘孜州现有矿山中，由于技术落后，未能对伴生矿产同步开发利用，且基本无冶炼及深加工环节。大矿小开现象普遍，造成资源严重破坏和浪费。矿山企业多数以出售原矿或精矿为主，导致甘孜矿产综合利用程度低，2005 年综合利用产值 630.67 万元，综合利用率 1.71%，远低于全省 8.22%的水平。

8.1.4 环境问题突出

一些矿山在开采、加工过程中废水、固体废弃物等无序排放，造成水源、矿山植被和土地等生态环境受到严重破坏；矿山恢复、治理和土地复垦率低，严重影响了矿业的可持续发展。

8.2 清洁生产与循环经济总体要求

推进矿山“清洁生产”，加强科学技术研究和应用。鼓励采用先进的采、选、冶工艺，开发低废和无污染的矿山清洁生产技术，实现矿山废弃物的减量化和资源化。将“三率”指标的制定与考核作为矿山开发监督管理工作的中心内容。根据矿床开采技术条件，采用先进技术和方法提高回采率，降低贫化率，力争达到国家清洁生产二级标准的要求。为满足国家对清洁生产与循环经济的发展要求，甘孜矿产开发在原料，节能降耗，污染物排放等方面应做到。

8.2.1 原材料环节

除主要原料矿石外，其他辅助原料应尽量选用无毒、无害、环保的原料。对于可循环再利用的原料，提高循环使用率，对于有毒原料，应做到工艺内循环。应利用尾矿进行充填，可以提高废物的综合利用率。

8.2.2 生产环节

开拓运输系统，缩短运输距离，降低运输成本。采用国内先进的高效、节能的技术和设备，降低能源消耗。提高水资源综合利用率，降低水资源消耗率；建设期和运行期产生的废石，尽量矿区内部消耗，降低固体废物的排放。

8.2.3 末端治理

采取先进技术和设备降低废水产生量，提高水资源循环效率，增加生活污水处理设施降低废水中悬浮物和 COD_{Cr} 和 BOD 的排放量；采取消声、隔声、减震等措施降低噪声污染；采取湿式除尘或布袋除尘的方式降低粉尘污染。

8.3 清洁生产与循环经济评价指标体系

四川省甘孜藏族自治州地处长江和黄河源头地区，自然地理条件和气候条件复杂多样，自然保护区、风景名胜区、森林个公园、地质公园、文物古迹等环境敏感目标数量众多，生物多样性、景观多样性和文化多样性非常丰富，极具保护价值。为此，本区域的矿产资源开发，应执行现有最严格的环境保护标准。在参照相关行业清洁生产标准、《矿山生态环境保护与污染防治技术政策》和《开发建设项目水土流失防治标准》（GB 50434—2008）等政策、规范的基础上，提出如下矿山开发清洁生产和循环经济评价指标体系（表 2-74）。在矿山开发建设过程中，应按照表中所列指标，结合行业特点，进行重点评价。原则上清洁生产水平应至少达到国内先进。

表 2-74　矿产开发清洁生产和循环经济评价指标体系

指标类别	指标名称	单位	评价基准值
资源消耗指标	综合能耗	kgce/t	*
	电耗	kWh/t	*
	水耗	m^3/t	*
	物耗	t/t	*
资源回收及利用指标	开采回收率	%	*
	采矿贫化率	%	*
	选矿回收率	%	*

指标类别	指标名称	单位	评价基准值
资源回收及利用指标	固废综合利用率	%	*
	废水重复利用率	%	90
生产技术指标	开采规模	万 t/a	符合国家产业政策
	工艺先进性		国内先进水平
	全员劳动生产率	万元/人	*
污染物指标	工业废水处理率	%	100
	工业废气处理率	%	100
	工业固废处置率	%	100
	危险废物处置率	%	100
	污染物排放达标率	%	100
生态治理指标	扰动区土地治理率	%	95
	土地复垦率	%	75
	植被恢复系数	%	98
	拦渣率	%	98

注：* 未给出具体值的评价指标，应参照国内外的具体行业标准确定。

8.4 主要矿种的清洁生产水平评价及循环经济要求

按照储量大、矿点多、成矿远景好等原则，在金属矿中选择铁矿、铜矿、铅锌矿、锡矿、金矿、银矿、铂镍矿，在非金属矿中选择煤矿、锂辉石、云母矿、石灰岩、石膏、饰面石材（大理岩、花岗岩）、脉石英。根据上述矿种的开发现状和发展趋势，分别进行清洁生产水平评价，并提出提高清洁生产水平和发展循环经济的建议（表 2-75 和表 2-76）。

表 2-75 四川省甘孜藏族自治州主要金属矿清洁生产水平及建议

矿种	清洁生产水平	清洁生产改进措施	发展循环经济的建议
铁矿	主要分布在道孚等地，主要开采区为道孚县菜子坡铁矿，为小型矿井，矿区最低开采规模为 3 万 t/a，矿山最低开采规模为 30 万 t/a。甘孜铁矿回采率和贫化率等指标基本属于三级水平或略高于三级，而废物综合利用率指标还达不到三级标准	淘汰落后采矿、选矿工艺、技术和设备，提高采矿装备水平，实现传统产业升级，减少能源消耗	综合回收铁矿中共伴生有益元素，应加强钛资源的回收利用。尾矿经分级处理后可加工利用。其余尾矿可用于充填沉陷区。加强水资源综合利用，提高污水回用率，对含重金属较高的废水必须做到 100%综合利用
铅锌矿	主要分布在康定、巴塘、泸定、九龙、丹巴等地，矿山 9 个。全为小型。矿区最低开采规模为 3 万 t/a，矿山最低开采规模为 30 万 t/a。开采回收率低于 75%。矿山开采过程中“三废”排放缺乏有效治理，排放达标率较低。矿山开采造成的生态环境破坏、诱发次生地质灾害和环境污染的问题较严重	严格控制采矿、选矿生产中的有毒物和重金属污染物进入水体；严格控制二氧化硫排放总量；对于矿山开采产生的固体废弃物，严禁向河湖倾倒。降低矿山开采的能耗	提高采矿工艺和技术设备，提高伴生矿的综合利用率。提高尾矿和矿渣的资源转化率。加强水资源综合利用，提高污水回用率，对含重金属较高的废水必须做到 100%综合利用
铜矿	甘孜铜矿主要分布在九龙等地，矿山 5 个。矿区最低开采规模为 3 万 t/a，矿山最低开采规模为 30 万 t/a。目前开采回收率普遍仅有 70%。二氧化硫排放量和粉尘排放量较大。能源消耗高	改进采、选、冶工艺，优化“三率”指标。逐步消除“大矿小开”和低水平粗放型、粗加工产品出售。采取先进工艺降低二氧化硫、粉尘的排放量，降低能源消耗	对于伴生于铜矿的其他资源，其资源综合利用率指标应达到国内先进水平，暂难利用的共、伴生矿产应有具体有效的处理和保护措施。加强水资源综合利用，提高污水回用率，对含重金属较高的废水必须做到 100%综合利用

矿种	清洁生产水平	清洁生产改进措施	发展循环经济的建议
金矿	主要分布在康定、丹巴、理塘等县，矿山 17 个，多为小矿。矿区最低开采规模为 1.5 万 t/a，矿山最低开采规模为 6 万 t/a。开采回收率低于 70%。污水处理率低，尾矿堆放造成地下水污染	采取先进工艺提高开采技术水平和产品加工工艺。增加污水处理设施，提高污水处理率	对伴生矿产资源综合利用率指标应达到国内先进水平，暂难利用的共、伴生矿产应有具体有效的处理和保护措施。加强水资源综合利用，提高污水回用率。尾矿经分级处理后可加工利用。其余尾矿可用于充填沉陷区
银矿	主要分布在泸定、白玉等地，矿山 2 个，主要开采区有泸定瓦—斯沟银矿、白玉—呷村银多金属矿。甘孜有大型银矿分布，矿山开采规模在 30 万 t 以上。废矿石大量随意堆放容易引起泥石流		对伴生矿产资源综合利用率指标应达到国内先进水平，暂难利用的共、伴生矿产应有具体有效的处理和保护措施。加强水资源综合利用，提高污水回用率。尾矿经分级处理后可加工利用。其余尾矿可用于充填沉陷区。加强水资源综合利用，提高污水回用率，对含重金属较高的废水必须做到 100%综合利用
镍矿	主要分布在丹巴等地，矿山 3 个，全为小型。主要开采区有丹巴杨柳坪铂镍矿、丹巴正子岩窝铂镍矿、丹巴协作坪铂镍矿。基本为小型矿，矿区最低开采规模为万 t/a，矿山最低开采规模为小于 30 万 t/a。小型镍矿工业废水、废气、烟尘、粉尘排放量大，且低于治理。尾矿渣占废渣比例高	推广应用新技术，治理“三废”污染	充分利用“三废”资源，尤其是加强尾矿、熔渣的综合利用，回收烟尘、粉尘，利用余热发电、保温取暖，充分回收硫，二次或循环利用废水等，充分利用“三废”资源。对伴生矿产资源综合利用率指标应达到国内先进水平，暂难利用的共、伴生矿产应有具体有效的处理和保护措施

表 2-76 四川省甘孜藏族自治州主要非金属矿清洁生产水平

矿种	清洁生产水平	清洁生产改进措施	发展循环经济的建议
煤矿	甘孜州属贫煤区，资源条件较差，且勘查程度较低，现有煤矿主要为小煤矿。规划提出特薄煤层和一般煤层的最小规模分别为 3 万 t/a 和 6 万 t/a 的要求不符合《煤炭产业政策》，该区煤质含硫量较高，目前也没有洗选设施。现有小煤矿主要开采浅部薄煤层，资源回收率低，基本无环保设施，矿井水经简单沉淀后排入附近水体，煤矸石随意堆放，对植被破坏严重	关闭孤立、分散布局的规模在 15 万 t/a 以下的小煤矿，对集中分布的小煤矿进行改造和整合，使其最小规模达到 15 万 t/a。整合和改造后的小煤矿要规范环保措施，矿井水可用于煤炭洗选，多余部分经沉淀、过滤后达标排放；煤矸石要集中处置，减少占地，尽量选择沟谷堆放，并建设拦矸坝，达到条件后及时复垦	本区工业不发达，煤矿规模小、布局分散，且交通不便，缺乏发展循环经济的条件。矿井水和生活污水应尽量用于工业场地周围的绿化，煤矸石可填沟造地，增加耕地面积，或者用于填筑工业场地及道路路基
锂辉石	主要为康定呷基卡锂辉石矿，是迄今为止全球发现的第二大锂辉石矿，矿脉集中，可全露天开采。该矿规模较大，已经完成一期项目环评，基本符合国家的环境保护要求。该项目建有尾矿库，可实现选矿废水闭路循环，但废石堆放不规范，占地面积较大。此外，受市场条件的制约，尚未提出废石和尾矿综合利用措施	采用国内国际先进生产工艺，将能耗、物耗降至最低。严格按照设计要求进行露天开采，控制挖损区面积，达到条件时及时复垦。除选矿废水外，其他生产、生活废水也应尽量回用，实现全矿“零”排放。在生产初期，废石可堆放于排土场，后期应及时使用废弃的露天矿坑堆放，减轻生态破坏	改进生产工艺，对半生矿产钽、铌、铍等进行回收。结合矿区周围的建设需求，依托矿区公路等交通设施，利用废石和尾矿生产建筑用砂石。生产、生活废水可用于降尘、绿化等，实现“零”排放
云母矿	主要分布在丹巴、泸定等地，布局分散，规模均小于 5 万 t/a，生产原料云母、云母纸、云母板以及湿法白云母粉。由于规模较小，环保设施普遍不健全，生产废水基本没有实现达标排放，尾矿库建设也欠规范，选矿废水重复利用率较低。在矿产总体规划中，均在限制开采之列	云母矿已经有较长时间的开采历史，生态影响突出，应尽快对植被破坏区进行恢复。规范废水处理设施，在实现达标排放的前提下提高综合利用水平。规范尾矿库，对达到设施标高的部分尽快绿化，重点防治扬尘污染。应严禁选矿废水外排	本区云母矿规模较小，布局分散，对固废进行综合利用难度较大。对于尾矿，暂时可不考虑综合利用，应建设规范的尾矿库进行堆存。对于废石，应主要用于工业场地建设、填筑路基等。废水在处理达标后，可用于工业场地生产活动和绿化

矿种	清洁生产水平	清洁生产改进措施	发展循环经济的建议
石灰岩	主要分布在在泸定、康定、巴塘等地，矿山储量和开采规模均较小。开采行为不规范，由矿石、煤炭乱堆乱放产生的无组织排放较为严重，综合电耗和循环水利用率等指标不能满足水泥行业清洁生产标准中的三级标准要求。矿山也没有做到“边开采，边复垦”	露天采矿场配备洒水除尘设备，对曝堆、采矿工作面，运输道路和其他扬尘点，通过定时洒水抑尘，在易产生扬尘的设备联结处安装布袋除尘器。规范固体废物堆放，减少占地面积。制定土地复垦方案，在符合条件时及时组织复垦	循环水利用率应达到 90% 以上；多采用砂岩、页岩、粉煤灰等代用黏土；距离小煤矿较近的，尽量多使用劣质煤。对于废石，应尽量用于填筑工业场地和路基
石膏	主要分布在泸定和康定等地，均为小型矿。石膏矿区地面沉降、开裂，采空区塌陷以及土地盐渍化等生态问题基本没有得到治理。选矿废水重复利用率不高。采富弃贫现象也比较突出，造成资源严重浪费	应制定矿山生态治理计划，对沉陷地带进行治理。对于因废水排放导致的土壤盐渍化问题，除进行治理外，应立足于提高选矿废水的重复利用率。此外，要加强资源回收率考核，对于多层石膏康要全部予以开采	对现有工艺进行改进，实现选矿废水的闭路循环。废石和尾矿可用于充填沉陷区和修筑工业场地、道路等
饰面石材	主要是饰面大理岩和花岗岩，分布于康定县、泸定县、九龙县等地，均为小型矿，开采机械化程度较低。主要问题是废石、料石堆放不规范，占地面积太大；开采过程中植被破坏严重，并造成水土流失和水体、土壤污染，扬尘污染也很突出	改善开采工艺，提高开采机械化率。控制采掘场范围，做到“边开采，边复垦”。禁止废石乱堆乱放，规范石材堆放，尽量减少占地。企业可适当扩大规模，满足区域建设的需要，但应控制矿点数量，实现规模化生产。加强矿山次生地质灾害监测，及时进行植被恢复	废石尽量用于填筑房屋地基和道路路基，提高资源化利用率
脉石英	主要分布在康定、泸定、九龙、道孚等地，均为小型矿，开采机械化程度较低。主要问题是废石、料石对方不规范，采掘场扰动范围过大，应予以规范。对于植被破坏区没有及时复垦，造成水土流失	改善开采工艺，提高开采机械化率。控制采掘场范围，做到“边开采，边复垦”。禁止废石乱堆乱放，尽量减少占地。控制矿点数量，实现规模化生产。加强矿山次生地质灾害监测，及时进行植被恢复	废石尽量用于填筑房屋地基和道路路基，提高资源化利用率

8.5 重点开发区域清洁生产和循环经济要求

四川省甘孜藏族自治州距离我国主要矿产品消费中心较远，且交通不便，再加上当地工业基础薄弱，配套条件不足，限制了矿业开发的规模化和现代化发展。尽管州政府早已提出了要重点开发优势矿产资源，建设“四矿一基地”的设想，但到目前为止，相关建设进展缓慢，矿产开发仍然表现为“遍地开花”式的分散布局模式，对提高清洁生产水平和发展循环经济极为不利。通过对甘孜九龙里伍铜矿的实地考察，发现大型矿山发展循环经济的途径主要有以下几个方面。首先，当地地形复杂，交通不便，矿山工业场地及道路等建设所需的石材难以获取，可优先使用采矿废石；其次，许多矿山地势较高，存在取水困难，矿坑水、矿井水均可优先用于矿井工业场地。由于现有矿山总体上成零散分布，难以形成由关联产业组成的循环经济产业园区，其他多余废石、废水及尾矿等难以有效利用。因此，受甘孜州矿产资源特点、自然地理条件和经济发展水平的制约，要有效提高矿业开发的清洁生产水平，构建循环经济产业链，必须围绕重大矿业开发项目，建立若干大型矿业基地，特别是在有条件的地区，应尽量实现选矿、冶炼和加工环节的基地化，建立工业园区集中发展。在扶持优势项目的同时，适当减少小型矿山的数量，从而在整体上提高清洁生产水平，并为发展循环经济创造条件。

甘孜州矿山布局分散，各矿山应首先做好自身的废弃物综合利用工作，然后再考虑构建区域性循环经济产业链。矿业开发主要包括采矿和选矿两个环节，发展循环经济的重点是加强对矿坑水、选矿废水、采矿废石和尾矿的综合利用。对于矿坑水，由于水质较好，一般经沉淀后即可用于洗浴、绿化、防尘等环节。选矿废水一般含有重金属、氰化物等有毒有害物质，应实现闭路循环。采矿废石主要为质地坚硬的花岗岩、石灰岩等，可结合道路、工业场地建设等予以综合利用。尾矿一般含有多种重金属等伴生资源，应尽量开展有用元素回收，然后通过筛分，选出细砂和中砂，作为建材供应城镇建设，其余部分堆放于规范的尾矿库。矿山主要废弃物的综合利用途径见图 2-8。“四矿一基地”是甘孜州的矿业开发重点，下面结合其特点来进行清洁生产评价和循环经济分析。

8.5.1 康定甲基卡锂辉石矿

四川省甘孜州康定甲基卡锂辉石矿床是世界上最好的花岗伟晶岩锂矿床，氧化锂含量 1.28%，储量 103 万 t。目前已完成投资近 7 000 万元，一期 1 000 t/d 采选工程已进行了联动试车，目前处于试生产期间；二期 2 000 t/d 采选工程预计今年开工建设。该区域矿产资源分布较为单一，除大中型锂辉石矿外，主要为石英矿，目前石英矿尚未开采。因此，本区域的循环经济产业链构建，应主要立足于锂辉石矿采选，建立工业园区，在园区内建立统一的生活污水处理和垃圾收集系统。锂辉石矿选矿废水全部循环利用，矿坑水除作为选矿补充水外，可用于绿化和废石堆、尾矿库降尘。废石可用于道路和工业场地建设，尾矿也可用于生产混凝土用砂，多余部分再规范堆放。

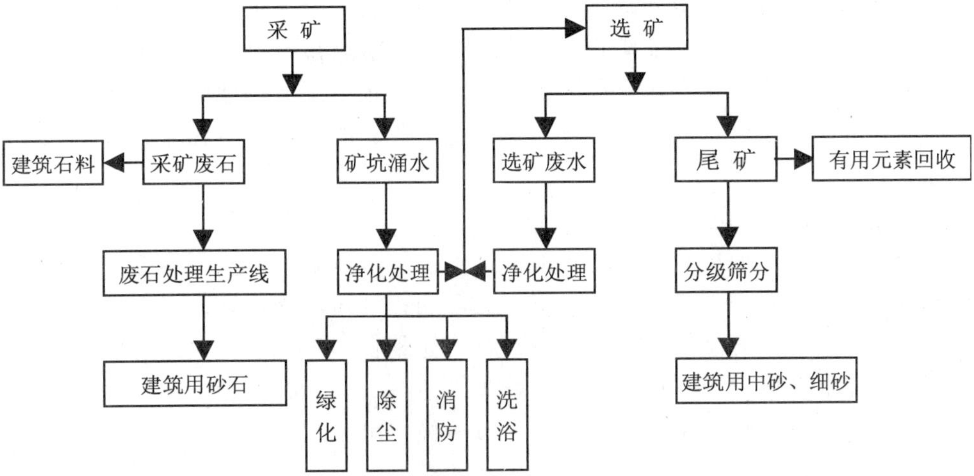

图 2-8　矿山采选环节资源综合利用

8.5.2 丹巴铂镍矿

该区域以铂镍矿和铅锌矿为主，此外还有少量岩金和石英矿。其中铂镍矿是开发重点，现已形成 700 t/d 采选能力，完成钻探工程 1.9 万 m；今年计划投入勘查资金 2 500 万元，完成钻探工程 8 km，同时将开展项目前期论证。该矿属历史遗留项目，前期未做环评，污染物未得到治理，现已经补办环评手续，尚未验收。该区生态脆弱，属于限制开发区。因此，建设项目生产工艺、环保措施和管理均应按照国内先进水平设计。选矿环节应集中在工业园区进行，实现污废水零排放。建立规范的废石场和尾矿库。对于尾矿，应尽量增加尾矿金属回收装置，并对剩余尾矿进行筛分后，用作建筑材料，减少堆存量。

8.5.3 白玉—呷村银多金属矿

由西部矿业股份有限公司控股企业——四川鑫源矿业有限责任公司投资，矿山一期工程 1 500 t/d 于 2007 年竣工投产，采选工作步入正轨，2007 年 9—11 月共采矿 14.5 万 t，处理原矿 3.8 万 t，生产铜精矿 640 t，铅精矿 1 393 t，锌精矿

2 603 t；二期工程 500 t/d 铅锌选矿厂已建成投产。该区矿种单一，分布集中，目前已经已通过四川省环保局竣工验收，污染物均可达标排放。该矿伴生有用元素较多，应加强回收利用工作。

8.5.4 巴塘—夏塞银多金属矿

已累计投入勘查费用 8 000 多万元，探明 332+333 级矿石储量 70.21 万 t，银金属量 380.27 t，铅+锌金属量 81 214 t；可研及初设已完成，正加紧矿山公路、生活区、选厂工程、输电线路建设。矿石有用元素主要为银矿物、方铅矿、闪锌矿、黄铜矿、黄铁矿和硫盐矿物等，矿体受断层破碎带控制，分布零散。该区域的矿业开发，也应该将零散矿点的矿石统一运至集中工业场地进行分选，在工业场地内建立完善的污水处理和循环利用系统。矿石所含有用金属元素较多，应加强综合利用。

8.5.5 康定—泸定地区工业硅基地

金汤点由于受原料、道路等多方面因素制约，基本处于停产状态，加郡点处于半停产状态，鸳鸯坝 5 万 t 工业硅基地项目已通过环评，计划投入建设资金约 2 亿元。本区硅石开采较为分散，宜进行资源整合，对规模较大的矿体进行集中开采，在工业园区内统一进行加工。此外，工业硅属于高耗能产业，甘孜州电力总体短缺，也应该适当限制工业硅的发展规模，可集中扶持大型加工企业。在工业园区内应尽量实现废水不外排，由于本区距离康定和泸定县较近，可大力发展废石和尾矿的综合利用产业。

9 规划环境合理性综合论证分析

9.1 规划目标与环境目标符合性评价

采用矩阵分析法对《四川省甘孜藏族自治州矿产资源总体规划（2005—2010）》的规划目标与本战略环境影响报告书的环境目标进行符合性分析（见表2-77）可知，规划目标与环境目标基本一致。

9.2 规划布局环境合理性分析

9.2.1 勘查分区环境合理性分析

根据《四川省甘孜藏族自治州矿产资源总体规划（2005—2010）》，全州勘查区域分为鼓励勘查区、限制勘查区和禁止勘查区，鼓励、限制、禁止勘查矿种和区域以外的为允许勘查矿种和区域。

其中，“限制在雅砻江、金沙江、大渡河等河流沿岸及主要交通沿线可视范围等地进行勘查；限制在自然保护区、地质遗迹保护区从事商业性勘查”，“禁止在军事禁区、风景名胜区、自然保护区和地质遗迹保护区的核心区进行商业性勘查；禁止在法律法规规定不得从事开采活动的区域进行以开采为目的的商业性勘查工作”等规定和要求已从整体上重视和避免了矿产勘查对自然保护区等环境敏感区域的不利影响；但仍有个别勘查区涉及自然保护区，见表2-78和图2-6。

表 2-77　规划目标与环境目标符合性矩阵分析

目标符合性		规划目标				符合性结论
环境目标		保障矿业可持续发展	延伸矿业产业链	矿业经济成为全州工业经济的重要支撑、经济社会发展的有力支柱	实现人口、资源、环境的和谐发展	
生态环境	控制对环境敏感区的负面影响	√			√	涉及环境敏感区域，可通过规避等方式解决
	维护生态系统、物种及基因多样性	√			√	目标基本一致，但不可避免产生不利于生态环境的影响，可通过环保措施降低不利影响
	防止外来生物入侵	√			√	目标基本一致，但不可避免带来环境风险，可通过风险防范措施将环境风险控制到最低
资源-环境承载力	以“减量化、资源化、再利用”为原则，合理利用资源，在环境容量允许范围内以较少的资源开发来满足社会发展需求	√	√		√	规划目标与环境目标符合性较好
其他环境要素	促进全州社会经济可持续发展，提高居民生活质量，促进民族团结	√	√	√	√	规划目标与环境目标符合性很好
	环境质量满足功能及标准要求	√			√	目标基本一致，但不可避免产生不利于水、气、声环境的影响，可通过环保措施降低不利影响
	防范和控制地质环境风险	√			√	目标基本一致，但不可避免带来环境风险，可通过风险防范措施将环境风险控制到最低

表 2-78 重点勘查区与自然保护区区位关系统计

序号	勘查区编号	涉及自然保护区级别	涉及自然保护区名称	主要保护对象	保护区总面积/hm^2	重叠面积/hm^2	重叠部分面积与总面积的百分比/%
1	ZK-4	省级	新路海自然保护区	湿地野生动物及湿地生态环境	18 875	3 096.8	16.4
2	ZK-7	省级	卡沙湖自然保护区	湿地鸟类和湿地生态环境	20 700	578.8	2.8
3	ZK-8	省级	火龙沟自然保护区	珍稀动植物	140 600	16 908.2	12.0
4		国家级	察青松多白唇鹿自然保护区	白唇鹿等湿地动物及湿地生态环境	50 200	2 936.9	5.9
5	ZK-10	省级	墨尔多山自然保护区	亚高山针叶林	62 103	910.0	1.5
6	ZK-11	州级	措普沟自然保护区	森林生态系统	57 874	3 012.8	5.2
7	ZK-13	省级	金汤孔玉自然保护区	金丝猴等珍稀动植物及生态环境	23 574	1 663.4	7.1
8	ZK-18	省级	瓦灰山自然保护区	针叶林、白唇鹿、第四纪冰川	84 300	14 925.0	17.7

9.2.2 开发分区环境合理性分析

根据《四川省甘孜藏族自治州矿产资源总体规划（2005—2010）》在全州形成“东西两大优势矿产资源开发经济区”的总体战略布局。在全州内，以甘孜州府康定为依托，以有色金属为龙头，采取东部带动西部、西部推动东部发展思路，发挥大型基地和骨干企业的辐射功能，实现大、中、小协调发展，从而实现全州矿业经济全面发展。

通过对甘孜州矿产资源分布、开发现状、社会经济发展现状及规划、矿产资源开发对生物多样性影响分析、资源-环境承载力影响分析、环境影响分析可知，在甘孜州境内形成东、西两大开发区符合甘孜州矿产资源自然分布特点，是实现甘孜州全州社会经济全面发展的需要，是合理利用基础设施、能源条件等资源条件的需要，也是相对集中环境监督及管理的需要。

由于开采区相对集中在东、西两大开发区内，除个别开采区涉及自然保护区外，其余开采区均远离生物多样性重要敏感区域，合理利用了现有基础、能源等基础设施布局，未新增公路线路，避免了对区域动物迁徙路径以及生态走廊产生新的道路阻隔影响。

9.2.3 开采分区环境合理性分析

根据《四川省甘孜藏族自治州矿产资源总体规划（2005—2010）》，为优化资源配置，推进矿产资源开发的科学管理，实现资源开发与生态环境保护的统一，将州内矿产资源开采区分为鼓励开采区、限制开采区，禁止开采区，实行分类管理。

全州分为 16 个鼓励开采区、4 个限制开采区和 3 个禁止开采区。通过对生物多样性影响分析、资源-环境承载力分析、敏感区域影响分析可知，开采分区规划布局整体合理，但需要局部进行分类调整和范围调整，从而实现甘孜州矿产资源开发的可持续发展。

局部分类调整和范围调整的原因、调整的内容、涉及的开采区等详见图 2-7 和表 2-79。

表 2-79 开采分区分类调整和范围调整统计

开采区调整原因		涉及开采区名称	调整内容		
			范围调整	类别调整	开发避让
与自然保护区重叠	新路海省级自然保护区、多普沟市级自然保护区、阿木拉县级自然保护区、扎日拥康自然保护区	G-1 德格—崩多铜矿鼓励开采区	避开保护区范围		
	措普沟县级自然保护区	G-4 巴塘—茶洛多金属矿鼓励开采区	避开保护区范围		
	玉科省级自然保护区	G-7 道孚—菜子沟磁铁矿鼓励开采区	避开保护区范围		
	莫斯卡省级自然保护区	G-10 丹巴—色底云母矿鼓励开采区	避开保护区范围		
	台站沟县级自然保护区		避开保护区范围		
	贡嘎山国家级自然保护区	G-12 康定—榆林宫温泉鼓励开采区	避开保护区范围		
	二郎山国家级自然保护区	G-13 泸定—冷碛石灰岩矿鼓励开采区	避开保护区范围		
	贡嘎山国家级自然保护区	G-14 泸定—摩西温泉鼓励开采区	避开保护区范围		

开采区调整原因		涉及开采区名称	调整内容		
			范围调整	类别调整	开发避让
与生物多样性重要区域重叠	区域涉及的物种丰富度较高	G11 康定—棒塔铅锌矿鼓励开采区		调整为限制开采区	
与旅游开发区重叠	巴塘—措木沟旅游区	G-3 巴塘—夏塞银多金属矿鼓励开发			在开采区的开发中应注意对旅游景点（源）的避让
		G-4 巴塘—茶洛多金属矿鼓励开采区			
		G-5 巴塘—柏戈西铅锌矿鼓励开采区			
		G-6 巴塘—拉哇石灰岩矿鼓励开采区			
水土保持	极强度水力侵蚀区域	G-10 丹巴—色底云母矿鼓励开采区		将开采区内强度以上的水土流失范围划分为限制开采区	
		G-13 泸定—冷碛石灰岩矿鼓励开采区		将开采区内强度以上的水土流失范围划分为限制开采区	
		G14 泸定—摩西温泉鼓励开采区			在开发中应注意避开极强度水土流失区域

9.3 开发利用规模调控环境合理性分析

根据铜、铅、锌、镍的精矿以及水泥、工业硅总量计划，分析甘孜州矿产资源开发利用总量对水环境、大气环境、土壤环境容量的压力程度可知，《四川省甘孜藏族自治州矿产资源总体规划（2005—2010）》对精矿和非金属矿产量的调控基本合理，属于水环境、大气环境、土壤环境容量能够承受的范围。

9.4 结构调整环境合理性分析

通过对甘孜州矿产资源总体规划的“十一五”结构调整与“十五”结构调整比较分析可知，产品结构调整有利于甘孜州工业产值的增加、产业结构的优化、节能降耗、提高居民生活质量、社会经济的进步；规模结构调整不是一个五年计划就能完成的任务，需制定阶段性目标。

表 2-80　甘孜州矿产资源总体规划结构调整环境合理性矩阵分析

结构调整	“十五”调整方向	“十一五”调整方向	“十一五”与“十五”比较分析	环境合理性分析结论
产品结构	逐步改变甘孜州矿产品以原矿等初级产品输出为主的现状； 开发技术含量高、附加值高的新产品； 发展工业硅、电锌、电铜、电银等生产； 争取到 2010 年末基本实现消除原矿出州的调整目标	与“十五”相同； 在电力保证居民生活用电的前提下，适当发展硅、电锌、电铜、电银等生产； 到 2015 年实现该调整目标	“十一五”更重视以人为本，节约能源； 消除原矿出州的调整目标不是一个五年计划就能完成的任务，需制定阶段性目标	有利于甘孜州工业产值的增加、产业结构的优化、节能降耗、提高居民生活质量、社会经济的进步
技术结构	不断淘汰落后的技术和工艺； 积极推进小矿技术改造，推广机械化、半机械化采矿技术，大幅度提高小型矿山的生产能力； 推广和普及露采矿山的台阶式开采	与“十五“相同； 积极推进矿山技术改造，推广机械化、半机械化采矿技术，大幅度提高矿山的生产能力； 在地势条件较好的地方，推广露采矿山的台阶式开采	说明技术结构调整不是一个五年计划就能完成的任务，需制定阶段性目标	落后的技术和工艺是产生环境污染的源头，先进的技术和工艺有利于生态环境及生物多样性保护
规模结构	设定矿山准入条件，限制矿山最低开采规模； 通过整合实现规模化开采、集团化经营	与“十五”相同	说明规模结构调整不是一个五年计划就能完成的任务，需制定阶段性目标	改变小企业污染治理投入少，“三废”不处理直接排放，生态破坏不治理的现状，有利于生态环境及生物多样性保护

9.5 规划方案缺陷分析及规划优化调整建议

表 2-81　规划方案缺陷分析及规划优化调整建议统计

规划方案主要内容			规划方案缺陷分析	方案调整建议	调整后环境影响变化
规划目标			未明确采矿、选矿、冶炼回收率和综合利用率	建议明确各项指标	有利于生物多样性保护、资源-环境保护
矿产资源勘查规划	矿产调查		基本合理	无	不变
	勘查分区		未解决与自然保护区的重叠问题	分区类型调整或范围调整	有利于自然保护区的保护和生物多样性保护
开发利用与保护规划	总量调控		基本合理	无	不变
	结构调整	产品结构	循环经济		
		技术结构	节能减排	针对金属冶炼、水泥、工业硅生产等高耗能、重污染等企业提出清洁能源替代，余热、余压、余能的回收利用，燃煤工业锅炉（窑炉）改造等节能减排要求及建议	
		规模结构	基本合理	无	不变
	规划分区	开发分区	基本合理	无	不变
		开采分区	未解决与自然保护区的重叠问题；未解决与生物多样性保护矛盾的问题；未解决与旅游开发区的重叠问题	根据敏感区域、土壤环境、旅游资源、物种资源特点，进行分区类型调整或范围调整	有利于环境敏感区域保护、生物多样性保护和资源-环境保护
矿山生态环境保护与恢复治理规划	加强矿山生态环境的调查与监测		未提出重点监测点位	在德格县、白玉县、巴塘县、道孚县、康定县、丹巴县、泸定县、九龙县选择重点监测点位	任务明确有利于矿山生态环境保护

规划方案主要内容		规划方案缺陷分析	方案调整建议	调整后环境影响变化
矿山生态环境保护与恢复治理规划	新建矿山的生态环境保护	基本合理	无	不变
	现有和闭坑矿山的生态环境保护	基本合理	无	不变
	矿山生态环境恢复治理和土地复垦工程	基本合理	无	不变
其他		缺少移民规划方面的内容	进行影响人口初步调查，估算移民安置任务，粗估移民安置容量，明确移民安置规划原则	移民安置的妥善解决利于民族团结
		缺少交通、供水、供电等基础设施规划	结合旅游、水电开发进行交通、供水、供电等基础设施规划	基础设施的合理共享有利于生物多样性保护、资源-环境保护

9.6 各方案环境影响综合比较分析

通过对零方案、规划方案以及规划调整方案的环境影响比较，采用了专家咨询法得到三个比选方案的分值，见表 2-72。主要差别见表 2-82。

表 2-82　各方案环境影响综合比选

主题	要素	权重	零方案	规划方案	优化调整方案
生态环境	生物多样性	0.28	6.4	5.8	7.6
	生态环境风险	0.06	6.4	6	7.4
	敏感区域	0.13	6.6	5.4	7.8
资源-环境承载力	资源承载力	0.22	6.8	5.8	7.8
	环境承载力	0.15	6.8	5.8	7.8
其他环境要素	社会环境	0.06	4.8	6.2	8.4
	水、气、声环境	0.04	6.8	6.8	7.6
	地质灾害	0.07	6.4	6.2	7.8
总计			6.56	5.91	7.83

注：以“10 分制”表示方案满足环境目标要求的程度，10 分表示满足、6～10 分表示基本满足、1～5 分表示低于满足条件。

从表 2-82 分值可以看出，零方案优于规划方案，优化调整方案优于零方案。分析原因主要由于《四川省甘孜藏族自治州矿产资源总体规划（2005—2010）》使较大规模的矿产资源开发项目将逐步替代小规模矿山无序开发及生态环境保护不足的现状，区域环境质量总体上可望趋于改善。优化调整方案既弥补了规划方案的不足的同时更加强了这一趋势的发展方向和速度。

10 环境保护对策措施

10.1 预防措施

10.1.1 敏感区域规避措施

甘孜州自然保护区、风景名胜区、森林公园等环境敏感区域较多，在具体建设项目实施时，应严格遵守上述敏感区管理规定，在项目实施前，需进行科学合理的论证，还应与敏感区行政主管部门及时沟通、协调，征得其行政主管部门的批准后方可建设。

10.1.2 构建机制保障体系

把《四川省甘孜藏族自治州矿产资源总体规划（2005—2010）》的环境目标纳入各级政府的国民经济和社会发展规划及年度计划，部署工作目标和建设任务，实行年度考核制度。各级政府要对本辖区的生态建设负责，实行党政“一把手”亲自抓、负总责，做到责任、措施和投入“三到位”，建立部门权责明确、分工协作的机制，将环境目标完成情况列为各级政府和干部的政绩考核内容。

10.1.3 建立金属矿山地质灾害信息库

开展金属矿山地质灾害的普查研究工作，对灾害进行分类，掌握灾害的发生和发展趋势、潜在隐患。在广泛调查的基础上建立金属矿山地质灾害信息库和信息网络，确保信息畅通，保证信息资源共享，为分析灾害、防治灾害提供决策依据。

10.1.4 建立资源开发和生态恢复补偿机制

加快建立“环境财政”，加大财政转移支付中生态补偿的力度。政府设立生态建设专项资金列入财政预算。按照完善生态补偿机制的要求，进一步调整优化财政支出结构。重点支持矿山生态环境治理，推动矿山生态恢复与土地整理相结合，实现生态治理与土地资源开发的良性循环。

10.1.5 建立外来物种入侵监控

进行对外来物种和转基因生物体的生态影响监控，制定系统的物种保护行动计划，开展物种资源调查，建立物种资源数据库、种质库和基因库，形成有效的生物安全保障体系。

10.1.6 建立生态安全应急处理系统

制定针对如森林火灾、河流水质污染、有毒气体泄漏、外来有害生物入侵等突发性生态安全事件的应急措施、应急对策的决策、善后处理和影响评价，对重大生态安全事故做出应急处理、现场调查和技术指导。

综合运用地理信息系统、全球定位系统、统计学等技术手段，针对生态安全的管理、处理和分析特点，建立一个能为环境、消防、公安等各级生态安全事件应急处理机构提供全过程、多层次的信息服务以及多种支持手段的应急指挥和决策系统，提高生态安全事件应急处理系统的能力。

10.2 最小化措施

10.2.1 鼓励采用先进环保的生产技术

淘汰落后采矿、选矿工艺、技术和设备，提高采矿装备水平，实现传统产业升级，减少能源消耗等。

改进采、选、冶工艺，优化“三率”指标；采取先进工艺降低二氧化硫、粉尘的排放量；对现有工艺进行改进，实现选矿废水的闭路循环等。

10.2.2 鼓励资源综合利用

提高采矿工艺和技术设备，提高伴生矿的综合利用率；暂难利用的共、伴生矿产应有具体有效的处理和保护措施等。

充分利用“三废”资源，尤其是加强尾矿、熔渣的综合利用，回收烟尘、粉尘，利用余热发电、保温取暖，充分回收硫，二次或循环利用废水等；废石尽量用于填筑房屋地基和道路路基，提高资源化利用率；加强水资源综合利用，提高污水回用率，对含重金属较高的废水必须做到100%综合利用等。

10.3 减量化措施

（1）重视“三废”污染治理，对排放达不到国家标准的企业必须限期治理，做到达标排放。

（2）对各类污染物排放量及其污染处理设施的运行情况进行监测和检查，

及时从严处理各类违法和超量排放事件。

（3）因地制宜地对各类开挖迹地采取工程和植物措施相结合的方式及时处理。在植物措施实施过程中采用当地树种、灌草种，将规划实施对当地植被和景观的影响减少到最低限度。

10.4 恢复补救措施

10.4.1 编制矿山环境整治规划

开展矿山生态恢复治理示范性工程，将矿山地质环境整治分区划分为立即恢复治理区、一般恢复治理区和加强保护区。

立即恢复治理区：指已闭坑或即将闭坑，矿山环境地质问题突出的矿区。整治原则是统一规划，综合治理。

一般恢复治理区：指正常生产，矿山环境地质问题较突出的矿区。整治原则是边采边治，及时恢复。

加强保护区：正在建设或即将建设，矿山环境地质问题较少的矿区。整治原则是预防为主，开发与保护并重。

10.4.2 拨出专款，形成基金，吸引社会资金

现存废弃矿山，绝大多数已无业主；即使是有业主的废弃矿山，大部分也不可能按“谁破坏，谁治理”的原则来要求业主进行治理，原因是其中多数是在 1986 年矿产资源法颁布之前就已存在或已运营的矿山。因此，废弃矿山的恢复治理是各级政府责无旁贷的义务。建议甘孜州拨出专款，建立基金，有计划、有步骤地全面开展恢复治理工作。同时，在“谁治理，谁受益”的原则下，吸收社会资金，参与废弃矿山的恢复治理工作。

11 公众参与

11.1 公众参与的目的

2003 年 9 月实施的《中华人民共和国环境影响评价法》第二章第十一条规定："专项规划的编制机关对可能造成不良影响并直接涉及公众环境权益的规划，应当在规划草案报送审批前，举行论证会、听证会，或者采取其他形式，征求有关单位、专家和公众对环境影响报告书草案的意见"。

《四川省甘孜藏族自治州矿产资源总体规划（2005—2010）》与规划区公众生活和工作息息相关。在规划编制阶段进行公众参与，能够让公众特别是受直接影响的人群充分了解规划实施及项目建设对区域发展的实际作用，及其可能给当地社会经济、生态环境等方面带来的正、负面影响；让公众充分发表意见并表明态度，使评价工作更完善，更好地反映公众的具体要求并反馈到工程设计和环境管理中。

本次公众参与通过与《四川省甘孜藏族自治州矿产资源总体规划（2005—2010）》的利益相关群体、单位和组织等进行有效的信息沟通，使公众全面、客观地了解规划方案及其潜在的环境影响，并为公众提供便捷的信息交流和反馈渠道，广泛收集公众针对规划方案和规划环境影响评价提出的意见和建议，一方面满足公众的参与愿望，体现环境公平；另一方面丰富规划环评现状资料，了解公众关注的重点环境问题，从而使环境影响评价中的各类影响分析更加全面翔实，环境保护对策措施更加切实可行。

此外，由于本次规划环境影响评价实施区域主要集中在少数民族聚集、交通通讯欠发达的地区，加之规划层面的公众参与本身尚处于探索和尝试阶段。因此《四川省甘孜藏族自治州矿产资源总体规划（2005—2010）环境影响评价报告书》公众参与的顺利实施，将成为区规划环评公众参与的有效尝试，并将为其建立长效公众参与机制提供参考，为国内其他类似地区提供示范性经验。

11.2 公众参与对象

鉴于矿产资源总体规划具有专业性较强、涉及区域相对局限和普通公众关注较少等特点，同时充分考虑甘孜州当地社会、经济特点及政府推行的富民安康政策，本次环评中公众参与对象以受规划直接影响的当地居民、相关企事业单位和社会团体、甘孜州及四川省相关政府部门和研究机构等为主。

本次公众参与具体范围包括：

（1）生活在矿产开发区周围，可能受到影响的公众

根据规划具体范围和主要内容、区位地域特点和公众分布情况，当地居民代表将主要从康定、稻城、泸定、九龙、丹巴、巴塘、白玉7个县产生。

（2）相关企事业单位和社会团体

甘孜州相关企事业单位和社会团体重点侧重于与矿产资源开发有关的企业和行业协会等。

（3）相关政府部门

甘孜州和四川省相关政府部门主要涉及省、州和部分县级环保局、国土资源局、发展计划局、地矿局、交通局、水利局、农业局、林业局和文化局等。

（4）相关研究机构的专家

由于矿产资源开发总体规划专业性较强，本次规划环境影响评价的公众参与工作中，就一些潜在环境影响的性质、范围和特点等相关信息向四川省相关研究机构的专家进行咨询，征询各位专家的意见。

（5）其他感兴趣的个人或团体

关心甘孜州矿产资源规划的所有公众。

11.3 信息公开的方式与内容

由于本项目属于示范项目，具有一定的科研性与创新性，加之国内相关工作开展较少，群众的认知程度和关注程度均不是很高。为此，在本项目公众参与方案的制订过程中，充分考虑了上述情况及规划区公众的具体特点，将使目标公众群顺利、直接地获取有关信息为根本目的，主要采取了发放调查表、入户调查和召开座谈会等形式，向公众直接传达规划和规划环评的详细信息。

11.3.1 书面问卷调查

本评价公众参与的书面问卷调查共开展两次，分别为2009年4月20日—27

日（共八天）和 5 月 17—27 日（共十天），共发放调查问卷 70 份（具体内容见附录 14）。以开放式问题为主，重点面向受过一定教育的居民代表，如学校师生、寺庙僧人、村干部和有文化的村民等；主要目的是了解当地居民对规划的了解程度、所关注的重点环境问题；收集规划环评的现状资料，尤其是生物多样性信息等。

图 2-9　项目组成员在考察路上就地发放调查问卷

11.3.2 入户调查

入户调查是书面问卷调查的必要补充，本次公众参与主要围绕问卷调查的内容展开。一方面收集没有能力填写调查问卷的居民的意见，另一方面针对书面问卷反映的重点问题进行补充调查。

图 2-10　项目组成员深入当地农户就矿产资源规划及其环境影响情况进行调查

11.3.3 座谈会

座谈会将主要用于了解有关单位和专家的意见。根据实际需要，本规划环评调研分别在丹巴、康定、泸定、九龙、稻城等地召集了六次座谈会，当地环保局、发改委、国土局、旅游局、交通局、林业局、规划建设局等相关部门代表和主要矿山业主参加了会议。

图 2-11　项目座谈会在丹巴县国土资源与规划环保局会议室召开

图 2-12　成都勘测设计研究院的李舸高工就座谈会形成的会议纪要同与会代表交流

11.4 公众意见的落实与反馈

从本次规划环评报告书编制的不同阶段，以及相应各阶段公众参与工作的对象、形式等，分析归纳、总结公众参与意见和建议主要包括调查表、座谈会等方面。规划涉及各地区参会代表及调查对象对本次矿产资源开发规划环境影响评价工作给予了充分的肯定，一致认为通过公众参与工作使规划涉及区域广大公众对整个矿产资源开发规划工作有一个较全面的、动态的了解，同时，公众所关注的环境问题也得到了较好的沟通和解决，对指导甘孜州生态环境保护工作，确保矿产资源开发与环境保护的协调发展具有十分重要的意义。

11.4.1 书面问卷调查

课题组通过访谈、问卷等方式共向甘孜州各相关部门工作人员发放调查表格 70 份，收回有效调查表格 67 份。据统计，共有 67 人参加了该项活动。参与对象最大年龄为 62 岁，最小年龄 24 岁，其中汉族占 55%，藏族 38%，参与者的文化程度以大专以上学历者居多，占 85%。公众参与调查问卷样表见附录 15，被调查者的情况详见表 2-83，公众参与社会调查统计结果表 2-84。

表 2-83 甘孜州矿产资源开发总体规划环评公众参与调查对象基本情况统计

调查项目		调查结果/%（占调查总数的百分比）
年龄	① 30 岁以下	13
	② 30～39 岁	37
	③ 40～49 岁	35
	④ 50 岁以上	15
民族	① 汉族	52
	② 藏族	39
	③ 其他	9
职业	① 干部	85
	② 工人	2.5
	③ 农民	10
	④ 个体户	1
	⑤ 其他	1.5
文化程度	① 大、中专以上	85
	② 高中	4
	③ 初中	9.5
	④ 小学及小学以下	1.5

表 2-84 甘孜州矿产总体规划环评公众参与调查结果

序号	调查项目		百分比/%
1	您认为本规划的必要性？	① 十分必要	56.5
		② 有必要	43.5
		③ 无所谓	0.0
		④ 不必要	0.0
2	您对东、西部矿产资源开发区的环境现状是否满意？	① 很满意	5.3
		② 较满意	42.1
		③ 不满意	44.1
		④ 很不满意	8.5
3	您认为规划对当地经济发展的影响如何？	① 有利	100
		② 不利	0.0
		③ 无影响	0.0
4	您认为规划会给甘孜州生物多样性造成什么影响？	① 无影响	3.4
		② 不利影响，程度一般	21.9
		③ 不利影响，程度较大	73.7
		④ 不利影响，程度很大	0.0
5	您认为矿区附近是否有珍稀濒危物种？□有 □没有 □不清楚	① 有	24.5
		② 没有	48.5
		③ 不清楚	27.0
	如有，规划对其产生什么影响？	① 无影响	0.0
		② 不利影响，程度一般	14.5
		③ 不利影响，程度较大	45.0
		④ 不利影响，程度很大	40.5
6	您认为规划对水资源有什么影响？	① 无影响	3.0
		② 不利影响，程度一般	65.4
		③ 不利影响，程度较大	31.6
		④ 不利影响，程度很大	0.0
7	您认为规划对土地资源有什么影响？	① 无影响	2.5
		② 不利影响，程度一般	84.0
		③ 不利影响，程度较大	13.5
		④ 不利影响，程度很大	0.0
8	您认为规划对林业资源有什么影响？	① 无影响	8.5
		② 不利影响，程度一般	52.5
		③ 不利影响，程度较大	37.5
		④ 不利影响，程度很大	1.5

序号	调查项目		百分比/%
9	您认为规划对动植物资源有什么影响？	① 无影响	3.0
		② 不利影响，程度一般	73.5
		③ 不利影响，程度较大	23.5
		④ 不利影响，程度很大	0.0
10	您认为规划对旅游资源有什么影响？	① 无影响	4.0
		② 不利影响，程度一般	53.5
		③ 不利影响，程度较大	38.5
		④ 不利影响，程度很大	4.0
11	您认为规划实施带来的主要环境问题是什么？	① 生物多样性下降	23.5
		② 外来生物入侵	12.3
		③ 大气污染	9.2
		④ 地表水及地下水污染	23.1
		⑤ 噪声影响	4.6
		⑥ 水土流失	18.5
		⑦ 土壤重金属污染	12.3
		⑧ 地质灾害	20.0
		⑨ 产生大量移民	9.5
		⑩ 影响本地民族文化	5.5
12	您对本规划持何种态度？	① 支持	97.5
		② 不支持	0.0
		③ 无所谓	2.5

经对调查结果进行归纳、整理可见，全部被调查者均认为矿产资源开发可以给当地社会、经济发展带来好处，会提高他们的生活质量；100%的被调查人认为，甘孜州矿产资源规划的实施十分必要或有必要，大家一致支持进一步发展甘孜州的矿产资源开发。以上结果说明，当地公众支持本规划的实施，热切盼望本地区丰富的矿产资源得到充分的开发，给当地经济和人民生活带来福利。

同时通过分析统计数据可知，当地公众在支持矿产资源开发过程中也担心带来生态破坏、环境污染、宗教文化等负面影响。对甘孜州东、西部矿产资源开发区的环境现状不满意的占 44.1%，很不满意的占 8.5%，表明甘孜州矿产资源开发区现状环境现状可能存在污水随意排放、垃圾处理设施不完善、大气污染排放超标等较容易发现的环境问题。在对规划实施可能造成的生态、环境问题相关调查中，有 90%以上的被调查者认为规划实施将对甘孜州的水资源、土地资源、林业资源和旅游资源产生一定程度的影响，但可以通过合理的措施避免或减缓。在关于规划实施可能对甘孜州生物多样性造成影响的调查中，41.9%的被调查者认为不利环境影响比较小，53.7%的人认为不利影响可能较大，需要采取严格的环境保护措施。被调查的公众中，有 24.5%认为规划区内存在珍稀濒危物种，且所有认为本区存在珍稀濒危物种的被调查人都认为矿区资源开发将对其产生或大或小的影响，需引起相关部门关注；对于该规划实施引发的主要环境问题，被调查者中 23.5%的人认为规划实施将导致生物多样性下降，12.3%的人认为规划实施将导致生物入侵问题，分别有 9.2%、23.2%、4.6%和 12.3%的被调查者认为规划实施将造成大气污染、地表水和地下水污染、噪声污染和土壤重金属污染等环境问题；分别有 18.5%和 9.5%的被调查者认为规划实施将造成水土流失和地质灾害；有 5.5%的被调查者认为矿产资源开发将影响本地民族文化。有 97.5%的人对本规划持积极支持态度，无人反对本规划实施。

以上分析说明大多数公众支持本规划，认为规划实施会对当地的经济和人民生活带来实惠。同时，该规划实施可能带来生态破坏、环境污染、宗教文化等负面影响，应在规划实施过程中重点关注并予以解决。

11.4.2 座谈会意见与建议

项目组在工作方案制定过程中，曾经组织专家和相关部门代表就本次规划环评的技术路线和工作内容等进行了详细咨询，有效保障了项目的顺利实施。项目实施过程中，项目组还就规划环评报告书初稿在规划涉及的康定、九龙、丹巴、巴塘、白玉等县召开了公众参与座谈会，以便更进一步征求、考虑广大公众的意见与建议，以及社会各界的利益和主张。参会机构、部门和社会团体包括甘孜州政府、州发改委、旅游局、环保局、水利局、交通局、国土局、林业局、规划建设局等，经认真、热烈的讨论，会议达成了共识并形成了会议纪要，详见附录 16 至附录 18。

经分析总结座谈会结果表明，与会代表一致认为环境影响评价工作的先期介入有利于甘孜州矿产资源合理开发。甘孜州矿产资源开发总体规划的实施具有显著的经济效益，能带动地方经济发展，改善当地基础设施，为地方社会经济发展提供新的机遇；同时，也对开发带来的相关环境及社会问题表示了担忧，希望规划实施过程中应尽量减少矿产资源开发对区域环境质量、生态系统和主要动植物资源的影响，妥善解决环境及社会问题，使资源开发和生态环境、社会环境相互促进、协调发展，重视开发与保护之间的关系。与会代表共同关注的环保问题主要有生态环境、自然保护区、民族宗教与文化等方面。

本规划及其环评调研座谈会提出了如下几个方面的建议：

（1）针对矿产开发中的不利环境影响及可能导致的各类环境问题提出有效

的对策措施，提出对环保后期监管的要求和建议。

（2）重点进行矿产规划对自然保护区等敏感区域的影响评价，注意矿产资源规划与自然保护区现有规划的协调，不能违反法律法规的相关要求。

（3）将现有矿产开发区现存的环境问题作为环评工作的基础和指导；对建设期和运行期分别提出环境保护目标和措施体系。

（4）建议在矿产资源开发规划环评中加强对物种分布的调查研究，对规划涉及区域的珍稀特有物种采取有针对性的保护措施。

11.5 公众参与意见落实情况

对于本次规划不同工作阶段公众参与意见，我们在规划设计中逐一进行了沟通、反馈、解决和落实，具体落实情况如下：

（1）对于在规划设计中不能解决的问题，及时向相关部门反映，以引起他们的重视，以便在规划实施中尽可能予以落实、解决。

（2）对于公众及社会团体比较关注的，环境敏感性、重要性相对较突出的自然保护区问题等，开展了大量、细致的沟通、协调工作，争取得到地方政府、相关主管部门及社会各界的认可。

（3）根据区域资源、环境条件和规划具体内容提出规划调整建议，尽量通过合理规划使得矿产资源开发企业得到合理布局，使得相关环境影响尽量最小。对于可能涉及自然保护区等环境敏感区域的问题，在规划方案拟定中给予充分考虑，尽量规避。

（4）从减量化、最小化和恢复补救三方面提出了减轻环境污染的具体措施，以解决或部分解决区域现存的及矿产资源开发过程中将引起的新环境问题。

12 结论及建议

12.1 综合结论

《四川省甘孜藏族自治州矿产资源总体规划（2005—2010）》包括矿产资源勘查规划、矿产资源开发利用与保护规划及环境保护规划三个部分，基本覆盖了甘孜州现有的矿产资源富集区。矿产资源勘查规划分为重点矿产资源调查评价远景区和远景区内重点规划区分区规划。矿产资源开发利用规划对矿产资源开发规模、产品、技术结构提出要进行优化调整，规划东、西两大开发区（东部开发区包括丹巴县、康定县、泸定县、九龙县、道孚县、雅江县，西部开发区包括色达县、甘孜县、理塘县、稻城县、炉霍县、新龙县、乡城县、石渠县、德格县、白玉县、巴塘县、德荣县），并将开采区分为鼓励开采区、限制开采区、禁止开采区三种类型。环境保护规划对新建矿山、现有和闭坑矿山分别提出了环保要求与措施，并提出了矿山生态环境恢复治理和土地复垦工程。

甘孜州矿产资源规划目标与环境目标无明显冲突；矿产资源重点勘查区、鼓励开采区和重点开发区的确定，充分考虑了甘孜州的矿产资源分布、自然条件及交通、能源基础设施现状和未来发展。规划分区整体合理，但有个别勘查区、开采区与自然保护区存在空间冲突，需要进行类型和范围调整。矿产资源开发利用规模及其调控方向基本合理，均在水环境、大气环境、土壤环境容量能够承受的范围之内。规划提出的产品结构调整有利于提升甘孜州的工业实力、促进工业结构优化、增加产品附加价值，从而进一步提高居民生活质量，促进社会经济的进步。规划提出的矿业技术结构调整和规模结构调整在一个五年计划内不能完成，建议制定阶段性目标。此外，矿业开发产业链条的延伸，必然会增加当地的污染负荷，须引起充分重视，特别是水污染物的问题比较突出，需要在相关环境规划中对此提出明确的控制和回用要求。

甘孜州矿产资源规划的实施有利于发挥甘孜州的矿产资源优势，促进区域经济发展，改善交通条件，增加当地财政收入，提高人民生活水平。主要不利环境影响主要表现为矿产露天开采、矿区公路等的建设将改变地形地貌、破坏森林植被、引发边坡失稳，进而导致滑坡、泥石流等地质灾害，新增水土流失；矿产地下开采可能引发地面塌陷，导致地下水位下降；尾矿库、废石场将压占土地，并可能淤塞河道，污染水体；选矿、冶炼、加工过程中粉尘、废污水、噪声均将对环境造成不利影响；上述影响均会部分改变当地的生态环境，虽然对甘孜州整体景观和生态的影响不大，但会对局部生态环境，特别是对生物多样性造成不利影响。

针对规划方案的不足与不利环境影响，本报告提出了规划方案的优化调整建议和减缓不良环境影响的对策措施及建议。针对生物多样性敏感区域与重点勘查区和鼓励开采区的空间冲突，提出了对相应分区进行类型调整或范围调整的建议；针对鼓励开采区内特定的开发活动，分析了可能重点影响到的珍稀濒危物种，并提出了针对相应物种的保护建议；针对矿业开发可能对大气环境、水环境、土壤环境等方面产生的影响，提出了相应的对策措施；根据甘孜州矿产资源开发现状及规划目标，提出了针对重点矿种和重点开发区域的清洁生产和循环经济方案。此外，还重点开展了规划实施的资源环境承载能力评价，并补充了移民规划和交通、供水、供电等基础设施规划等内容。经综合论证分析，规划方案经优化调整后，将更有利于甘孜州生态环境的保护和生物多样性的保护，促进矿业开发和环境保护的协调发展。

综合上述，规划方案在进行了优化调整并实施报告提出的环境保护对策措施后，对生物多样性及资源环境的不利影响均在可承受范围之内，无重大资源、环境制约因素。

12.2 建议

（1）建议甘孜州政府组织开展全州生物多样性本底调查，并对自然保护区、风景名胜区、森林公园等环境敏感区域进行梳理，明确受保护区域的功能、内部分区及保护要求，在此基础上建立生物多样性数据库，为今后生物多样性护工作奠定基础。

（2）增强矿产资源开发规划与城镇规划、旅游规划、交通规划、水利规划等区域主要规划的协调性，并考虑编制包括甘孜州主要开发活动和开发区域的空间规划。

（3）通过“上大压小”，加快资源整合，使矿业开发的规模和技术要求符合国家产业政策和环保要求；重点建设“四矿一基地”，实现矿业开发和后续产业的集中化、规模化发展，以此促进环境保护工作。

（4）建议尽快开展甘孜州矿产资源开发利用总体规划的修编工作，在规划修编中可参考本次评价的主要成果。

（5）下阶段各矿区开发利用环评工作中，应高度重视对自然保护区、风景名胜区、森林公园、人口密集区及当地特有文化遗存等环境敏感对象的规避及保护，工作重点内容为环境敏感区域影响评价、资源-环境承载力分析、生物多样性影响评价、生态环境风险评价等。

附录 1
生物多样性评价方法

虽然生物多样性可分为不同的等级并可对这些不同等级开展独立研究，但物种级水平是生物多样性的中心，它是生物多样性最主要的结构和功能单位。矿产资源开发规划环境影响评价中，应重点对物种和生态系统层次上的生物多样性展开调查和评价。

1 物种的重要值参数及计算

重要值是评价植物种群在群落中作用的一项综合性数量指标，它是植物种的相对优势度、相对频度和相对密度的总和。

密度＝个体数目/样地面积

$$相对密度=\frac{一个种的密度}{所有种的密度}\times 100\%$$

优势度＝底面积（或覆盖面积总值）/样地面积

$$相对优势度=\frac{一个种的优势度}{所有种的优势度}\times 100\%$$

频度＝包含该种样地数/样地总数

$$相对频度=\frac{一个种的频度}{所有种的频度}\times 100\%$$

重要值＝相对密度+相对优势度+相对频度

2 物种的多样性指数及计算

物种多样性是反映群落组织化水平，继而通过结构与功能的关系间接反映群落功能特征的指标。在矿产资源规划环境影响评价工作中，简单实用的物种多样性指数可采用下列方式：

物种密度=个体数目/样地面积；

物种丰富度=物种数目/样地面积；

数量丰度=物种数目/所有物种的个体数或生物量；

物种均匀度=群落的实测多样性/与最大多样性。

通常，生物多样性测定主要有三个空间尺度：α-多样性，β-多样性，γ-多样性。

α-多样性是在栖息地或群落中的物种多样性，常用来反映物种多样性的指数，包括物种丰富度指数、Simpson 指数和 Shannon-Wiener 指数，前者是物种多样性测度中较为简单且生物学意义明显的指数，具体原理和方法可参考陈灵芝、马克平编著的《生物多样性科学：原理与实践》以及马克平编著的《生物多样性研究的原理与方法》。

β-多样性是度量在地区尺度上物种组成沿着某个梯度方向从一个群落到另一个群落的变化率。它可以定义为沿着某一环境梯度物种替代的程度或速率、物种周转率、生物变化速率等。β-多样性还反映了不同群落间物种组成的差异，不同群落或某环境梯度上不同点之间的共有种越少，β-多样性越大。测度群落β-多样性的重要意义在于：①它可以反映生境变化的程度或指示生境被物种分割的程度；②β-多样性的高低可以用来比较不同地点的生境多样性；③β-多样性与 α-多样性一起构成了群落或生态系统总体多样性或一定地段的生物异质性。β-多样性的计算方法也有很多。

γ-多样性反映的是最广阔的地理尺度，指一个地区或许多地区内穿过一系列的群落的物种多样性。

主要介绍 α-多样性测定方法如下：

（1）丰富度指数

目前，应用较多的丰富度指数包括：

Gleason 指数（1922）：

$$D=S/\ln A$$

式中：A—— 单位面积；

S—— 群落中的物种数目。

Margalef 指数（1951，1957，1958）：

$$D=(S-1)\ln N$$

式中：S—— 群落中的总种数；

N—— 观察到的个体总数（随样本大小而增减）。

（2）多样性指数

多样性指数是反映丰富度和均匀度的综合指标。应该指出的是，应用多样性指数时，具低丰富度和高均匀度的群落与具高丰富度与低均匀度的群落，可能得到相同的多样性指数。下面是常用的计算公式：

Shannon-Weiner 指数：

$$H=-\sum_{i=1}^{s}P_i\log_2^{P_i}$$

Pielou 指数（均匀度指数）：

$$E=H/\ln S$$

Simpson’s 指数（优势度指数）：

$$D=1-\sum_{i=1}^{s}(N_i/N)^2$$

式中：N_i——种 i 的个体数；

N——群落中全部物种的个体数；

S——物种数目；

P_i——属于种 i 的个体在全部个体中的比例。

Simpson’s 指数的最低值是 0，最高值是（1－1/S）。前一种情况出现在全部个体均属于一个种的时候，后一种情况出现在每个个体分别属于不同种的时候。Shannon-Weiner 指数包含两个因素：其一是种类数目，即丰富度；其二是种类中个体分配上的均匀性。种类数目越多，多样性越大；同样，种类之间个体分配的均匀性增加也会使多样性提高。

3 遗传多样性检测的主要方法

检测遗传多样性的方法随生物学，尤其是遗传学和分子生物学的发展而不断提高和完善。从形态学水平、细胞学、染色体、水平、生理生化水平逐渐发展到分子水平。然而，不管研究是在什么层次上进行，其宗旨都在于揭示遗传物质的变异。目前检测遗传多样性的主要方法包括传统的形态学、细胞学、同工酶和 DNA 技术等，这些方法都能为遗传多样性的检测提供有价值的资料。

4 陆地生态系统生产能力估测与生物量测定

生态系统生产力、生物量是其环境功能的综合体现。生态系统生产力（或称为净第一性生产力）可以作为生态系统现状评价的类比标准。生物量是衡量环境质量变化的主要标志，是指一定地段面积内（单位面积或体积内）某个时期生存着的活有机体的数量。生物量的测定，采用样地调查收割法。

（1）陆地生态系统生产能力估测

生产能力估测是通过对自然植被净第一性生产力的估测来完成的。净第一性生产力估测方法很多，但还没有公认的模式。本指南介绍 3 种方法。

➢ 参考权威著作提供的数据或地方已有成果

我国一些科研人员对一些省区做过净第一性生产力研究，如中科院植物所冯宗炜编著的《中国森林生态系统的生物量与生产力》、中科院热带所董汉飞等人做过海南省不同生境植被的净第一性生产力计算以及甘肃农业大学针对甘肃省不同生境类型采用典型植被调查方法计算出净第一性生产力的空间分布数据（附录 B）。上述成果可为生产能力本底值的估测提供支持。这种方法的优点是简便实用、易操作。

➢ 区域蒸散模式

模型的推导和数学表达式如下：

$$\mathrm{NPP}=\mathrm{RDI}^2\cdot\frac{r\cdot(1+\mathrm{RDI}+\mathrm{RDI}^2)}{(1+\mathrm{RDI})\cdot(1+\mathrm{RDI}^2)}\times\exp(-\sqrt{9.87+6.25\mathrm{RDI}})$$

$$\mathrm{RDI}=(0.629+0.237\mathrm{PER}-0.003\,13\mathrm{PER}^2)^2$$

$$\mathrm{PER}=\mathrm{PET}/r=\mathrm{BT}\times 58.93/r$$

$$\mathrm{BT}=\Sigma t/365 \text{ 或 } \Sigma T/12$$

式中：RDI —— 辐射干燥度；

r —— 年降水量，mm；

NPP —— 自然植被净第一性生产力，t/（hm²·a）；

PER —— 可能蒸散率；

PET —— 年可能蒸散量，mm；

BT —— 年平均生物温度，℃；

t —— 小于30℃与大于0℃的日均值；

T —— 小于30℃与大于0℃的月均值。

➢ Holieth 生物生产力公式

分别计算出热量生产力和水分生产力后，取值较小的一个生产力作为生态系统的生产力。

$$P_t=3\,000/(1+e^{1.315-0.119t})$$

$$P_p=3\,000(1-e^{-0.000\,664p})$$

式中：P_t —— 是用年平均温度（t℃）估计的热量生产力，g/（m^2·a）；

P_p —— 用降水量（p，mm）估计的水分生产力，g/（m^2·a）。

（2）生物量实测

常用的为样地调查收割法。森林样地面积为 1 000 m^2，疏林及灌木林样地面积为 500 m^2，草本群落样地面积为 100 m^2。具体方法包括：

➢ 皆伐实测法

伐倒样方内所有林木，测定其各部分的材积，并根据比重或烘干重换算成干重。各株林木干重之和，即为林木的植物生物量。这种方法最为精确，可用来作为标准检查其他测定方法的精确程度。

➢ 平均木法

采伐并测定具有林分平均断面积的树木的生物量，再乘以总株数。为了保证测定的精度，可采伐多株具平均断面积的样木，测定其生物量，再计算单位面积的干重。另一种方法是将研究地段的林木按其大小分级，在各级内再取平均木，然后再换算成单位面积的干重。

测定森林生物量时，除应计算树干的重量外，还包括林木的枝量、叶量和根量的测定。由于过去对这方面的研究较少，且测定的手续烦琐，成为森林生物测定中最感困难的环节。过去研究森林的生产量不测定地下部分的根系，会产生相当大的误差。因为树木的根系能占全部生物量的 17%～23%。上述测得的生物量表示为单位面积、单位时间的重量如 $g/(m^2 \cdot a)$，即为林分的生产力。假如所测定的有机物质知道其准确热量，生产力可以转换为热量，用 $cal/(cm^2 \cdot a)$表示。森林里取得的收获物，不仅是木材，通常是很多种类的混合物（如花、果、种子、树皮以及灌木等），能量的粗略估算，可以根据陆生植物每克干重含能量约为 4.5 kcal。

5 水生生态环境调查

水生生态系统有海洋生态系统和淡水生态系统两大类别。淡水生态系统又有河流（流水）生态系统和湖泊（静水）生态系统之别。

建设项目的水生生态环境调查，一般应包括水质、水温、水文和水生生态群落的调查，并且应包括鱼类产卵场、索饵场、越冬场、洄游通道、重要水生生物及渔业资源等特别问题的调查。水生生态调查一般按规范的方法进行，如海洋水质和底泥监测须按《海洋监测规范》（GB 17378.3—2007 和 GB 17378.4—1998）执行，海洋生物调查按《海洋调查规范》（GB/T 12763—1991）执行，该规范对样品采集、保存和分析方法等，都进行了规定。

水生生态调查一般包括初级生产力、浮游生物、底栖生物、游泳生物和鱼类资源等，有时还有水生植物调查等。

（1）初级生产量的测定方法

➢ 氧气测定法

氧气测定法，即黑白瓶法。用三个玻璃瓶，一个用黑胶布包上，再包以铅箔。从待测的水体深度取水，保留初始瓶以测定水中原来溶氧量。将另一对黑白瓶沉入取水样深度，经过 24 h 或其他适宜时间，取出进行溶氧测定。根据初始瓶（IB）、黑瓶（DB）、白瓶（LB）溶氧量即可求得：

净初级生产量 ＝LB－IB

呼吸量 ＝IB－DB

总初级生产量 ＝LB－DB

昼夜氧曲线法是黑白瓶方法的变形。每隔 2～3 h 测定一次水体的溶氧量和水温，做成昼夜氧曲线。白天由于水中自养生物的光合作用，溶氧量逐渐上升；夜间由于全部好氧生物的呼吸而逐渐减少。这样，就能根据溶氧的昼夜变化，来分析水体群落的代谢情况。因为水中溶氧量还随温度而改变，因此必须对实际观察的昼夜氧曲线进行校正。

➢ CO_2测定法

用塑料帐将群落的一部分罩住，测定进入和抽出的空气中 CO_2 含量。如黑白瓶方法比较水中溶 O_2 量那样，本方法也要用暗罩和透明罩，也可用夜间无光条件下的 CO_2 增加量来估计呼吸量。测定空气中 CO_2 含量的仪器是红外气体分析仪，或用古老的 KOH 吸收法。

➢ 放射性标记物测定法

反放射性 ^{14}C，以碳酸盐（$^{14}CO_2$）的形式，放入含有自然水体浮游植物的样瓶中，沉入水中经过短时间培养，滤出浮游植物，干燥后在计数器中测定放射活性，然后通过计算，确定光合作用固定的碳量。因为浮游植物在暗中也能吸收 ^{14}C，因此还要用“暗呼吸”作校正。

➢ 叶绿素测定法

通过薄膜将自然水进行过滤，然后用丙酮提取，将丙酮提出物在分光光度计中测量光吸收，再通过计算，化为每平方米含叶绿素多少克。叶绿素测定法最初应用于海洋和其他水体，较用 ^{14}C 和氧测定方法简便，花的时间也较少。

（2）浮游生物调查

浮游生物包括浮游植物和浮游动物，也包括鱼卵和仔鱼。许多水生生物在幼虫期，都是以浮游状态存在，营浮游生活。浮游生物调查指标包括：

➢ 种类组成及分布：包括种及其类属和门类，不同水域的种类数（种/网）。
➢ 细胞总量：平均总量（个/m^3）及其区域分布、季节分析。
➢ 生物量：单位体积水体中的浮游生物总重量（mg/m^3）。
➢ 主要类群：按各种类的浮游生物的生态属性和区域分布特点进行划分。
➢ 主要优势种及分布：细胞密度（个/m^3）最大的种类及其分布。
➢ 鱼卵和仔鱼的数量（粒/网或尾/网）及种类、分布。

（3）底栖生物调查

底栖生物活动范围小，常可作为水环境状态的指示性生物，底栖生物也是很多鱼类的饵类生物，它的丰富与否与水生生态系统的生产能力密切相关。在水生生态环境调查与评价中，底栖生物的调查与评价是必不可少的。

底栖生物的调查指标包括：

➢ 总生物量（g/m^2）和密度（个/m^3）。
➢ 种类及其生物量、密度：各种类的底栖生物及其相应的生物量、密度。

- 种类-组成-分布。
- 群落与优势种：群落组成、分布及其优势种。
- 底质：类型。

（4）潮间带生物调查

海洋生态环境中，潮间带是一个特殊生境，也因而养育了特殊的潮间带生物。很多海岸建设工程会强烈地影响到潮间带生态环境，因而潮间带生物调查是很重要的。潮间带生物调查的采样和标本处理按《海洋调查规范》进行，一般按不同的潮区进行调查，其主要调查指标是：

- 种类组成与分布：鉴定潮间带生物种和类属。
- 生物量（g/m^2）和密度（个/m^2）及其分布；分布包括平面分布和垂直分布。
- 群落：群落类型和结构，按潮区分别调查。
- 底质：相应群落的底质类型（砂、岩、泥）。

（5）鱼类

鱼类是水生生态调查的重点，一般调查方法有网捕，亦附加市场调查法等。鱼类调查既包括鱼类种群的生态学调查，也包括鱼类作为资源的调查。一般调查指标有：

- 种类组成与分布：区分目、科、属、种，相应的分布位置。
- 渔获密度、组成与分布：渔获密度（尾/网），相应的种类、地点。
- 渔获生物量、组成与分布：渔获生物量（g/网）及相应的种类、地点。
- 鱼类区系特征：不同温度区及其适宜鱼类种类，不同水层中（上层、中层、底层）分布，不同水域（静水、流水、急流）鱼类分布。
- 经济鱼类和常见鱼类：种类、生产力。
- 特有鱼类：地方特有鱼类种类、生活史（食性、繁殖与产卵、洄游等）、特殊生境要求与利用，种群动态。
- 保护鱼类：列入国家和省级一、二类保护名录中的鱼类、分布、生活史、种群动态及生境条件。

6 生境（栖息地）分析

（1）分类法

将评价区各种生境按自然保护区标准分类方法归类，列表表达。例如，英国自然保护委员会将不同栖息地按自然保护价值分为三类。

第一类　野生生物物种的最主要的栖息地：原生林，高山顶，未施用过肥料和除莠剂的永久性牧场与草原，低地湿地，未污染过的河流、湖泊、运河，永久性堤堰，大型沼泽地与泥炭地，海岸栖息地（峭壁、沙丘、盐沼等）。

第二类 对野生生物有中等意义的栖息地：人造阔叶林，新种植的针叶林，高沼地与粗放放养的农业池塘、公路和铁路路边、具有丰富野草植物区系的可耕地、大型森林、成年人造林、小灌木林、交错区人造林（Corner Plantation）、树篱、砾石堆、小沼泽地和小泥炭地、废采石场、未管好的果园、高尔夫球场。

第三类 对野生生物意义不大的栖息地：没有地面覆盖层的人造针叶林、临时水体、改良牧场、机场、租用分地（Allotments）、园艺作物和商业性果园、城镇无主土地、各种污染水体、暂时牧场的可耕地、球场、小菜园、杂草很少的可耕地、工业和城市土地。

（2）相对生态评价图法

该方法是对研究区进行生态分域，确定各类栖息地的保护价值，评分并分级，将有关信息综合并绘制成相对生态评价图。例如，Tubbs 和 Blackwood（1971）为 Hamsphire 郡委会规划部的土地利用提出如下评价方法：

- 将研究区分为若干个基本的生态带。包括未进行人工播种的植被（含天然林）、人造林、农业土地。
- 按三个概念评价各个生态带的价值。① 未播种的或半天然栖息地在英国低地的分布有限，承受复垦和开发的压力，故保护价值高；② 人造林和作为野生生物库的地区，也具有较高价值；③ 农业土地的生态意义大小随农业土地的利用强度以相反趋势变化。

由此，将生态带分别归类如下：

生态带 1：为Ⅰ类或Ⅱ类（最后区别取决于栖息地类型的稀有性和是否存在显著科学意义特征的主观估计）。

生态带 2：为Ⅰ类或Ⅲ类（根据栖息地作为野生生物库的价值的主观估计）。

生态带 3：其相对价值是栖息地多样性的函数。按特征定义的栖息地有：永久性草地，高、矮树篱，分界用的堤埂，路堑和路边斜坡，公园树木，果园（非商业生产），池塘、沟渠、小河和其他水道，小块（＜0.5 km²）人工植被（包括林地）。按上述栖息地存在地情况打分：

0 生态带内没有或实际上没有；

1 虽有存在但不十分醒目；

2 很多（醒目）；

3 丰富。

根据以上特征打分的总和：＞18 分为Ⅰ级，15～18 分为Ⅱ级，11～14 分为Ⅲ级，6～10 分为Ⅳ级，0～5 分为Ⅴ级。

将生态带分级结果绘制成“相对生态评价图”，给出各生态带的边界和相对生态价值，同时还伴随一个报告来定义“用于区别各生态带的特征和保护政策价值需要的指征”。此评价方法被应用于英国低地自然资源评价，在用于其他土地评价时要根据当地生态特征修改。

（3）生态价值评价图法

Goldsmith（1975）提出的评价方法，在英国应用较广。根据栖息地面积、稀有性，存在物种数和植被构造等特征进行客观评价，最后结果按网格（km^2）绘出生境的生态价值评价图，步骤如下。

将研究区分为若干个土地系统。系统 1 为开放高地（多半是 300 m 以上的高沼地）；系统 2 为封闭的栽植地（多半是永久性牧场）；系统 3 为封闭的平地（多半是谷底可耕地）。

记录以下栖息地在各土地系统中的分布。可耕或暂作牧场的可耕地；永久性牧场；粗放放牧地；森林，如落叶林和混合林，针叶林，灌木林，果树林；高、矮树篱；溪流等。

对上述栖息地分别确定以下参数。范围（E），栖息地以每公顷内面积计，线形栖息地以 km/km^2 计；稀有性（R），R=（1－在土地系统中所占面积份额）×100%；植物物种丰度（S），20 m×20 m 采样小区中的物种数；动物物种丰度（V），鉴于动物物种数和植被分层性相关，故设 V=植被垂直层次数（草地为 1，发育良好的树林为 4）。

按下式计算每个网格的生态价值指数（IEV）

$$\mathrm{IEV}=\sum_{I=1}^{N}(E_i \times R_i \times S_i \times V_i)$$

将 IEV 归一化到 0～20，用归一化值按网格绘图。

（4）扩展的生态价值评价法

Watt 等（1975）对东安哥里亚的 Yare 河谷进行评价，除生态因子外，还综合考虑了社会、经济价值如科研、教育、美学等，评价步骤如下：

按 11 个特征标准给每个栖息地的保护价值打分（表 1）。

表 1 11 个特征标准及保护价值分值

特征标准	最大分值	特征标准	最大分值
存在珍稀物种	10	脊椎动物质量	15
物种多样性	10	无脊椎动物质量	10
存在稀有栖息地	5	研究价值	5
栖息地多样性	10	教育价值	5
高等植物质量	20	美学价值	5
低等植物质量	5	最大总分	100

计算各个栖息地的保护价值 CV。

$$CV=\sum_{i=1}^{N}C_i \quad (C_i\text{为各特征标准分})$$

根据 CV 值，将栖息地分级：Ⅰ级 65～100，Ⅱ级 55～64，Ⅲ级 45～54，Ⅳ级 35～44，Ⅴ级 25～34，Ⅵ级 0～24。

7 生态系统质量与完整性分析

（1）生态系统质量

我国学者（曹洪法，1995）提出的生态系统质量分析评价系统考虑植被覆盖率、群落退化程度，自我恢复能力，土地适宜性等特征。按 100 分制给各特征赋值。生态系统质量 EQ 按下式计算

$$EQ=\sum_{i=1}^{N}A_i/N$$

式中：EQ —— 生态系统质量；

A_i —— 第 i 个生态特征的赋值；

N —— 参与评价的特征数。

按 EQ 值将生态系统分为 5 级：Ⅰ级 100～70，Ⅱ级 69～50，Ⅲ级 49～30，Ⅳ级 29～10，Ⅴ级 9～0。

（2）生态系统整体性

生态系统整体性或生态完整性，是生态系统保持健康状态和发挥其最大环境功能的基础。对于生态完整性的分析可采用综合评分法、景观生态学分析法以及列表清单、生态机理分析法等。

（3）生态完整性评价指标

植被连续性：植被连续意味着生境连续，面积较大，干扰较少。景观连通性、生境破碎度、景观异质性和斑块分布，都可用于进行生态系统完整性评价。

生态系统组成完整：包括系统的生物组成成分协调性（种群大小适宜，无过大过小问题；食物链比较完整等）；环境因素制约性，即不存在强烈的环境制约因素等。

生态系统空间结构完整性：森林植被保持成层分面特征，即保持生物地理区生态系统基本特征，水生生态系统则保持各层鱼类均有分布。

生物多样性：生物多样性高，接近自然本底水平，则生态完整性亦高。生物多样性是综合反映生态系统质量的因子。

生物量和生产力水平：生态系统生物量的高低或生产力水平的高低，标志着系统质量的高低和完整性状态。越接近自然生态系统第一性生产力（理论水平）者，

其整体性水平亦越高。

（4）景观生态学方法评价生态系统完整性

景观生态学方法评价生态系统完整性的主要指标是生态系统（植被）净生产力和稳定性分析。系统净生产力高低的判别以实际的植被生产力与理论计算的生态系统净第一生产力（标准）作比较。稳定性分析包括恢复稳定性和阻抗稳定性两个方面。

8 遥感-地理信息系统-全球定位系统技术

遥感-地理信息系统-全球定位系统，即“3S”技术，在生态学调查与研究中，具有特殊重要的价值。遥感技术提供的信息包括：地形、地貌、地面水体植被类型及其分布、土地利用类型及其面积、生物量分布、土壤类型及其水体特征、群落蒸腾量、叶面积指数及叶绿素含量等。最常用的卫星遥感资源是美国陆地资源卫星 TM 影像，包括 7 个波段，每个波段的信息反映了不同的生态学特点。

附录 2

地球上生态系统的净生产力和植物生物量（按生产力次序排列）

生态系统	面积/ $10^6 km^2$	平均净生产力/ ($g/m^2 \cdot a$)	世界净生产量/ ($10^9 t/a$)	平均生物量/ (kg/m^2)
热带雨林	17	2 000	34	44
热带季雨林	7.5	1 500	11.3	36
温带常绿林	5	1 300	6.4	36
温带阔叶林	7	1 200	8.4	30
北方针叶林	12	800	9.5	20
热带稀树干草原	15	700	10.4	4.0
农田	14	644	9.1	1.1
疏林和灌丛	8	600	4.9	6.8
温带草原	9	500	4.4	1.6
冻原和高山草甸	8	144	1.1	0.67
荒漠灌丛	18	71	1.3	0.67
岩石、冰原和沙漠	24	3.3	0.09	0.02
沼泽	2	2 500	4.9	15
湖泊和河流	2.5	500	1.3	0.02
大陆总计	149	720	107.3	12.3
藻床和礁石	0.6	2 000	1.1	2
港湾	1.4	1 800	2.4	1
水涌地带	0.4	500	0.22	0.02
大陆架	26.6	300	96	0.01
海洋	332	127	420	1
海洋总计	361	153	53	0.01
整个地球	510	320	162.1	3.62

附录3

中华人民共和国法律确定的环境敏感保护目标

保护目标	依据法律
1. 具有代表性的各种类型的自然生态系统区域	环境保护法
2. 珍稀、濒危的野生动植物自然分布区域	环境保护法
3. 重要的水源涵养区域	环境保护法
4. 具有重大科学文化价值的地质构造、著名溶洞和化石分布区、冰川、火山、温泉等自然遗迹	环境保护法
5. 人文遗迹、古树名木	环境保护法
6. 风景名胜区、自然保护区等	环境保护法
7. 自然景观	环境保护法
8. 海洋特别保护区、海上自然保护区、滨海风景游览区	海洋环境保护法
9. 水产资源、水产养殖场、鱼蟹洄游通道	海洋环境保护法
10. 海涂、海岸防护林、风景林、风景石、红树林、珊瑚礁	海洋环境保护法
11. 水土资源、植被、（坡）荒地	水土保护法
12. 崩塌滑坡危险区、泥石流易发区	水土保护法
13. 耕地、基本农田保护区	土地管理法

附录 4
矿产资源总体规划主要环境影响特点分析

<table>
<tr><th colspan="2">规划方案内容</th><th colspan="2">工程活动</th><th>主要环境影响初步分析</th><th>评价重点筛分</th></tr>
<tr><td rowspan="2">矿产资源勘查规划</td><td>矿产调查</td><td>找矿</td><td>一般采用物理仪器探测地下的矿床分布</td><td>环境影响很小</td><td>不作为规划环评的评价内容</td></tr>
<tr><td>勘查区</td><td>探矿</td><td>钻探、槽探、坑探等活动</td><td>探点分散，累积影响较小，主要注意废土石的处置及勘探范围的植被恢复</td><td>制约因素分析</td></tr>
<tr><td rowspan="5">开发利用与保护规划</td><td rowspan="5">矿区（开采区）</td><td rowspan="5">采矿、选矿</td><td>露天采场</td><td>改变地形地貌、扰动地表土层、破坏森林植被、引发边坡失稳、新增水土流失、造成滑坡等地质灾害，或局部伴生放射性矿物等影响</td><td rowspan="5">作为规划环评的重点评价内容</td></tr>
<tr><td>地下采场</td><td>引发地面塌陷、地下水位线下降、地形地貌改变、植被破坏、景观破坏及动植物生境条件改变</td></tr>
<tr><td>采矿、选矿工业场地</td><td>主要产生废水、废污水、废气、噪声、固废</td></tr>
<tr><td>尾矿库</td><td>对地表水、地下水、土壤产生污染等环境风险，或局部伴生放射性矿物等影响，以及泥石流等地质灾害，对生物多样性带来不利影响，危及动植物，甚至人类</td></tr>
<tr><td>废石场</td><td>产生水土流失、发生崩塌、甚至发生泥石流等地质灾害</td></tr>
</table>

规划方案内容		工程活动		主要环境影响初步分析	评价重点筛分
开发利用与保护规划	工业园区、有色工业基地	冶炼、加工	冶炼前处理、粗炼、精炼、电解、循环冷却系统，废气、废水、废渣处理设施等	废污水、废气、噪声、固废污染事故风险较大	作为规划环评的重点评价内容
	运输	公路修建	开挖、填筑、弃渣	占用土地资源，生境阻隔	
矿山生态环境保护与恢复治理规划	生态环境治理	闭坑矿山	土地复垦、植被恢复	有利于生态环境保护	不作为规划环评的重点评价内容
		新建、现有矿山	“三废”处理		
		新建、现有、闭坑矿山	地质灾害防治		

附录 5

矿产资源总体规划环境影响评价因子筛选

主题	要素	因子	规划布局			开发利用调控方向				重点评价要素
			勘查分区	开发分区	开采分区	总量调控	产品结构	技术结构	规模结构	
生态环境	敏感区域	结构								
		功能								
		保护对象								
	生物多样性	景观生态体系弹性度								
		生态系统多样性								
		物种、遗传多样性								
		生物多样性风险								
其他环境要素	社会环境	基础设施建设								
		相关产业发展								
		产业结构								
		生产力布局								
		就业机会								
	水环境	地表水环境								
		地下水环境								
	大气环境	环境空气质量								
	声环境	噪声								
	环境风险	地质灾害								
资源-环境承载力	资源承载力	水资源								
		土地资源								
		林业及物种资源								
		能源资源								
		旅游资源								
		矿产资源								
	环境承载力	水环境								
		大气环境								
		土壤环境								

注：● 表示不利影响相对较大且难以防治，或有利影响相对较大；○ 表示不利影响相对较大但容易防治，或不利影响相对较小且容易防治；★ 表示重点评价要素。

附录6
矿产资源总体规划环境影响评价指标体系

主题	要素	指 标
生态环境	敏感区域	占用敏感区的面积（km^2）及比例（%）
		规划区距离敏感区核心区的距离（km）
	生物多样性	景观生态体系多样性［生产力 g/（m^2•a）、景观优势度%］变化
		生态系统的损害、影响面积与程度
		珍稀保护动植物分布、种类及数量变化
	生态环境风险	外来生物入侵和影响生态安全可能性
其他环境要素	水环境	地表水质量等级、饮用水水源地影响、地下水水位
	大气环境	大气环境质量等级
	声环境	噪声值 dB（A）、声环境质量等级
	地质环境	泥石流、地面塌陷等地质灾害发生可能性
	社会环境	矿业经济总产值（亿元）、矿业产值在 GDP 的比重
		交通、能源、通讯等基础设施及相关产业的发展
		全州产业结构、生产力布局、就业机会的变化
		民族结构、民族关系、民族文化、宗教信仰及宗教设施

附录 7
部分资源-环境承载力评价方法

1 土地资源承载力

土地资源承载力计算公式拟采用如下公式：

$$\mathrm{LCC}=\frac{(S-Q)}{Q}$$

式中：LCC —— 土地承载力，%；如果 LCC 值为正，则为可承载状态，为负则是超载状态，为零则收支平衡，处于临界状态。正值时的绝对值越大，则承载状况越良好；负值时的绝对值越大，则承载状况越差。

Q —— 评价范围内人均粮食年需求面积，hm^2。这个面积可通过人均粮食年需求量和耕地年产量而计算得到。

S —— 人均耕地面积，hm^2。

2 水环境容量

（1）一维模型

$$W=\left[\frac{C_s}{\exp(-K_p t/86\ 400)}-C_o\right]Q_r$$

式中：W —— 河段污染物最大允许负荷量；

C_s —— 污染物控制标准；

C_o —— 背景浓度；

t —— 停留时间；$t=X/u$，X 为河段长度，u 为断面平均流速；

K_p —— 污染物综合自净系数；

Q_r —— 多年最枯月平均流量。

（2）二维模型

$$W=\frac{H(\pi Exu)^{1/2}\left[C_S\exp\left(\dfrac{Kx}{86\ 400\cdot u}\right)-C_0\right]}{\exp\left(\dfrac{-uy^2}{4M_yx}\right)+\exp\left(\dfrac{-u(2B-y)^2}{4M_yx}\right)}\cdot 86.4$$

式中：c（x，y）——污染物质浓度；

W——河段污染物最大允许负荷量；

K——降解系数；

E——横向扩散系数；

x——沿河道方向变量；

y——沿河宽方向变量；

u——流速；

C_0——排污口上游污染物质浓度；

H——平均水深；

M_y——横向混合系数；

B——河道水面宽度。

附录 8
资源-环境承载力综合评价指标

资源要素	水资源	人均水资源
		水资源利用
	土地资源	人均耕地
		人均粮食产量
	林业及物种资源	人均森林拥有量
		森林覆盖率
	能源资源	新增装机
		总装机占全省比例
	旅游资源	旅游收入
		客流量
	矿产资源	矿产储量
		开采量
环境要素	水环境	水环境容量
		选矿废水达标率
	大气环境	大气环境容量
		SO_2 等污染物排放总量
	土壤环境	土壤侵蚀强度
		工业废物消纳能力（土壤环境容量）

附录 9
运用层次分析法综合评价不同方案资源-环境承载力的一般步骤

运用层次分析法综合评价不同方案资源环境承载力的一般步骤如下：

（1）对各元素进行两两相互比较，确定各因素间的比率标度，见表 1。

表 1　标度的含义

标度	含义
1	两个因素相比，两个因素同等重要
3	两个因素相比，一个因素比另一个稍微重要
5	两个因素相比，一个因素比另一个明显重要
7	两个因素相比，一个因素比另一个强烈重要
9	两个因素相比，一个因素比另一个极端重要
2，4，6，8	上述相邻判断的中值

（2）构造两两比较判断矩阵。

首先假使对承载力的影响因子共有 n 个，构成集合 $C=\{C_1,C_2,C_3,\cdots,C_n\}$，然后根据建立的层次结构模型，分别构造两两比较判断矩阵：$A=\left(a_{ij}\right)_{n\times n}$

矩阵应满足条件：$a_{ij}>0$，$a_{ij}=1/a_{ji}$，$a_{ii}=1$，2，…，n。a_{ij} 的大小根据 Saaty 提出的以 1～9 及其倒数作为衡量尺度的标度方法给出。

（3）权重的计算。

将判断矩阵标准化：

$$\overline{a_{ij}}=\frac{a_{ij}}{\sum_{k=1}^{n}a_{kj}}\quad i，j=1，2，\cdots，n$$

将标准化后的矩阵按行相加：

$$\overline{W_i}=\sum_{j=1}^{n}\overline{a_{ij}} \quad i, j=1, 2, \cdots, n$$

对 W 进行标准化：

$$\overline{W_i}=\frac{\overline{W_i}}{\sum_{j=1}^{n}\overline{W_j}} \quad i, j=1, 2, \cdots, n$$

则 $W=(W_1, W_2, \cdots, W_n)^T$ 为所求的特征向量，即为同一层次中相应元素对于上一层某个元素相对重要性权重。

（4）一致性验证。

计算矩阵的最大特征根 λ_{max}；

计算一致性指标 CI： $$CI=\frac{\lambda_{max}-n}{n-1}$$

计算一致性指数 CR： $$CR=\frac{CI}{RI}$$

式中：n——判断矩阵的阶数；

RI——平均随机一致性指标，1～10 阶矩阵的 RI 取值见表 2。

表 2　平均随机一致性指标取值

矩阵阶数	1	2	3	4	5	6	7	8	9	10
RI	0	0	0.58	0.9	1.12	1.24	1.32	1.41	1.45	1.49

当 CR＜0.1 时，判断矩阵具有满意的一致性，否则对矩阵进行重新调整。

（5）特征指标分值。

为了使结果具有可比性，各特征指标分值的确定必须有相应的标准和参照值。由于目前各指标缺乏全国、全省等大尺度范围的统计数据或资料，也无同尺度范围统一标准可使用，因此推荐采用以规划区域各种资源的利用程度和经济发展水平为基础，通过专家评分的方法确定其分值。各特征要素分值统计表可参见表 3。

表 3 各特征要素分值统计表示例

主题	要素	因子	指标	权重	现状	近期	远期
					指标分值	指标分值	指标分值
资源-环境承载力	资源要素	水资源	人均水资源量	0.08	86	81.8	77.6
			水资源利用率	0.24	53	63.4	70
		土地资源	土地承载力	0.09	85	80.6	72
			土地适宜性	0.09	57	60.4	63
		林业及物种资源	人均森林拥有量	0.05	71	67	62
			森林覆盖率	0.05	54	55	54
		能源资源	涉及总装机占全州比例	0.02	72	79.4	86
		旅游资源	涉及旅游区面积	0.05	74	77	81
		矿产资源	主要矿产储量	0.02	81	80	79
			主要矿产开采率	0.06	49	52	55
	环境要素	水环境	选矿废水达标率	0.08	53	68	88
			水环境容量	0.08	86	86	89
		大气环境	SO_2总量	0.02	81	79	71
			大气环境容量	0.02	79	76.6	75
		土壤环境	涉及强度水土流失区域面积	0.03	79	69	69
			土壤环境容量	0.01	82	79	82

注：以“1～100 分制”表示各资源、环境要素指标的承载力从小到大逐渐变化；其中，60 分以下为矿产开发对承载力改变不能接受，60～80 分为矿产开发对承载力改变可以接受，80 分以上为矿产开发对承载力没有不利影响。

附录 10
生态承载力评价方法

1 综合指数法

主要计算步骤如下：

（1）分析生态因子的性质及变化规律；

（2）建立表征各生态因子特性的指标体系；

（3）确定评价标准；

（4）建立评价函数曲线，将评价的生态因子的现状值（开发建设活动前）与预测值（开发建设活动后）转换为统一的无量纲的生态质量指标。用 1～0 表示优劣（“1”表示最佳的、顶级的、原始或人类干预甚少的生态状况，“0”表示最差的、极度破坏的、几乎无生物性的生态状况，如沙漠）由此计算出开发建设活动前后生态因子质量的变化值；

（5）根据各评价生态因子的相对重要性赋予权重；

（6）将各生态因子的变化值综合，提出综合影响评价值。即

$$\Delta E = \sum (E_{hi} - E_{qi}) \times W_i$$

式中：ΔE —— 开发建设活动日前后生态质量变化值；

E_{hi} —— 开发建设活动后 i 因子的质量指标；

E_{qi} —— 开发建设活动前 i 因子的质量指标；

W_i —— i 因子的权值。

2 生态足迹法

（1）生态足迹的计算公式如下：

$$\text{EF} = N\text{ef} = N\sum_{i=1}^{n}(\text{aa}_i) = N\sum_{i=1}^{n} c_i / p_i$$

式中：EF —— 总生态足迹，hm^2；

N —— 总人口数，人；

ef —— 人均生态足迹，hm^2/人；

aa_i —— 人均第 i 种交易商品折算的生物生产面积，hm^2；

c_i —— 第 i 种商品的人均消费量，kg/人；

p_i —— 第 i 种消费品的平均生产能力，以全球平均产量计，kg/hm²。

（2）生态承载力的计算公式如下：

$$\mathrm{EC} = N\mathrm{ec} = N\sum a_j \gamma_j Y_j$$

式中：EC —— 区域生态承载力，hm²；

ec —— 人均生态承载力，hm²/人；

a_j —— 人均生物生产性土地面积，hm²；

γ_j —— 均衡因子，表示使不同类型的生物生产性土地转化为在生物生产力上等价的系数；

Y_j —— 产量因子，表示某个国家或地区的某种生物生产性土地的平均生物生产力与同类土地的世界平均生产力之间的比率。

（3）生态承载力判别

当 EF<EC，即区域的生态足迹小于生态承载力，表明人类对自然生态系统的压力处于本地区所提供的生态承载力范围内，生态系统是安全的；当 EF>EC，本地区的生态系统就是不安全的，该地区处于不可持续发展状态。

附录 11

矿产开发清洁生产和循环经济评价指标

指标类别	指标名称	单位	评价基准值
资源消耗指标	综合能耗	kg 标煤/t	*
	电耗	kWh/t	*
	水耗	m^3/t	*
	物耗	t/t	*
资源回收及利用指标	开采回收率	%	*
	采矿贫化率	%	*
	选矿回收率	%	*
	固废综合利用率	%	*
	废水重复利用率	%	90
生产技术指标	开采规模	万 t/a	符合国家产业政策
	工艺先进性		国内先进水平
	全员劳动生产率	万元/人	*
污染物指标	工业废水处理率	%	100
	工业废气处理率	%	100
	工业固废处置率	%	100
	危险废物处置率	%	100
	污染物排放达标率	%	100
生态治理指标	扰动区土地治理率	%	95
	土地复垦率	%	100
	拦渣率	%	98

注：* 未给出具体值的评价指标，应参照国内外的具体行业标准确定。

附录 12

规划目标与环境目标符合性评价

目标符合性		规划目标				符合性结论
环境目标		保障矿业可持续发展	延伸矿业产业链	矿业经济成为全州工业经济的重要支撑、经济社会发展的有力支柱	实现人口、资源、环境的和谐发展	
生态环境	控制对环境敏感区的负面影响	√			√	涉及环境敏感区域，可通过规避等方式解决
	维护生态系统、物种及基因多样性	√			√	目标基本一致，但不可避免产生不利于生态环境的影响，可通过环保措施降低不利影响
	防止外来生物入侵	√			√	目标基本一致，但不可避免带来环境风险，可通过风险防范措施将环境风险控制最低
资源-环境承载力	以“减量化、资源化、再利用”为原则，合理利用资源，在环境容量允许范围内以较少的资源开发来满足社会发展需求	√	√		√	规划目标与环境目标符合性较好
其他环境要素	促进全州社会经济可持续发展，提高居民生活质量，促进民族团结统一	√	√	√	√	规划目标与环境目标符合性很好
	环境质量满足功能及标准要求	√			√	目标基本一致，但不可避免产生不利于水、气、声环境的影响，可通过环保措施降低不利影响
	防范和控制地质环境风险	√			√	目标基本一致，但不可避免带来环境风险，可通过风险防范措施将环境风险控制最低

注：“√”表示规划目标和环境目标具有相关性。

附录 13

基于环境影响的方案综合比选

主题	环境要素	环境目标	权重①	环境目标满足程度②		
			初拟值	零方案	规划方案	优化调整方案
生态环境	生物多样性	维护生态环境的完整性和稳定性，保护生态系统和生物多样性	0.30	3	2	1
	生态环境风险	防止外来生物入侵	0.05	2	2	1.5
资源-环境承载力	资源承载力	以“减量化、资源化、再利用”为原则，合理利用资源，在环境容量允许范围内以较少的资源开发来满足社会发展需求	0.30	1	2	1
	环境承载力		0.10	2	2	1.5
其他环境要素	敏感区域	控制对环境敏感区的负面影响	0.10	2	3	1
	社会环境	促进全州社会经济可持续发展，提高居民生活质量，促进民族团结统一	0.05	2	2	1.5
	声环境	声环境质量满足功能区要求	0.05	1	1	1
	地质灾害	防范和控制地质环境风险	0.05	3	2	1.5
总分值（考虑权重）			1.00	2.00	2.05	1.13
比选结论			2.05＞2.00＞1.13 规划方案略优于零方案，优化调整方案优于规划方案			

注：① 各环境要素的权重和为 1;

② “1、2、3”分别表示方案满足环境目标要求的程度：满足、基本满足、不满足。

附录 14

甘孜州矿产资源总体规划公众参与调查表

<table>
<tr><td>被调查人姓名：__________ 性别：________ 年龄：______ 民族：______
文化程度：______ 职业：______ 住址或单位：________________</td></tr>
<tr><td>规划概况：
《四川省甘孜藏族自治州矿产资源总体规划（2005—2010）》包括矿产资源勘查规划、矿产资源开发利用与保护规划及环境保护规划三个部分，覆盖整个甘孜州。其中矿产资源开发利用与保护规划对环境的影响最为突出，是本次评价的重点。在该规划中，将甘孜州划分为东、西两大矿产资源开发区，其中东部矿产资源开发区包括丹巴县、康定县、泸定县、九龙县、道孚县、雅江县，西部矿产资源开发区包括色达县、甘孜县、理塘县、稻城县、炉霍县、新龙县、乡城县、石渠县、德格县、白玉县、巴塘县、德荣县。针对矿产资源富集区，根据区域开发条件、环境敏感程度，结合国家产业政策和市场因素，确定了鼓励开采区、限制开采区和禁止开采区三类区域，均呈条块状散布于甘孜州境内。规划中鼓励开发的有色金属有铜、铅、锌、金、银、锂、铌、钽等，非金属矿产有水泥原料和饰面石材，其他还包括地热、矿泉水等。近期开发重点主要为康定—甲基卡锂辉石矿、丹巴铂镍矿、白玉—呷村银多金属矿、巴塘—夏塞银多金属矿和巴塘—砂西银多金属矿。

主要有利环境影响：
本规划实施有利于发挥甘孜州的矿产资源优势，促进区域经济发展，改善交通条件，增加当地财政收入，提高人民生活水平。

主要不利环境影响：
矿产露天开采将改变地形地貌、破坏森林植被、引发边坡失稳，可能导致滑坡、泥石流等地质灾害，造成水土流失。矿产地下开采可能引发地面塌陷，导致地下水位下降。尾矿库、废石场将压占土地，并可能淤塞河道，污染水体。选矿、冶炼、加工过程中粉尘、废污水、噪声均将对环境造成不利影响。矿区公路等基础设施建设也将破坏植被，新增水土流失。上述影响均会部分改变当地的生态环境，对生物多样性造成影响。</td></tr>
<tr><td>一、请选择（在您认为合适的选项□中打“√”如需补充说明，请在下面的空格中填写）</td></tr>
<tr><td>1．您认为本规划的必要性？
□十分必要 □有必要 □无所谓 □不必要</td></tr>
<tr><td>2．您对东、西部矿产资源开发区的环境现状是否满意？
□很满意 □较满意 □不满意 □很不满意</td></tr>
<tr><td>3．您认为规划对当地经济发展的影响如何？
□有利 □不利 □无影响</td></tr>
</table>

4．您认为规划会给甘孜州生物多样性造成什么影响？ □无影响 □不利影响，程度一般 □不利影响，程度较大 □不利影响，程度很大
5.（1）您认为矿区附近是否有珍稀濒危物种？ □有 □没有 □不清楚 （2）如有，规划对其产生什么影响？ □无影响 □不利影响，程度一般 □不利影响，程度较大 □不利影响，程度很大 （3）如何避免或减缓不利影响？______________________________
6．您认为规划对水资源有什么影响？ □无影响 □不利影响，程度一般 □不利影响，程度较大 □不利影响，程度很大
7．您认为规划对土地资源有什么影响？ □无影响 □不利影响，程度一般 □不利影响，程度较大 □不利影响，程度很大
8．您认为规划对林业资源有什么影响？ □无影响 □不利影响，程度一般 □不利影响，程度较大 □不利影响，程度很大
9．您认为规划对动植物资源有什么影响？ □无影响 □不利影响，程度一般 □不利影响，程度较大 □不利影响，程度很大
10．您认为规划对旅游资源有什么影响？ □无影响 □不利影响，程度一般 □不利影响，程度较大 □不利影响，程度很大
11．您认为规划实施带来的主要环境问题是什么？ □生物多样性下降 □外来生物入侵 □大气污染 □地表水及地下水污染 □噪声影响 □水土流失 □土壤重金属污染 □地质灾害 □产生大量移民 □影响本地民族宗教文化
12．您对本规划持何种态度？ □支持 □不支持 □无所谓
二、该规划将会对您及家庭产生何种影响？ 三、该规划对当地传统文化将会产生何种影响？ 四、您对甘孜州矿产资源总体规划的建议和要求是什么？

附录 15
四川省甘孜藏族自治州矿产资源总体规划环境影响评价工作方案专家咨询会议纪要

2007 年 10 月 11 日，国家环境保护总局环境工程评估中心在北京市召开《四川省甘孜藏族自治州矿产资源总体规划环境影响评价工作方案》（以下简称《规划环评工作方案》）专家咨询会。参加会议的有四川省甘孜藏族自治州人民政府及州环保局、国土资源局、旅游局和评价单位国家环境保护总局环境工程评估中心、四川省环境工程评估中心、中国水电顾问集团成都勘测设计研究院、保护国际等单位的代表。会议邀请了 4 位专家组成专家组。与会代表和专家分别听取了评价单位关于《四川省甘孜藏族自治州矿产资源总体规划（2005—2010）》基本情况的介绍和《规划环评工作方案》编制情况的汇报，经过认真讨论和评议，提出以下咨询意见。

一、该《规划环评工作方案》基础资料翔实，环境现状和主要环境问题清楚、工作思路清晰、方案内容全面、专题设置合理、规划环评的指导思想正确、评价指标体系基本合理，经修改与完善后可作为后续规划环评工作的依据。

二、工作方案补充与完善建议

1．环评依据应补充国家、四川省及甘孜州的相关法规、政策、规划等，以及国际生物多样性相关条约、规定等。

2．评价范围应包括矿区与加工区之间的运输通道及其两侧一定范围，增加对景观生态的影响分析，包括矿区周边、沿线两侧的景观影响分析；评价时段上应结合新一轮的规划适当延长，并考虑矿山开发后的恢复阶段。

3．现状分析中应补充、强化回顾性评价，在规划实施阶段应强化生物多样性的跟踪监测与评价。

4．本规划环评应充分满足四类主体功能区划分的要求，针对甘孜州的特点强调生态脆弱区、地质灾害问题与地质结构的稳定性等，并加强制约性生态因素与本规划的关系分析与协调，从地方和长江中下游角度考虑本规划实施的生态安全问题。

5．社会经济影响评价专题应突出本规划实施后的矿产资源的下游产业、基础设施建设的环境影响进行分析与评价，从清洁生产、循环经济角度提出优化本规划的建议与措施。

6．本规划环评应强调甘孜州地方特色与实际，突出所涉及的移民问题分析，并对当地尤其是少数民族的民俗文化、宗教文化、藏文化及生活方式的影响分析。

7．本次规划环评应加强生物多样性影响分析与评价，可考虑从典型地段、地带、地区从群落、种群的生物丰度、频度、优势度、盖度指数等进行调查、分析，研究、提出生物多样性评价的指标与方法体系，为今后生物多样性评价提供示范。

8．规划环评措施方面应体现国家和地方最新的相关生态补偿、富民安康等政策取向与要求。

2007 年 10 月 11 日

附录 16
甘孜州矿产、旅游开发总体规划环境影响评价工作座谈会会议纪要（丹巴）

为了更好地开展甘孜州矿产、旅游开发总体规划环境影响评价项目工作，2009年5月20日在甘孜州丹巴县召开了甘孜州矿产、旅游开发总体规划环境影响评价工作座谈会。会议由甘孜州环保局杨忠林副主任主持。参加会议的单位及代表有：环境保护部环境工程评估中心、四川省环境工程评估中心、甘孜州环保局、丹巴县发展和改革局、环保局、文化旅游局、建设国土资源局、林业局、交通局、水利局、移民局、丹巴美河矿业有限责任公司、中国水电顾问集团成都勘测设计研究院。

会议期间，评价工作单位介绍了甘孜州矿产、旅游开发总体规划、环评工作情况及规划环境影响评价的主要内容，当地各部门及矿业企业代表介绍了本地区矿产、旅游规划和矿产开发现状。与会代表在了解矿产、旅游开发总体规划及其环境影响评价的相关信息后，经过热烈的讨论，就矿产、旅游规划与相关规划的协调性、规划实施可能产生的环境问题以及环境保护措施提出了相应意见和建议，评价工作单位对各部门提出的问题进行了认真回答和解释，形成会议纪要如下：

（一）对矿产、旅游规划环评工作的一致意见

1．与会代表对评价单位的工作给予了充分的肯定。一致认为环境影响评价工作的先期介入有利于甘孜州矿产、旅游等资源的合理开发。

2．与会代表一致认为，甘孜州矿产、旅游开发总体规划环境影响报告书中间成果内容全面、基础资料掌握较详细、影响预测内容客观、环境保护措施体系具有针对性，对指导环境保护工作，确保甘孜州矿产、旅游开发与环境保护的协调发展具有十分重要的意义。

（二）意见和建议

1．矿产、旅游和水电作为丹巴县乃至整个甘孜州的主要支柱产业，在当地社会经济的持续稳定发展中均具有重要意义，在近期的开发建设中本地区上述各产业的发展存在一定的矛盾。建议在矿产和旅游规划环评中进一步加强与相关各行业规划的协调性分析，从规划层次协调各行业的良性发展。

2．建议从规划环评角度加强对各项环境保护措施，尤其是矿产开发环保措施的后期监管与监督工作的重视，在规划环评报告中提出对环保后期监管的要求和建议。

3．建议结合自然保护区和风景名胜区管理条例，重点进行矿产、旅游总体规划对自然保护区、风景名胜区等敏感区域的影响评价，注意矿产、旅游规划与自然保护区规划的协调，不能违反法律法规的相关要求。

4．建议在充分调查的基础上，将现有矿产开发区、旅游景区存在的环境问题作为环评工作的基础和指导，分类制定原则性的环境保护措施体系；分建设期和运行期分别提出环境保护目标和措施体系。

5．甘孜州范围较大，各地旅游资源具有不同的特点，建议规划方在旅游规划修编中进一步突出各区域旅游开发的优势和特点，促进旅游产业快速发展。

（三）对意见和建议的反馈

对于参会代表提出的问题，评价工作单位尽量给予了详细的回答，并将在《甘孜州矿产开发总体规划环境影响报告书》和《甘孜州旅游发展总体规划环境影响报告书》中对代表们关心的问题进一步给予回答和解决。同时，在规划及实施过程中，将严格按照有关环境影响评价法律法规和技术要求开展环境影响评价工作，客观、公正、科学地反映规划的环境影响，为决策部门提供依据。

同时，环评单位希望丹巴县相关部门提供如下资料：

1．提供最新的矿产、旅游总体规划文本及图件。

2．县境涉及的各级自然保护区、饮用水水源保护区、风景名胜区、森林公园、地质公园、文物古迹等敏感区域的总体规划和有关图件。

3．丹巴县矿产、旅游资源重点开发区域的开发现状、环评执行情况、现有环境保护设施建设情况。

2009 年 5 月 20 日

附录 17
甘孜州矿产、旅游开发总体规划环境影响评价工作座谈会会议纪要（九龙）

为了更好地开展甘孜州矿产、旅游开发总体规划环境影响评价项目工作，2009年5月22日在甘孜州九龙县召开了甘孜州矿产、旅游开发总体规划环境影响评价工作座谈会。会议由甘孜州环保局杨忠林副主任主持，参加会议的单位及代表有：环境保护部环境工程评估中心、四川省环境工程评估中心、甘孜州环保局、九龙县发展和改革局、国土资源和环保局、文化旅游局、林业局、交通局、规划和建设局、九龙山盛公司、中国水电顾问集团成都勘测设计研究院。

会议期间，评价工作单位介绍了甘孜州矿产、旅游开发总体规划、环评工作情况及规划环境影响评价的主要内容，当地各部门及矿业企业代表介绍了本地区矿产、旅游规划和矿产开发现状。与会代表在了解矿产、旅游开发总体规划及其环境影响评价的相关信息后，经过热烈的讨论，就矿产、旅游规划与相关规划的协调性、规划实施可能产生的环境问题以及环境保护措施提出了相应意见和建议，评价工作单位对各部门提出的问题进行了认真回答和解释，形成会议纪要如下：

（一）对矿产、旅游规划环评工作的一致意见

1．与会代表对评价单位的工作给予了充分的肯定。一致认为环境影响评价工作的先期介入有利于甘孜州矿产、旅游等资源的合理开发。

2．与会代表一致认为，甘孜州矿产、旅游开发总体规划环境影响报告书中间成果内容全面、基础资料掌握较详细、影响预测内容客观、环境保护措施体系具有针对性，对指导环境保护工作，确保甘孜州矿产、旅游开发与环境保护的协调发展具有十分重要的意义。

（二）意见和建议

1．矿产、旅游和水电作为九龙县乃至整个甘孜州的主要支柱产业，在当地社会经济的持续稳定发展中均具有重要意义，在近期的开发建设中本地区上述各产业的发展存在一定的矛盾。建议在矿产和旅游规划环评中进一步加强与相关各行业规划的协调性分析，从规划层次协调各行业的良性发展。

2．甘孜州生物多样性较丰富，建议在矿产和旅游规划环评中加强对物种分布的调查研究，对规划涉及区域的珍稀特有物种采取有针对性的保护措施。

3．建议在矿产开发总体规划环评中通过现场调查及相关问题的研究，从规划和产业政策要求层次对矿产开发中对环境不利影响较严重的各类环境污染问题提出有效的对策措施。

4．甘孜州旅游开发与生态及生物多样性保护是相辅相成的两项工作，建议在旅游开发过程中注重开发效益与生态保护的相互支撑，同时加强对本地物种的保护利用和对外来有害物种侵入的防范。

5．建议在总体规划修编中通过收集各分区、各县相关规划工作信息及与地方加强沟通等方法，使地方规划及具体矿产区、旅游景区工作中的一些较好的思路、优化建议和行之有效的方法在总体规划中有所反映。

6．甘孜州是地质灾害多发区，总体规划及规划环评中应要求各具体项目实施阶段必须完成“地质灾害危险性评估报告”，对地质灾害的调查和防范加以足够重视。

（三）对意见和建议的反馈

对于与会代表提出的问题，评价工作单位尽量给予了详细的回答，并将在《甘孜州矿产开发总体规划环境影响报告书》和《甘孜州旅游发展总体规划环境影响报告书》中对代表们关心的问题进一步给予回答和解决。同时，在规划及实施过程中，将严格按照有关环境影响评价法律法规和技术要求开展环境影响评价工作，客观、公正、科学地反映规划的环境影响，为决策部门提供依据。

同时，环评单位希望九龙县相关部门提供如下资料：

1．提供最新的矿产、旅游总体规划文本及图件。

2．县境涉及的各级自然保护区、饮用水水源保护区、风景名胜区、森林公园、地质公园、文物古迹等敏感区域的总体规划和有关图件。

3．九龙县矿产、旅游资源重点开发区域的开发现状、环评执行情况、现有环境保护设施建设情况。

2009年5月22日

附录 18
甘孜州矿产开发总体规划环境影响评价工作座谈会会议纪要（里伍铜矿）

为了更好地开展甘孜州矿产、旅游开发总体规划环境影响评价项目工作，2009年5月23日在四川省甘孜州九龙县里伍铜业股份有限公司召开了甘孜州矿产、旅游开发总体规划环境影响评价工作座谈会。参加会议的单位及代表有：环境保护部环境工程评估中心、四川省环境工程评估中心、甘孜州环保局、九龙县国土资源和环保局、四川里伍铜业股份有限公司、中国水电顾问集团成都勘测设计研究院。

会前与会人员在里伍公司领导及相关管理人员陪同下参观了里伍铜矿主要生产线，并对里伍铜矿的筹建、生产情况、主要生产流程及环保设施建设运行情况进行了了解和初步调研。会议期间，评价工作单位介绍了甘孜州矿产、旅游开发总体规划环评工作背景及基本情况，里伍公司代表通过口头总结和书面形式详细介绍了里伍铜矿基本情况、产业环保政策实施落实情况及环保设施设备、相关环保措施的建设和实施情况。与会代表在了解相关信息后，在矿业企业生产中的主要环保问题、矿业生产中环境保护工作的重点和难点、矿产开发规划环评对具体矿业企业环保工作的指导作用等方面进行了热烈的讨论，形成会议纪要如下：

1．与会代表对四川里伍铜业股份有限公司在执行相关环保政策和里伍铜矿环保工作中成绩给予了充分的肯定。一致认为在矿业企业筹建、生产的各阶段严格执行相关环保法律法规和积极主动采取各项环境保护措施的前提下，矿业生产的不利环境影响可以得到有效控制。

2．与会代表一致认为，甘孜州矿产开发总体规划环评工作对指导具体矿业企业环境保护工作，确保甘孜州矿产开发与环境保护的协调发展具有十分重要的意义。

3．对里伍铜矿环保工作中取得的成绩和面临的困难均可进行必要的总结工作，作为其他矿业企业环保工作的宝贵经验。

4．通过本次调研和座谈会中取得的直观了解和有益经验，将在《甘孜州矿产开发总体规划环境影响报告书》中进行必要的补充和反映。同时，在规划及实施过程中，将严格按照环境影响评价法律法规和技术有关要求开展环境影响评价工作，客观、公正、科学地反映规划的环境影响，为决策部门提供依据。

2009年5月23日

参考文献

[1] Balvanera P，Daily G C，Ehrlich P R，et al. 2001.Conserving biodiversity and ecosystem services. Science 291，2047-2047.

[2] CBD. Recommendations adopted by the Subsidiary Body on Scientific，Technical and Technological Advice at its seventh meeting. UNEP/CBD/COP/6/4，2001（http：//www.biodiv.org/decisions）.

[3] International Association for Impact Assessment. Proposed conceptual and procedural framework for the integration of biological diversity considerations with national systems for impact assessment. Utrecht7 Commissie voor de Milieueffectrapportage；2001. 46.

[4] Mace G（ed.）. 2005. Biodiversity. Conditions and Trends Assessment. Millennium Ecosystem Assessment，Island Press.

[5] Royal Society. 2003. Measuring biodiversity for conservation. London，Royal Society.

[6] Treweek J. Biodiversity in development. Biodiversity and EIA for development cooperation：workshop conclusions. EC/EU Tropical Biodiversity Advisor's Group（TBAG），EC/DFID/IUCN；2000.

[7] 陈灵芝，马克平.生物多样性科学：原理与实践. 上海：上海科学技术出版社，2001.

[8] 董鸣. 陆地生物群落调查观测与分析. 北京：中国标准出版社，1997.

[9] 高吉喜. 区域生态保护——生态监测与评价. 北京：中国环境科学出版社，2008.

[10] 李典谟，武春生，伍一军，等. 全国生物多样性保护与外来物种入侵学术研讨会论文集. 北京：中国农业科学技术出版社，2006.

[11] 马克平. 中国重点地区与类型生态系统多样性. 杭州：浙江科学技术出版社，1999.

[12] 毛文永. 生态环境影响评价概论. 北京：中国环境科学出版社，2003.

[13] 钱迎倩，马克平. 生物多样性研究的原理与方法. 北京：中国科学技术出版社，1994.

[14] 孙鸿烈. 资源科学大百科全书. 北京：中国大百科全书出版社，2000.

[15] 徐祥民，王诗成. 污染防治与生物多样性保护. 济南：山东大学出版社，2009.

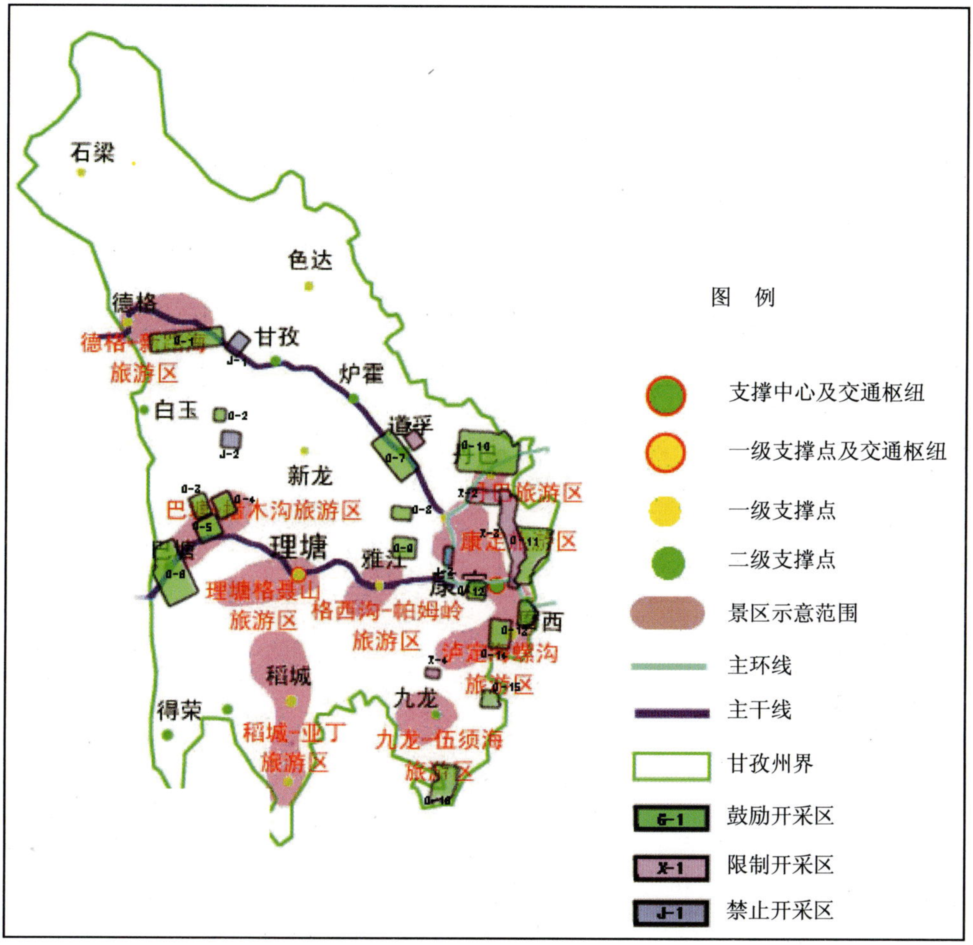

附图 1　甘孜州矿产资源开发利用与旅游总体规划关系

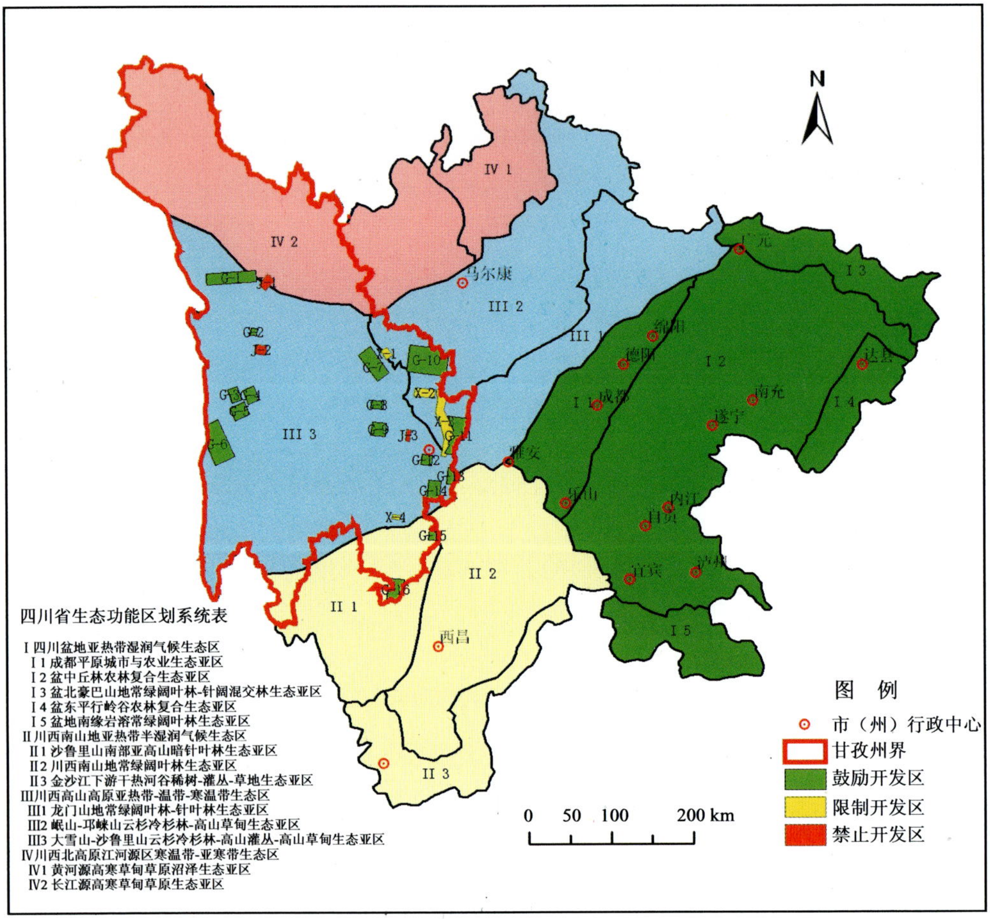

附图 2　四川省生态功能区划

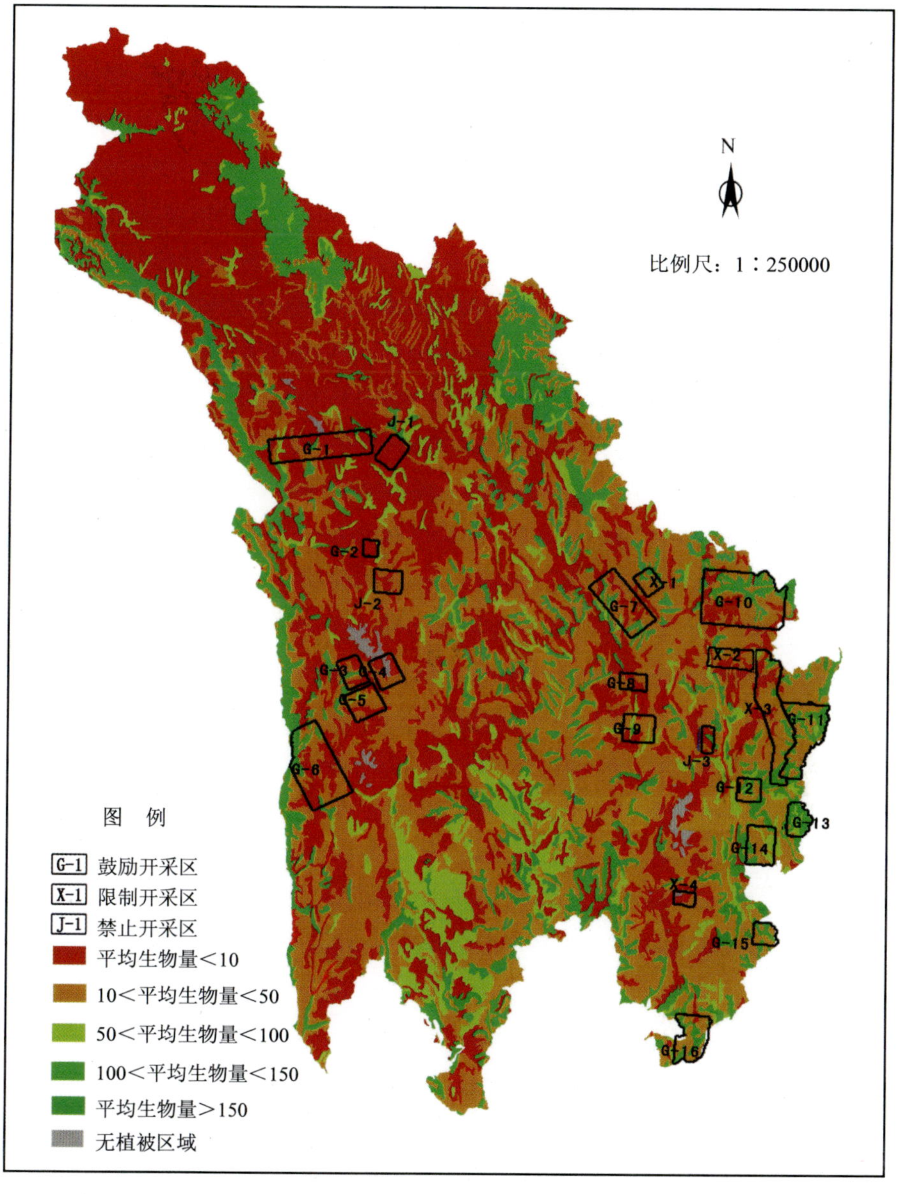

附图 3　甘孜州矿产资源开发利用与植被平均生物量关系

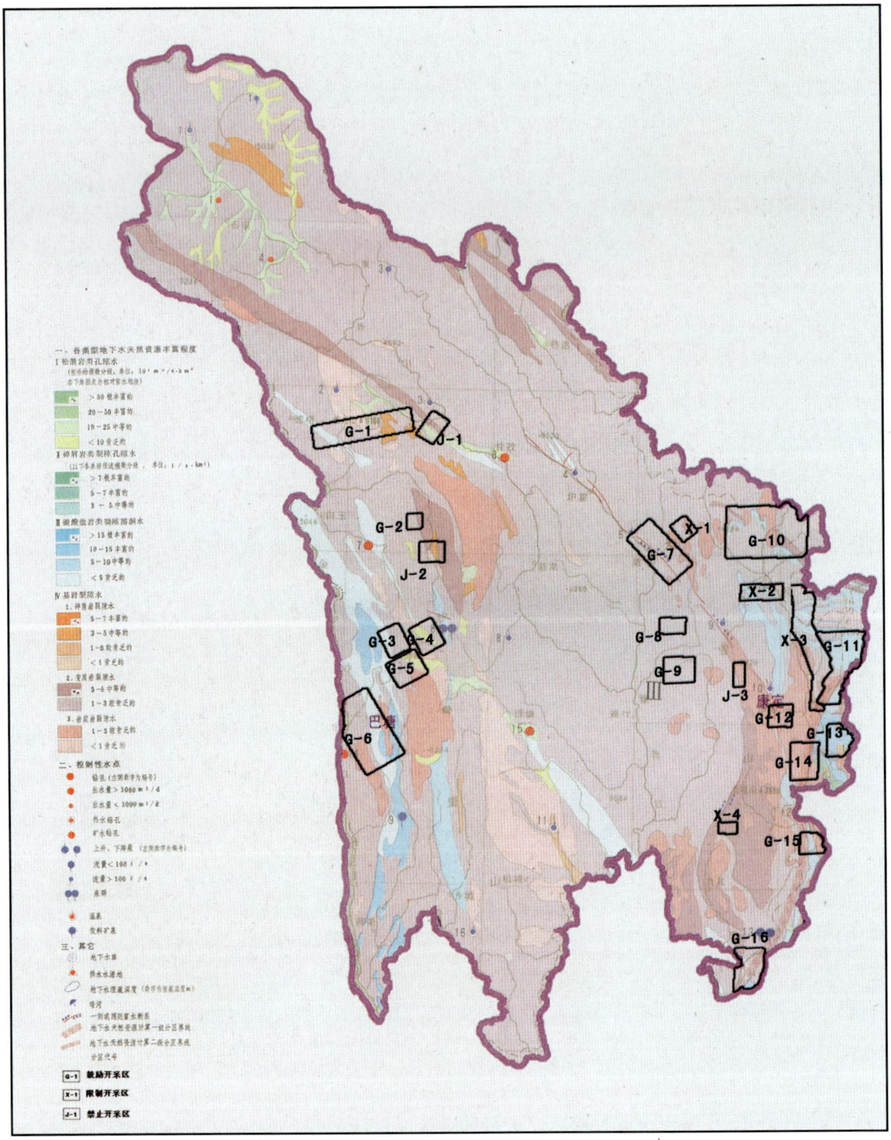

附图 4　甘孜州矿产资源开发利用与地下水资源区位关系

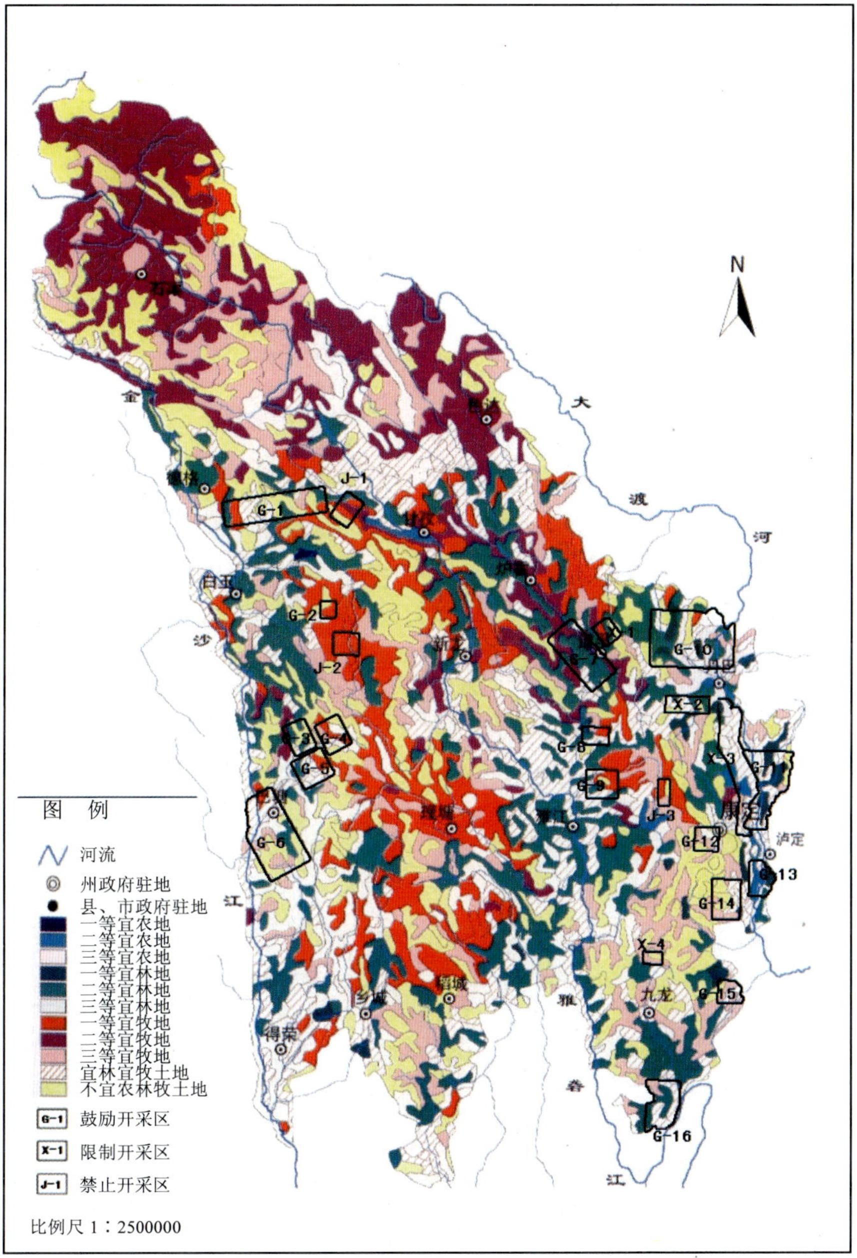

附图 5　甘孜州矿产资源开发利用与土地利用关系

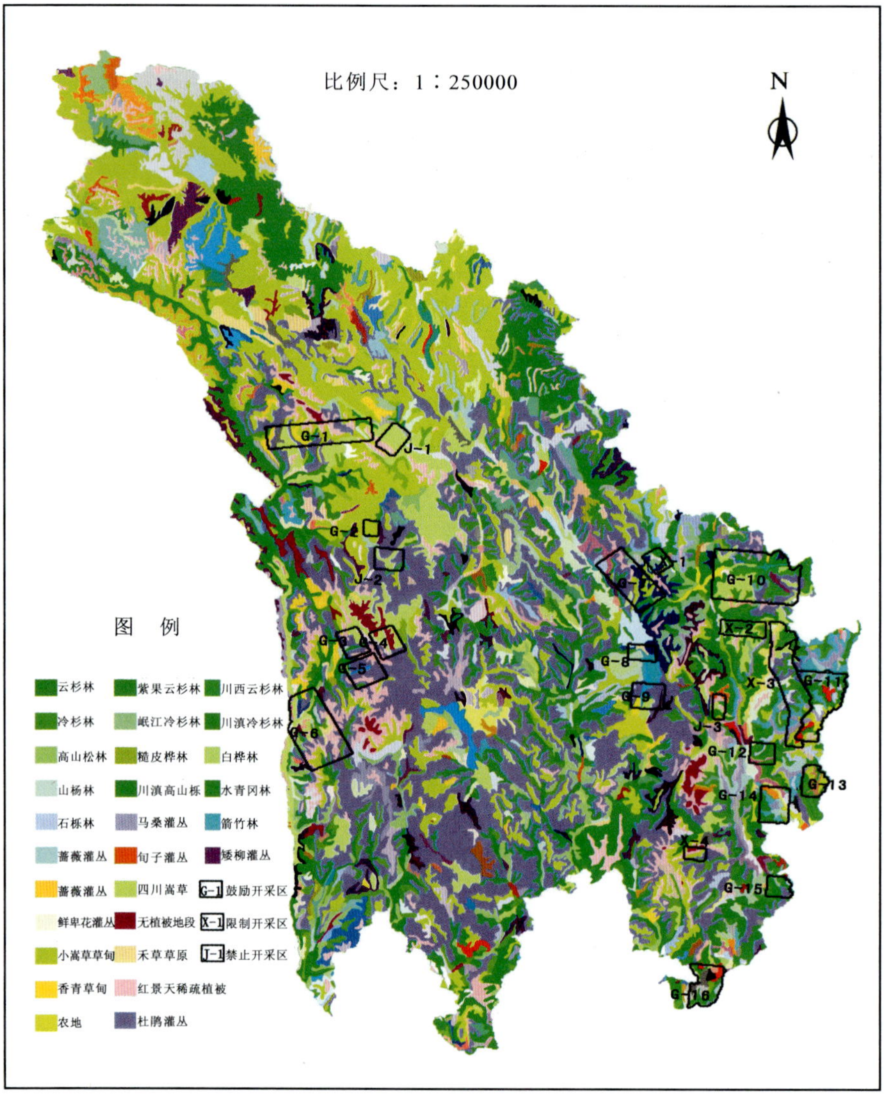

附图 6　甘孜州矿产资源开发利用与植被类型关系

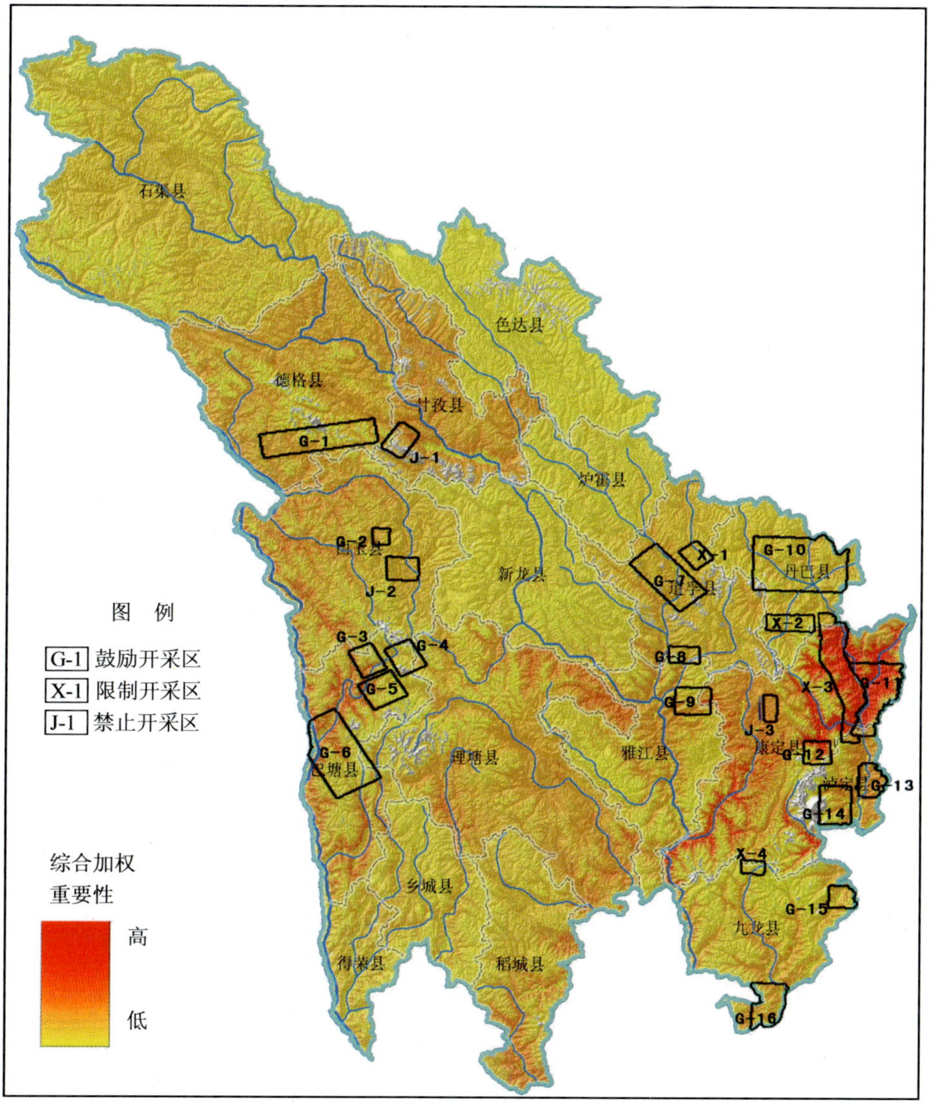

附图7　甘孜州矿产资源开发利用与生物多样性加权指数分布状况

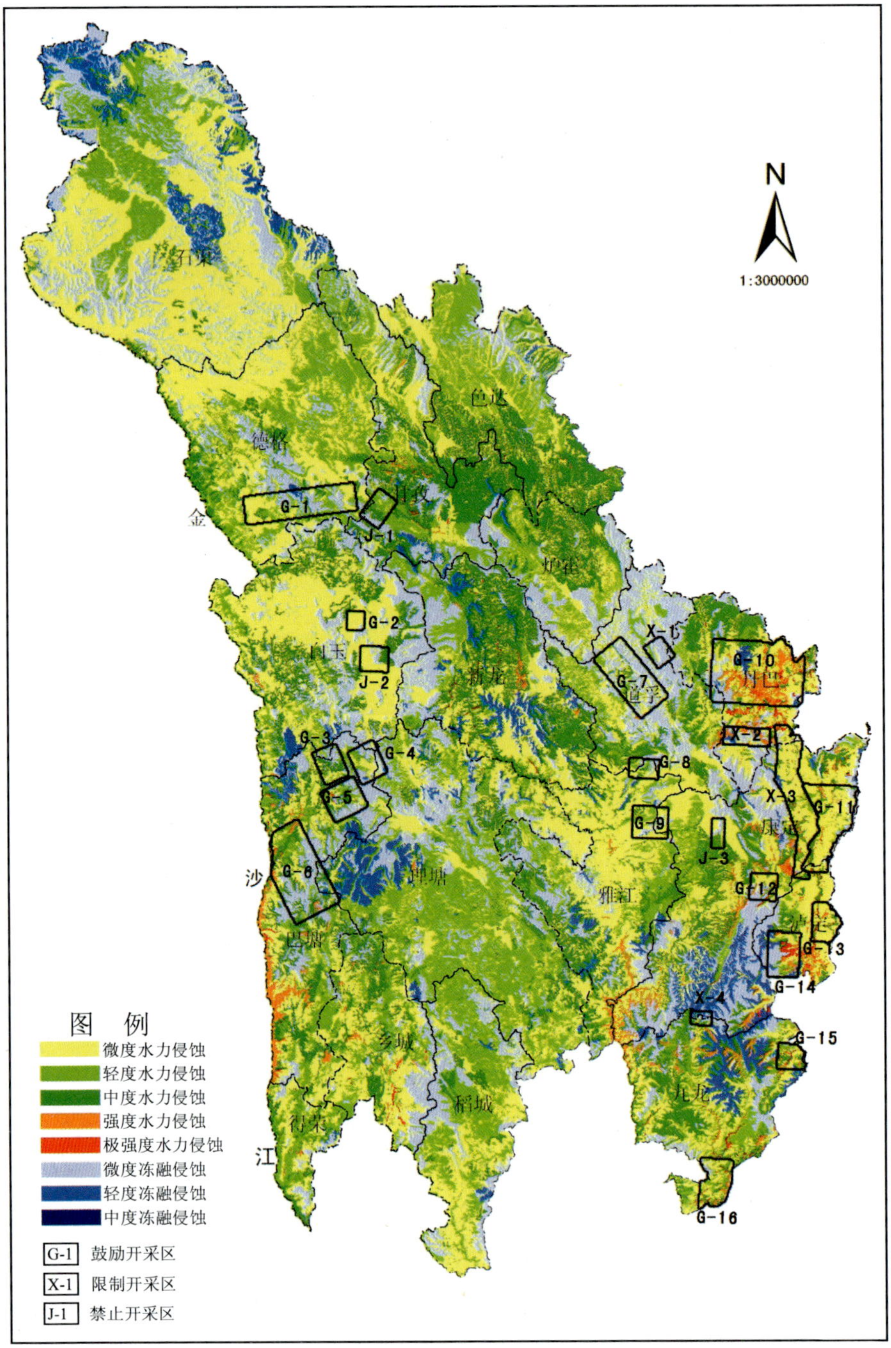

附图 8　甘孜州矿产资源开发利用与水土流失关系